高等学校设计模式课程系列教材

Java 设计模式

（第2版）

刘伟 编著

清华大学出版社

北京

内容简介

本书使用 Java 语言详细讲解常用的软件设计模式。全书共 26 章，内容包括设计模式概述，面向对象设计原则，简单工厂模式，工厂方法模式，抽象工厂模式，建造者模式，原型模式，单例模式，适配器模式，桥接模式，组合模式，装饰模式，外观模式，享元模式，代理模式，职责链模式，命令模式，解释器模式，迭代器模式，中介者模式，备忘录模式，观察者模式，状态模式，策略模式，模板方法模式和访问者模式。

本书结合大量项目实例对每个设计模式进行全面、细致的讲解。全书结构合理，条理清晰，内容丰富，且在每章后面都配有一定数量的习题，在附录中还提供了 UML 类图相关知识的介绍。

本书既可作为高等院校计算机及软件相关专业"软件设计模式""软件体系结构""面向对象分析与设计"等课程教材，也可作为各软件培训机构培训教材及全国计算机技术与软件专业技术资格（水平）考试辅导教材，还可作为软件架构师、软件工程师及广大软件爱好者的自学读物和参考用书。

版权所有，侵权必究。举报：010-62782989，beiqinquan@tup.tsinghua.edu.cn。

图书在版编目（CIP）数据

Java 设计模式 / 刘伟编著．--2 版．--北京：清华大学出版社，2024.10（2025.8 重印）
高等学校设计模式课程系列教材
ISBN 978-7-302-66338-6

Ⅰ. ①J… Ⅱ. ①刘… Ⅲ. ①JAVA 语言－程序设计－高等学校－教材 Ⅳ. ①TP312.8

中国国家版本馆 CIP 数据核字（2024）第 105905 号

策划编辑：魏江江
责任编辑：王冰飞
封面设计：刘 键
责任校对：时翠兰
责任印制：杨 艳

出版发行：清华大学出版社

网　　址：https://www.tup.com.cn，https://www.wqxuetang.com
地　　址：北京清华大学学研大厦 A 座　　邮　　编：100084
社 总 机：010-83470000　　邮　　购：010-62786544
投稿与读者服务：010-62776969，c-service@tup.tsinghua.edu.cn
质量反馈：010-62772015，zhiliang@tup.tsinghua.edu.cn
课件下载：https://www.tup.com.cn，010-83470236
印 装 者：三河市龙大印装有限公司
经　　销：全国新华书店
开　　本：185mm×260mm　　印　张：23.5　　字　　数：574 千字
版　　次：2018 年 3 月第 1 版　2024 年 10 月第 2 版　　印　　次：2025 年 8 月第 3 次印刷
印　　数：37501～39500
定　　价：69.80 元

产品编号：105190-01

党的二十大报告指出：教育、科技、人才是全面建设社会主义现代化国家的基础性、战略性支撑。必须坚持科技是第一生产力、人才是第一资源、创新是第一动力，深入实施科教兴国战略、人才强国战略、创新驱动发展战略，开辟发展新领域新赛道，不断塑造发展新动能新优势。高等教育与经济社会发展紧密相连，对促进就业创业、助力经济社会发展、增进人民福祉具有重要意义。

设计模式和敏捷开发方法的创始人之一 Erich Gamma 曾说过："设计和开发面向对象软件是非常困难的，而设计和开发可复用的面向对象软件则更加困难。"正因为如此，在软件开发过程中，有经验的设计者往往会重复使用一些他们在以前的设计工作中曾经用到的成功而又有效的解决方案，这些解决方案可以提高开发人员的开发效率与软件质量，并使得所设计的软件更加灵活，易于扩展，可复用性也更高。这些解决方案就是设计模式。设计模式为实现可维护性复用而诞生，无论是面向对象编程的初学者还是有一定编程经验的程序员，都可以从设计模式的学习和使用中深入理解面向对象思想的精华，开发出可扩展性和可复用性俱佳的软件。

设计模式是前人经验的积累，它让软件变得更像一件艺术品，而不是一堆难以维护和重用的代码，它已经成功应用于众多软件设计中，是一个优秀的面向对象软件开发人员所必须掌握的知识和技能。本书编者在十多年的软件开发和计算机教育教学工作中积累了丰富的设计模式使用经验和教学经验，也深刻体会到学习设计模式的重要性。目前，国内外越来越多的高校在计算机及软件工程相关专业的教学中开设了"软件体系结构""面向对象分析与设计"等课程，而设计模式是这些课程的核心组成部分，还有的学校将"设计模式"作为一门单独的课程来开设。此外，很多软件培训机构在软件工程师培训课程中也包含了设计模式相关内容，在各类计算机考试和企业招聘笔试中设计模式相关考题也占据了一定的比例。编者在过去几年中已完成多种设计模式教材的编写工作，本书融合了之前几种教材的优点，力求为广大师生提供一本内容全面、实用性强、通俗易懂的设计模式教材。

本书的编写目的在于通过大量应用实例和习题，理论联系实际，使读者更快、更好地理解和掌握每个设计模式。全书共 26 章，可分为四部分：第一部分包含第 1 章和第 2 章，主要介绍与设计模式相关的一些基础知识，包括设计模式概述、7 个常用的面向对象设计原则等内容，为后续设计模式的学习奠定基础；第二部分包含第 3～8 章，介绍 6 种常用的创建型设计模式，分别是简单工厂模式、工厂方法模式、抽象工厂模式、建造者模式、原型模式和单例模式；第三部分包含第 9～15 章，介绍 7 种常用的结构型设计模式，分别是适配器模式、桥接模式、组合模式、装饰模式、外观模式、享元模式和代理模式；第四部分包含第 16～26 章，介绍 11 种常用的行为型设计模式，分别是职责链模式、命令模式、解释器模式、迭代器模式、中介者模式、备忘录模式、观察者模式、状态模式、策略模式、模板方法模式和访问者模式。

Java设计模式(第2版)

本书结合大量项目应用实例对每个设计模式进行了细致的讲解。全书结构合理、条理清晰、内容丰富、讲解深入，且在每章后面都配有大量的习题，很多习题也都基于项目实例，让读者在学完相关知识后能够更好地消化和巩固所学知识。此外，在附录中还提供了UML类图相关知识的介绍。

在本书的编写过程中参考了大量已有的设计模式书籍，集各家之所长，并进行了适当的整理和扩展，将一些原本深奥并难以理解的设计思想通过简单的应用实例来解析，让读者能够轻松掌握面向对象设计思想的精髓。本书以"实例驱动教学"为整体编写原则，每个模式的学习都基于至少一个应用实例，结合应用实例分析和讲解每个设计模式，力求通过最通俗易懂的方式让读者学习和理解设计模式，让读者在真实项目实例的引导下学会选择和合理运用设计模式。在设计模式讲解部分，每章的基本结构如下：

为便于教学，本书提供丰富的配套资源，包括教学大纲、教学课件、电子教案、教学进度表、在线作业、习题答案和600分钟的微课视频。此外，本书还提供完整的设计模式及应用实例的UML结构图（类图）和Java实现代码，所有类图均严格按照UML 2.X标准绘制，所有代码均在Eclipse Neon v4.6.0中通过测试且运行无误。

资源下载提示

课件等资源： 扫描封底的"图书资源"二维码，在公众号"书圈"下载。

素材（源码）等资源： 扫描目录上方的二维码下载。

在线自测题： 扫描封底的作业系统二维码，再扫描自测题二维码在线做题。

微课视频： 扫描封底的文泉云盘防盗码，再扫描书中相应章节的视频讲解二维码，可以在线学习。

本书既可作为高等院校计算机及软件相关专业"软件设计模式""软件体系结构""面向对象分析与设计"等课程教材，也可作为各软件培训机构培训教材及全国计算机技术与软件专业技术资格（水平）考试辅导教材，还可作为软件架构师、软件工程师及广大软件爱好者的自学读物和参考用书。

由于时间仓促，加之编者学识有限，虽经多次审阅与校稿，但书中不足和疏漏之处在所难免，恳请广大读者批评、指正，力求使本书精益求精，更趋完美。

编　者

2024年8月

目录

扫一扫

源码下载

第一部分 设计模式基础

第 1 章 设计模式概述 …………………………………………………………… 2

- 1.1 设计模式的诞生与发展 …………………………………………………… 2
  - 1.1.1 模式的诞生与定义……………………………………………………… 2
  - 1.1.2 软件模式概述……………………………………………………… 3
  - 1.1.3 设计模式的发展……………………………………………………… 4
- 1.2 设计模式的定义与分类 …………………………………………………… 5
  - 1.2.1 设计模式的定义……………………………………………………… 5
  - 1.2.2 设计模式的基本要素……………………………………………… 6
  - 1.2.3 设计模式的分类……………………………………………………… 7
- 1.3 GoF 设计模式简介 ……………………………………………………… 8
- 1.4 设计模式的优点……………………………………………………… 10
- 1.5 本章小结……………………………………………………………… 10
- 1.6 习题……………………………………………………………………… 11

第 2 章 面向对象设计原则 …………………………………………………… 12

- 2.1 面向对象设计原则概述………………………………………………… 12
- 2.2 单一职责原则………………………………………………………… 13
- 2.3 开闭原则………………………………………………………………… 14
- 2.4 里氏代换原则………………………………………………………… 15
- 2.5 依赖倒转原则………………………………………………………… 15
- 2.6 接口隔离原则………………………………………………………… 17
- 2.7 合成复用原则………………………………………………………… 19
- 2.8 迪米特法则………………………………………………………… 21
- 2.9 本章小结……………………………………………………………… 22
- 2.10 习题 ………………………………………………………………… 23

第二部分 创建型设计模式

第 3 章 简单工厂模式 ………………………………………………………… 26

- 3.1 创建型模式……………………………………………………………… 26

3.2 简单工厂模式概述…… 27

3.3 简单工厂模式结构与实现…… 28

3.3.1 简单工厂模式结构 …… 28

3.3.2 简单工厂模式实现 …… 28

3.4 简单工厂模式应用实例…… 30

3.5 关于创建对象与使用对象…… 34

3.6 简单工厂模式的简化…… 36

3.7 简单工厂模式优缺点与适用环境…… 36

3.7.1 简单工厂模式优点 …… 36

3.7.2 简单工厂模式缺点 …… 37

3.7.3 简单工厂模式适用环境 …… 37

3.8 本章小结…… 37

3.9 习题…… 38

第4章 工厂方法模式 …… 40

4.1 工厂方法模式概述…… 40

4.2 工厂方法模式结构与实现…… 42

4.2.1 工厂方法模式结构 …… 42

4.2.2 工厂方法模式实现 …… 42

4.3 工厂方法模式应用实例…… 43

4.4 反射机制与配置文件…… 46

4.5 工厂方法的重载…… 48

4.6 工厂方法的隐藏…… 49

4.7 工厂方法模式优缺点与适用环境…… 50

4.7.1 工厂方法模式优点 …… 50

4.7.2 工厂方法模式缺点 …… 50

4.7.3 工厂方法模式适用环境 …… 50

4.8 本章小结…… 51

4.9 习题…… 51

第5章 抽象工厂模式 …… 53

5.1 产品等级结构与产品族…… 53

5.2 抽象工厂模式概述…… 54

5.3 抽象工厂模式结构与实现…… 55

5.3.1 抽象工厂模式结构 …… 55

5.3.2 抽象工厂模式实现 …… 56

5.4 抽象工厂模式应用实例…… 56

5.5 开闭原则的倾斜性…… 62

5.6 抽象工厂模式优缺点与适用环境…… 62

目 录

5.6.1 抽象工厂模式优点 ………………………………………………… 62

5.6.2 抽象工厂模式缺点 ………………………………………………… 63

5.6.3 抽象工厂模式适用环境 ………………………………………………… 63

5.7 本章小结………………………………………………………………………… 63

5.8 习题……………………………………………………………………………… 64

第 6 章 建造者模式 ……………………………………………………………… 66

6.1 建造者模式概述……………………………………………………………… 66

6.2 建造者模式结构与实现……………………………………………………… 67

6.2.1 建造者模式结构 ………………………………………………… 67

6.2.2 建造者模式实现 ………………………………………………… 68

6.3 建造者模式应用实例……………………………………………………… 70

6.4 指挥者类的深入讨论……………………………………………………… 75

6.5 建造者模式优缺点与适用环境………………………………………………… 78

6.5.1 建造者模式优点 ………………………………………………… 78

6.5.2 建造者模式缺点 ………………………………………………… 79

6.5.3 建造者模式适用环境 ………………………………………………… 79

6.6 本章小结………………………………………………………………………… 79

6.7 习题……………………………………………………………………………… 80

第 7 章 原型模式 ……………………………………………………………… 81

7.1 原型模式概述……………………………………………………………… 81

7.2 原型模式结构与实现……………………………………………………… 82

7.2.1 原型模式结构 ………………………………………………… 82

7.2.2 浅克隆与深克隆 ………………………………………………… 83

7.2.3 原型模式实现 ………………………………………………… 83

7.3 原型模式应用实例……………………………………………………… 85

7.4 原型管理器………………………………………………………………… 90

7.5 原型模式优缺点与适用环境………………………………………………… 91

7.5.1 原型模式优点 ………………………………………………… 91

7.5.2 原型模式缺点 ………………………………………………… 92

7.5.3 原型模式适用环境 ………………………………………………… 92

7.6 本章小结………………………………………………………………………… 92

7.7 习题……………………………………………………………………………… 93

第 8 章 单例模式 ……………………………………………………………… 94

8.1 单例模式概述……………………………………………………………… 94

8.2 单例模式结构与实现……………………………………………………… 95

8.2.1 单例模式结构 ………………………………………………… 95

8.2.2 单例模式实现 …………………………………………………… 95

8.3 单例模式应用实例…………………………………………………………… 96

8.4 饿汉式单例与懒汉式单例…………………………………………………… 99

8.5 使用静态内部类和枚举实现单例模式 ……………………………………… 101

8.6 单例模式优缺点与适用环境 ………………………………………………… 103

8.6.1 单例模式优点………………………………………………………… 103

8.6.2 单例模式缺点………………………………………………………… 103

8.6.3 单例模式适用环境…………………………………………………… 103

8.7 本章小结 …………………………………………………………………… 104

8.8 习题 ………………………………………………………………………… 104

第三部分 结构型设计模式

第9章 适配器模式 ………………………………………………………………… 108

9.1 结构型模式 ………………………………………………………………… 108

9.2 适配器模式概述 …………………………………………………………… 109

9.3 适配器模式结构与实现 …………………………………………………… 110

9.3.1 适配器模式结构……………………………………………………… 110

9.3.2 适配器模式实现……………………………………………………… 111

9.4 适配器模式应用实例 ……………………………………………………… 112

9.5 缺省适配器模式 …………………………………………………………… 115

9.6 双向适配器 ………………………………………………………………… 116

9.7 适配器模式优缺点与适用环境 …………………………………………… 117

9.7.1 适配器模式优点……………………………………………………… 117

9.7.2 适配器模式缺点……………………………………………………… 118

9.7.3 适配器模式适用环境………………………………………………… 118

9.8 本章小结 …………………………………………………………………… 118

9.9 习题 ………………………………………………………………………… 119

第10章 桥接模式 ………………………………………………………………… 121

10.1 桥接模式概述 …………………………………………………………… 121

10.2 桥接模式结构与实现 …………………………………………………… 122

10.2.1 桥接模式结构 ……………………………………………………… 122

10.2.2 桥接模式实现 ……………………………………………………… 123

10.3 桥接模式应用实例 ……………………………………………………… 125

10.4 桥接模式与适配器模式的联用 ………………………………………… 129

10.5 桥接模式优缺点与适用环境 …………………………………………… 130

10.5.1 桥接模式优点 ……………………………………………………… 130

10.5.2 桥接模式缺点 ……………………………………………………… 130

10.5.3 桥接模式适用环境 …………………………………………… 131

10.6 本章小结 ………………………………………………………………… 131

10.7 习题 …………………………………………………………………… 131

第 11 章 组合模式 ……………………………………………………… 133

11.1 组合模式概述 ………………………………………………………… 133

11.2 组合模式结构与实现 ……………………………………………………… 134

11.2.1 组合模式结构 ……………………………………………… 134

11.2.2 组合模式实现 ……………………………………………… 135

11.3 组合模式应用实例 ……………………………………………………… 137

11.4 透明组合模式与安全组合模式 …………………………………………… 141

11.5 组合模式优缺点与适用环境 …………………………………………… 142

11.5.1 组合模式优点 ……………………………………………… 143

11.5.2 组合模式缺点 ……………………………………………… 143

11.5.3 组合模式适用环境 ………………………………………… 143

11.6 本章小结 ………………………………………………………………… 143

11.7 习题 …………………………………………………………………… 144

第 12 章 装饰模式 ……………………………………………………… 146

12.1 装饰模式概述 ………………………………………………………… 146

12.2 装饰模式结构与实现 ……………………………………………………… 147

12.2.1 装饰模式结构 ……………………………………………… 147

12.2.2 装饰模式实现 ……………………………………………… 148

12.3 装饰模式应用实例 ……………………………………………………… 149

12.4 透明装饰模式与半透明装饰模式 ………………………………………… 152

12.5 装饰模式优缺点与适用环境 …………………………………………… 154

12.5.1 装饰模式优点 ……………………………………………… 154

12.5.2 装饰模式缺点 ……………………………………………… 154

12.5.3 装饰模式适用环境 ………………………………………… 155

12.6 本章小结 ………………………………………………………………… 155

12.7 习题 …………………………………………………………………… 155

第 13 章 外观模式 ……………………………………………………… 157

13.1 外观模式概述 ………………………………………………………… 157

13.2 外观模式结构与实现 ……………………………………………………… 158

13.2.1 外观模式结构 ……………………………………………… 158

13.2.2 外观模式实现 ……………………………………………… 159

13.3 外观模式应用实例 ……………………………………………………… 160

13.4 抽象外观类 ……………………………………………………………… 163

 Java设计模式(第2版)

13.5 外观模式优缺点与适用环境 …………………………………………… 166

13.5.1 外观模式优点 ………………………………………………… 167

13.5.2 外观模式缺点 ………………………………………………… 167

13.5.3 外观模式适用环境 …………………………………………… 167

13.6 本章小结 ………………………………………………………………… 167

13.7 习题 ……………………………………………………………………… 168

第 14 章 享元模式 ……………………………………………………… 170

14.1 享元模式概述 …………………………………………………………… 170

14.2 享元模式结构与实现 …………………………………………………… 171

14.2.1 享元模式结构 ………………………………………………… 171

14.2.2 享元模式实现 ………………………………………………… 172

14.3 享元模式应用实例 ……………………………………………………… 173

14.4 有外部状态的享元模式 ………………………………………………… 176

14.5 单纯享元模式与复合享元模式 ………………………………………… 178

14.6 享元模式与 String 类 …………………………………………………… 179

14.7 享元模式优缺点与适用环境 …………………………………………… 180

14.7.1 享元模式优点 ………………………………………………… 180

14.7.2 享元模式缺点 ………………………………………………… 180

14.7.3 享元模式适用环境 …………………………………………… 180

14.8 本章小结 ………………………………………………………………… 181

14.9 习题 ……………………………………………………………………… 181

第 15 章 代理模式 ……………………………………………………… 183

15.1 代理模式概述 …………………………………………………………… 183

15.2 代理模式结构与实现 …………………………………………………… 184

15.2.1 代理模式结构 ………………………………………………… 184

15.2.2 代理模式实现 ………………………………………………… 185

15.3 代理模式应用实例 ……………………………………………………… 186

15.4 远程代理 ………………………………………………………………… 190

15.5 虚拟代理 ………………………………………………………………… 191

15.6 动态代理 ………………………………………………………………… 191

15.7 代理模式优缺点与适用环境 …………………………………………… 195

15.7.1 代理模式优点 ………………………………………………… 195

15.7.2 代理模式缺点 ………………………………………………… 196

15.7.3 代理模式适用环境 …………………………………………… 196

15.8 本章小结 ………………………………………………………………… 196

15.9 习题 ……………………………………………………………………… 197

第四部分 行为型设计模式

第 16 章 职责链模式 ………………………………………………………… 200

16.1 行为型模式 ………………………………………………………………… 200

16.2 职责链模式概述 ………………………………………………………… 201

16.3 职责链模式结构与实现 ………………………………………………… 202

16.3.1 职责链模式结构 ………………………………………………… 202

16.3.2 职责链模式实现 ………………………………………………… 203

16.4 职责链模式应用实例 …………………………………………………… 204

16.5 纯与不纯的职责链模式 ……………………………………………… 209

16.6 职责链模式优缺点与适用环境 ……………………………………… 210

16.6.1 职责链模式优点 ……………………………………………… 210

16.6.2 职责链模式缺点 ……………………………………………… 210

16.6.3 职责链模式适用环境 ………………………………………… 210

16.7 本章小结 ………………………………………………………………… 211

16.8 习题 ……………………………………………………………………… 211

第 17 章 命令模式 …………………………………………………………… 213

17.1 命令模式概述 …………………………………………………………… 213

17.2 命令模式结构与实现 …………………………………………………… 214

17.2.1 命令模式结构 ………………………………………………… 214

17.2.2 命令模式实现 ………………………………………………… 215

17.3 命令模式应用实例 ……………………………………………………… 216

17.4 实现命令队列 …………………………………………………………… 220

17.5 记录请求日志 …………………………………………………………… 221

17.6 实现撤销操作 …………………………………………………………… 221

17.7 宏命令 …………………………………………………………………… 223

17.8 命令模式优缺点与适用环境 ………………………………………… 224

17.8.1 命令模式优点 ………………………………………………… 224

17.8.2 命令模式缺点 ………………………………………………… 225

17.8.3 命令模式适用环境 …………………………………………… 225

17.9 本章小结 ………………………………………………………………… 225

17.10 习题…………………………………………………………………… 226

第 18 章 解释器模式 ………………………………………………………… 227

18.1 解释器模式概述 ………………………………………………………… 227

18.2 文法规则和抽象语法树 ……………………………………………… 228

18.3 解释器模式结构与实现 ……………………………………………… 229

18.3.1 解释器模式结构 …………………………………………………… 229

18.3.2 解释器模式实现 …………………………………………………… 230

18.4 解释器模式应用实例 ……………………………………………………… 231

18.5 解释器模式优缺点与适用环境 …………………………………………… 236

18.5.1 解释器模式优点 …………………………………………………… 236

18.5.2 解释器模式缺点 …………………………………………………… 237

18.5.3 解释器模式适用环境 ……………………………………………… 237

18.6 本章小结 …………………………………………………………………… 237

18.7 习题 ………………………………………………………………………… 238

第 19 章 迭代器模式 ……………………………………………………………… 239

19.1 迭代器模式概述 …………………………………………………………… 239

19.2 迭代器模式结构与实现 …………………………………………………… 240

19.2.1 迭代器模式结构 …………………………………………………… 240

19.2.2 迭代器模式实现 …………………………………………………… 241

19.3 迭代器模式应用实例 ……………………………………………………… 242

19.4 使用内部类实现迭代器 …………………………………………………… 246

19.5 Java内置迭代器 ………………………………………………………… 248

19.6 迭代器模式优缺点与适用环境 …………………………………………… 251

19.6.1 迭代器模式优点 …………………………………………………… 251

19.6.2 迭代器模式缺点 …………………………………………………… 251

19.6.3 迭代器模式适用环境 ……………………………………………… 251

19.7 本章小结 …………………………………………………………………… 252

19.8 习题 ………………………………………………………………………… 252

第 20 章 中介者模式 ……………………………………………………………… 254

20.1 中介者模式概述 …………………………………………………………… 254

20.2 中介者模式结构与实现 …………………………………………………… 256

20.2.1 中介者模式结构 …………………………………………………… 256

20.2.2 中介者模式实现 …………………………………………………… 256

20.3 中介者模式应用实例 ……………………………………………………… 258

20.4 扩展中介者与同事类 ……………………………………………………… 262

20.5 中介者模式优缺点与适用环境 …………………………………………… 266

20.5.1 中介者模式优点 …………………………………………………… 266

20.5.2 中介者模式缺点 …………………………………………………… 266

20.5.3 中介者模式适用环境 ……………………………………………… 267

20.6 本章小结 …………………………………………………………………… 267

20.7 习题 ………………………………………………………………………… 267

第21章 备忘录模式 ………………………………………………………… 269

21.1 备忘录模式概述 ……………………………………………………………… 269

21.2 备忘录模式结构与实现 …………………………………………………… 270

21.2.1 备忘录模式结构 …………………………………………………… 270

21.2.2 备忘录模式实现 …………………………………………………… 270

21.3 备忘录模式应用实例 ……………………………………………………… 273

21.4 实现多次撤销 ……………………………………………………………… 276

21.5 备忘录模式优缺点与适用环境 …………………………………………… 279

21.5.1 备忘录模式优点 …………………………………………………… 279

21.5.2 备忘录模式缺点 …………………………………………………… 279

21.5.3 备忘录模式适用环境 ……………………………………………… 279

21.6 本章小结 …………………………………………………………………… 279

21.7 习题 ………………………………………………………………………… 280

第22章 观察者模式 ………………………………………………………… 281

22.1 观察者模式概述 …………………………………………………………… 281

22.2 观察者模式结构与实现 …………………………………………………… 282

22.2.1 观察者模式结构 …………………………………………………… 282

22.2.2 观察者模式实现 …………………………………………………… 283

22.3 观察者模式应用实例 ……………………………………………………… 285

22.4 JDK对观察者模式的支持 ………………………………………………… 289

22.5 观察者模式与Java事件处理 ……………………………………………… 290

22.6 观察者模式与MVC ………………………………………………………… 292

22.7 观察者模式优缺点与适用环境 …………………………………………… 292

22.7.1 观察者模式优点 …………………………………………………… 293

22.7.2 观察者模式缺点 …………………………………………………… 293

22.7.3 观察者模式适用环境 ……………………………………………… 293

22.8 本章小结 …………………………………………………………………… 293

22.9 习题 ………………………………………………………………………… 294

第23章 状态模式 ………………………………………………………… 296

23.1 状态模式概述 ……………………………………………………………… 296

23.2 状态模式结构与实现 ……………………………………………………… 297

23.2.1 状态模式结构 ……………………………………………………… 297

23.2.2 状态模式实现 ……………………………………………………… 298

23.3 状态模式应用实例 ………………………………………………………… 299

23.4 共享状态 …………………………………………………………………… 305

23.5 使用环境类实现状态转换 ………………………………………………… 307

 Java设计模式(第2版)

23.6 状态模式优缺点与适用环境 …………………………………………… 310

23.6.1 状态模式优点 ……………………………………………… 310

23.6.2 状态模式缺点 ……………………………………………… 310

23.6.3 状态模式适用环境 ………………………………………… 311

23.7 本章小结 ………………………………………………………………… 311

23.8 习题 …………………………………………………………………… 311

第 24 章 策略模式 ……………………………………………………… 314

24.1 策略模式概述 ………………………………………………………… 314

24.2 策略模式结构与实现 ………………………………………………… 315

24.2.1 策略模式结构 ……………………………………………… 315

24.2.2 策略模式实现 ……………………………………………… 316

24.3 策略模式应用实例 …………………………………………………… 317

24.4 Java SE 中的布局管理 ……………………………………………… 321

24.5 策略模式优缺点与适用环境 ………………………………………… 322

24.5.1 策略模式优点 ……………………………………………… 322

24.5.2 策略模式缺点 ……………………………………………… 322

24.5.3 策略模式适用环境 ………………………………………… 323

24.6 本章小结 ………………………………………………………………… 323

24.7 习题 …………………………………………………………………… 323

第 25 章 模板方法模式 ………………………………………………… 325

25.1 模板方法模式概述 …………………………………………………… 325

25.2 模板方法模式结构与实现 …………………………………………… 326

25.2.1 模板方法模式结构 ………………………………………… 326

25.2.2 模板方法模式实现 ………………………………………… 327

25.3 模板方法模式应用实例 ……………………………………………… 329

25.4 钩子方法的使用 ……………………………………………………… 332

25.5 模板方法模式优缺点与适用环境 …………………………………… 334

25.5.1 模板方法模式优点 ………………………………………… 334

25.5.2 模板方法模式缺点 ………………………………………… 335

25.5.3 模板方法模式适用环境 …………………………………… 335

25.6 本章小结 ………………………………………………………………… 335

25.7 习题 …………………………………………………………………… 336

第 26 章 访问者模式 …………………………………………………… 337

26.1 访问者模式概述 ……………………………………………………… 337

26.2 访问者模式结构与实现 ……………………………………………… 338

26.2.1 访问者模式结构 …………………………………………… 338

26.2.2 访问者模式实现 ………………………………………………… 339

26.3 访问者模式应用实例 …………………………………………………… 341

26.4 访问者模式与组合模式联用 …………………………………………… 348

26.5 访问者模式优缺点与适用环境 ………………………………………… 348

26.5.1 访问者模式优点 ………………………………………………… 349

26.5.2 访问者模式缺点 ………………………………………………… 349

26.5.3 访问者模式适用环境 …………………………………………… 349

26.6 本章小结 ………………………………………………………………… 349

26.7 习题 ……………………………………………………………………… 350

附录 A UML 类图 ………………………………………………………… 351

A.1 UML 概述 ………………………………………………………………… 351

A.2 类与类的 UML 表示 …………………………………………………… 352

A.3 类之间的关系 …………………………………………………………… 353

参考文献 ……………………………………………………………………………… 360

第一部分

第1章

设计模式概述

扫一扫
视频讲解

本章导学

随着面向对象技术的发展和广泛应用，设计模式已逐步成为系统架构人员、设计人员、分析人员、维护人员以及实现系统的一线程序员所需掌握的基本技能之一。设计模式广泛应用于面向对象系统的设计和开发，已成为面向对象技术的一个重要组成部分。当人们在特定的环境下遇到特定类型的问题时可以采用他人已使用过的一些成功的解决方案，一方面降低了分析、设计和实现的难度，另一方面可以使得系统具有更好的可维护性和可复用性。

本章将学习设计模式的定义、基本要素和分类，了解 GoF 的 23 种设计模式并理解设计模式的优点。

本章知识点

- 设计模式的诞生与发展
- 设计模式的定义
- 设计模式的基本要素
- 设计模式的分类
- 设计模式的优点

1.1 设计模式的诞生与发展

与很多其他软件工程技术一样，设计模式起源于建筑领域，它是对前人经验的总结，为后人设计与开发基于面向对象的软件提供指导方针和成熟的解决方案。

1.1.1 模式的诞生与定义

模式（Pattern）起源于建筑业而非软件业，模式之父——美国加利福尼亚大学环境结构中心研究所所长 Christopher Alexander 博士用了约 20 年的时间，对舒适住宅和周边环境进行了大量的调查和资料收集工作，发现人们对舒适住宅和城市环境存在一些共同的认同规律。他在其经典著作 *A Pattern Language：Towns，Buildings，Construction*（中译本名为《建筑模式语言：城镇·建筑·构造》）中把这些认同规律归纳为 253 个模式，对每一个模式都从 Context（模式可适用的前提条件）、Theme 或 Problem（在特定条件下要解决的目标问题）、Solution（对目标问题求解过程中各种物理关系的记述）3 个侧面进行描述，并给出了从用户需求分析到建筑环境结构设计直至经典实例的过程模型。

在 Alexander 的另一部经典著作 *The Timeless Way of Building*（中译本名为《建筑的永恒之道》）中，他提到"每个建筑、每个城市都是由称作模式的一定整体组成的，而且一旦我们以建筑的模式来理解建筑，我们就有了考察它们的方法，这一方法产生了所有的建筑，产生了一个城市的所有相似部分以及所有同类物理结构中的各部分""每一模式就是一个规则，它描述了它所限定的整体以及你所必须要做的事情""模式以成千上万次的重复进入世界，因为成千上万的人们共同使用具有这些模式的语言""在哥特式教堂中，中殿侧面与平行于它的侧廊相连"，等等。在对建筑模式进行了系统的分析与整理之后，Alexander 给出了关于模式的经典定义：每个模式都描述了一个在我们的环境中不断出现的问题，然后描述了该问题的解决方案的核心，通过这种方式人们可以无数次地重用那些已有的解决方案，无须再重复相同的工作。这个定义可以简单地用一句话表示：

> 模式是在特定环境下人们解决某类重复出现问题的一套成功或有效的解决方案。
>
> A pattern is a successful or efficient solution to a recurring problem within a context.

图 1-1 所示为 Christopher Alexander 及其著作封面。

图 1-1 Christopher Alexander 及其著作封面

在 Alexander 研究模式以前，人们注重研究的是高质量、高效率、低成本的开发方案，而 Alexander 的模式注重的是"什么是最好的、成功的"系统。为了找出最优解决方案，Alexander 用了约 20 年对现存物进行比较分析，他的贡献主要体现在两方面：其一是集既往之大成——他概括归纳了迄今为止各种风格建筑师的共同设计规则，给东方、古代派、现代派建筑设计与城市规划提供了共同的语言和准则；其二是他不仅给出了方法，还给出了最优解决方案。

模式可以应用于不同的领域，建筑领域有建筑模式，桥梁领域有桥梁模式等。当一个领域逐渐成熟的时候自然会出现很多模式。模式是一种指导，在一个良好的指导下有助于设计一个优良的解决方案，达到事半功倍的效果，而且会得到解决问题的最佳办法。

1.1.2 软件模式概述

20 世纪 80 年代末，软件工程界开始关注 Christopher Alexander 等在这一住宅、公共建筑与城市规划领域的重大突破，最早将该模式的思想引入软件工程方法学的是 1991—1992 年以"四人组（Gang of Four，GoF，分别是 Erich Gamma，Richard Helm，Ralph Johnson 和 John Vlissides）"自称的 4 位著名软件工程学者，他们在 1994 年归纳发表了 23 种在软件开发中使用频率较高的设计模式，旨在用模式来统一沟通面向对象方法在分析、设计和实现间的鸿沟。

GoF 将模式的概念引入软件工程领域，这标志着软件模式的诞生。软件模式是将模式的一般概念应用于软件开发领域，即软件开发的总体指导思路或参照样板。软件模式并非仅限于设计模式，还包括架构模式、分析模式和过程模式等，实际上，在软件生存期的每一个阶段都存在着一些被认同的模式。

软件模式可以被认为是对软件开发这一特定"问题"的"解法"的某种统一表示，它和 Alexander 所描述的模式定义完全相同，即软件模式是在一定条件下的软件开发问题及其解法。软件模式的基本结构由 4 部分构成，即问题描述、前提条件（环境或约束条件）、解法和效果，如图 1-2 所示。

图 1-2 软件模式的基本结构

软件模式与具体的应用领域无关，在模式发现过程中需要遵循大三律（Rule of Three），即只有经过 3 个以上不同类型（或不同领域）的系统的校验，一个解决方案才能从候选模式升格为模式。

1.1.3 设计模式的发展

在软件模式领域，目前研究最为深入的是设计模式，下面是软件设计模式的一个简单发展史：

（1）1987 年，Kent Beck 和 Ward Cunningham 借鉴 Alexander 的模式思想在程序开发中开始应用一些模式，并且在 1987 年的 OOPSLA（Object-Oriented Programming, Systems, Languages & Applications，面向对象编程、系统、语言和应用大会）会议上发表了他们的成果，不过他们的研究在当时并没有引起热潮。

（2）1990 年，OOPSLA 与 ECOOP（European Conference on Object-Oriented Programming，欧洲面向对象编程大会）在加拿大的渥太华联合举办，在由 Bruce Anderson 主持的 Architectural Handbook 研讨会中，Erich Gamma 和 Richard Helm 等开始讨论有关模式的话题。"四人组"（GoF：Erich Gamma, Richard Helm, Ralph Johnson 和 John Vlissides）正式成立，并开始着手进行设计模式的分类整理工作。

（3）在 1991 年的 OOPSLA 中，Bruce Anderson 主持了首次针对设计模式的研讨会，Gamma 和 Johnson 等再次就设计模式展开讨论。同年，Erich Gamma 完成了他在瑞士苏黎世大学的博士学位，其论文题目为 *Object-Oriented Software Development based on $ET++$：Design Patterns, Class Library, Tools*，Peter Coad 和 James Coplien 等也开始进

行有关模式的研究。

（4）在1992年的OOPSLA上，Anderson再度主持研讨会，模式已经逐渐成为人们讨论的话题。在研讨会中，伊利诺伊大学教授Ralph Johnson发表了模式与应用框架关系的论文*Documenting Framework Using Patterns*，同年，Peter Coad在国际权威计算机期刊*Communications of ACM*上发表文章*Object-oriented patterns*，该文包含了与OOAD相关的7个模式。

（5）1993年，Kent Beck和Grady Booch赞助了第一次关于设计模式的会议，这次会议邀请了Richard Helm，Ralph Johnson，Ward Cunningham，James Coplien等参加，会议在美国中部科罗拉多（Colorado）州的落基山（Rocky Mountain）下举行，共同讨论如何将Alexander的模式思想与OO(面向对象技术）结合起来。他们决定以Gamma的研究成果为基础继续努力研究下去，这个设计模式研究组织发展成为著名的Hillside Group(山边小组）研究组。

（6）1994年，由Hillside Group发起，在美国伊利诺伊州（Illinois）的Allerton Park召开了第1届关于面向对象模式的世界性会议，名为PLoP(Pattern Languages of Programs，编程语言模式会议），简称PLoP'94。

（7）1995年，PLoP'95仍在伊利诺伊州的Allerton Park举行，共有70多人参加，论文题目比前一年更加多样化，包括Web界面模式等，其论文由John Vlissides等负责编辑成书并发行上市。同年发生了设计模式领域里程碑性的事件，"四人组"出版了《设计模式：可复用面向对象软件的基础》（*Design Patterns: Elements of Reusable Object-Oriented Software*）一书，本书成为1995年最抢手的面向对象书籍，也成为设计模式的经典书籍。该书的出版也意味着设计模式正式成为软件工程领域的一个重要的研究分支。

（8）从1995年至今，设计模式在软件开发中得以广泛应用，在Sun的Java SE/Java EE平台和Microsoft的.NET平台设计中就应用了大量的设计模式，同时也诞生了越来越多的与设计模式相关的书籍和网站，设计模式也作为一门独立的课程或作为软件体系结构等课程的核心组成部分出现在国内外研究生和大学教育的课堂上。

在设计模式领域，狭义的设计模式就是指GoF的《设计模式：可复用面向对象软件的基础》一书中包含的23种经典设计模式。设计模式不仅仅只有这23种，随着软件开发技术的发展，越来越多的新模式不断诞生并得以广泛应用。本书将主要围绕GoF的23种模式进行讲解。

1.2 设计模式的定义与分类

设计模式的出现可以让我们站在前人的肩膀上通过一些成熟的设计方案来指导新项目的开发和设计，以便于开发出具有更好的灵活性和可扩展性，也更易于复用的软件系统。

1.2.1 设计模式的定义

设计模式（Design Pattern）是一套被反复使用的、多数人知晓的、经过分类编目的、代码设计经验的总结，使用设计模式是为了可重用代码，让代码更容易被他人理解并且提高代码的可靠性。设计模式是一种用于对软件系统中不断重现的设计问题的解决方案进行文档化的技术，也是一种共享专家设计经验的技术。

GoF 对设计模式的定义如下：

> **设计模式**是在特定环境下为解决某一通用软件设计问题提供的一套定制的解决方案，该方案描述了对象和类之间的相互作用。
>
> Design patterns are descriptions of communicating objects and classes that are customized to solve a general design problem in a particular context.

1.2.2 设计模式的基本要素

设计模式一般包含模式名称、问题、目的、解决方案、效果、实例代码和相关设计模式，其中的关键元素有以下4个。

1. 模式名称（Pattern Name）

模式名称通过一两个词来描述模式的问题、解决方案和效果，以便更好地理解模式并方便开发人员之间的交流，绝大多数模式都是根据其功能或模式结构来命名的。在学习设计模式时首先应该准确记忆该模式的中英文名，在已有的类库中，很多使用了设计模式的类名通常包含了所使用的设计模式的名称，如果一个类的类名为XXXAdapter，则该类是一个适配器类，在设计时使用了适配器模式；如果一个类的类名为XXXFactory，则该类是一个工厂类，它一定包含了一个工厂方法用于返回一个类的实例对象。

2. 问题（Problem）

问题描述了应该在何时使用模式，它包含了设计中存在的问题以及问题存在的原因。这些问题有些是一些特定的设计问题，例如怎样使用对象封装状态或者使用对象表示算法等，也可能是系统中存在不灵活的类或对象结构，导致系统的可维护性较差。有时候，在模式的问题描述部分可能会包含使用该模式时必须满足的一系列先决条件。例如在使用桥接模式时系统中的类必须存在两个独立变化的维度，在使用组合模式时系统中必须存在整体和部分的层次结构等。在对问题进行描述的同时实际上就确定了模式所对应的使用环境以及模式的使用动机。

3. 解决方案（Solution）

解决方案描述了设计模式的组成成分，以及这些组成成分之间的相互关系、各自的职责和协作方式。模式是一个通用的模板，它们可以应用于各种不同的场合，解决方案并不描述一个特定而具体的设计或实现，而是提供设计问题的抽象描述和怎样用一个具有一般意义的元素组合（类或对象组合）来解决这个问题。在学习设计模式时，解决方案通过类图和核心代码来加以说明，对每一个设计模式，用户必须掌握其类图，理解类图中每一个角色的意义以及它们之间的关系，同时需要掌握实现该模式的一些核心代码，以便于在实际开发中合理应用设计模式。

4. 效果（Consequences）

效果描述了模式应用的效果以及在使用模式时应权衡的问题。效果主要包含模式的优缺点分析，大家必须知道，没有一个解决方案是百分之百完美的，在使用设计模式时需要进行合理的评价和选择。一个模式在某些方面具有优点的同时可能在另一方面存在缺陷，因此需要综合考虑模式的效果。在评价效果时，通过结合下一章将要学习的面向对象设计原则来进行分析，例如判断一个模式是否符合单一职责原则、是否符合开闭原则等。

除了上述4个基本要素外，在完整的设计模式描述中通常还包含该模式的别名（其他名称）、模式的分类（模式所属类别）、模式的适用性（在什么情况下可以使用该设计模式）、模式角色（即模式参与者，模式中的类和对象以及它们之间的职责）、模式实例（通过实例来进一步加深对模式的理解）、模式应用（在已有系统中该模式的使用）、模式扩展（该模式的一些改进，与之相关的其他模式及其他扩展知识）等。

在本书中将按照以下次序来学习每一个设计模式。

（1）模式概述：通过一些简单的问题引出一个设计模式，理解模式的动机与意图，并掌握模式的定义（包括中文定义和英文定义）。

（2）模式结构与实现：分析模式结构图（类图）及相关角色，理解模式解决方案的构成以及各组成部分之间的关系，并结合示例代码对模式结构和角色进行进一步说明。

（3）模式应用实例：通过一个来源于软件开发领域的实例对模式进行深入解析，学习如何在实际开发中应用模式。

（4）模式扩展部分：包括模式的一些改进方案，例如模式功能的增强和简化，还包括与其他模式的联用、模式的变异和其他扩展内容。

（5）模式优缺点与适用环境：分析模式的优缺点，学会识别模式的适用场景。

1.2.3 设计模式的分类

设计模式一般有两种分类方式：

1. 根据目的分类

设计模式根据目的（模式是用来做什么的）可分为创建型（Creational）、结构型（Structural）和行为型（Behavioral）3类。

（1）创建型模式主要用于创建对象，GoF提供了5种创建型模式，分别是工厂方法模式（Factory Method）、抽象工厂模式（Abstract Factory）、建造者模式（Builder）、原型模式（Prototype）和单例模式（Singleton）。

（2）结构型模式主要用于处理类或对象的组合，GoF提供了7种结构型模式，分别是适配器模式（Adapter）、桥接模式（Bridge）、组合模式（Composite）、装饰模式（Decorator）、外观模式（Facade）、享元模式（Flyweight）和代理模式（Proxy）。

（3）行为型模式主要用于描述类或对象怎样交互和怎样分配职责，GoF提供了11种行为型模式，分别是职责链模式（Chain of Responsibility）、命令模式（Command）、解释器模式（Interpreter）、迭代器模式（Iterator）、中介者模式（Mediator）、备忘录模式（Memento）、观察者模式（Observer）、状态模式（State）、策略模式（Strategy）、模板方法模式（Template Method）和访问者模式（Visitor）。

2. 根据范围分类

设计模式根据范围（即模式主要是用于处理类之间的关系还是处理对象之间的关系）可分为类模式和对象模式两种。

（1）类模式处理类和子类之间的关系，这些关系通过继承建立，在编译时就被确定下来，是一种静态关系。

（2）对象模式处理对象间的关系，这些关系在运行时变化，更具动态性。

1.3 GoF 设计模式简介

在 GoF 的经典著作《设计模式：可复用面向对象软件的基础》一书中一共描述了 23 种设计模式，这 23 种模式分别如表 1-1 所示。

表 1-1 GoF 的 23 种模式一览表

范围/目的	创建型模式	结构型模式	行为型模式
类模式	工厂方法模式	（类）适配器模式	解释器模式 模板方法模式
对象模式	抽象工厂模式 建造者模式 原型模式 单例模式	（对象）适配器模式 桥接模式 组合模式 装饰模式 外观模式 享元模式 代理模式	职责链模式 命令模式 迭代器模式 中介者模式 备忘录模式 观察者模式 状态模式 策略模式 访问者模式

下面简单地对 GoF 的 23 种设计模式进行说明，如表 1-2 所示。

表 1-2 GoF 的 23 种设计模式的简要说明

模式类别	模式名称	模式说明
创建型模式 (Creational Patterns)	抽象工厂模式 (Abstract Factory Pattern)	提供一个创建一系列相关或相互依赖对象的接口，而无须指定它们具体的类
	建造者模式 (Builder Pattern)	将一个复杂对象的构建与它的表示分离，使得同样的构建过程可以创建不同的表示
	工厂方法模式 (Factory Method Pattern)	定义一个用于创建对象的接口，但是让子类决定将哪一个类实例化。工厂方法模式让一个类的实例化延迟到其子类
	原型模式 (Prototype Pattern)	使用原型实例指定待创建对象的类型，并且通过复制这个原型来创建新的对象
	单例模式 (Singleton Pattern)	确保一个类只有一个实例，并提供一个全局访问点来访问这个唯一实例
结构型模式 (Structural Patterns)	适配器模式 (Adapter Pattern)	将一个类的接口转换成客户希望的另一个接口。适配器模式让那些接口不兼容的类可以一起工作
	桥接模式 (Bridge Pattern)	将抽象部分与它的实现部分解耦，使得两者都能够独立变化
	组合模式 (Composite Pattern)	组合多个对象形成树形结构以表示具有部分-整体关系的层次结构。组合模式让客户端可以统一对待单个对象和组合对象
	装饰模式 (Decorator Pattern)	动态地给一个对象增加一些额外的职责。就扩展功能而言，装饰模式提供了一种比使用子类更加灵活的替代方案

续表

模式类别	模式名称	模式说明
结构型模式（Structural Patterns）	外观模式（Facade Pattern）	为子系统中的一组接口提供一个统一的入口。外观模式定义了一个高层接口，这个接口使得这一子系统更加容易使用
	享元模式（Flyweight Pattern）	运用共享技术有效地支持大量细粒度对象的复用
	代理模式（Proxy Pattern）	给某一个对象提供一个代理或占位符，并由代理对象来控制对原对象的访问
行为型模式（Behavioral Patterns）	职责链模式（Chain of Responsibility Pattern）	避免将一个请求的发送者与接收者耦合在一起，让多个对象都有机会处理请求。将接收请求的对象连接成一条链，并且沿着这条链传递请求，直到有一个对象能够处理它为止
	命令模式（Command Pattern）	将一个请求封装为一个对象，从而可用不同的请求对客户进行参数化，对请求排队或者记录请求日志，以及支持可撤销的操作
	解释器模式（Interpreter Pattern）	给定一个语言，定义它的文法的一种表示，并定义一个解释器，这个解释器使用该表示来解释语言中的句子
	迭代器模式（Iterator Pattern）	提供一种方法顺序访问一个聚合对象中的各个元素，而又不用暴露该对象的内部表示
	中介者模式（Mediator Pattern）	定义一个对象来封装一系列对象的交互。中介者模式使各对象之间不需要显式地相互引用，从而使其耦合松散，而且可以独立地改变它们之间的交互
	备忘录模式（Memento Pattern）	在不破坏封装的前提下捕获一个对象的内部状态，并在该对象之外保存这个状态，这样可以在以后将对象恢复到原先保存的状态
	观察者模式（Observer Pattern）	定义对象之间的一种一对多依赖关系，使得每当一个对象状态发生改变时其相关依赖对象皆得到通知并被自动更新
行为型模式（Behavioral Patterns）	状态模式（State Pattern）	允许一个对象在其内部状态改变时改变它的行为。对象看起来似乎修改了它的类
	策略模式（Strategy Pattern）	定义一系列算法，将每一个算法封装起来，并让它们可以相互替换。策略模式让算法可以独立于使用它的客户而变化
	模板方法模式（Template Method Pattern）	定义一个操作中算法的框架，而将一些步骤延迟到子类中。模板方法模式使得子类可以不改变一个算法的结构即可重定义该算法的某些特定步骤
	访问者模式（Visitor Pattern）	表示一个作用于某对象结构中的各个元素的操作。访问者模式可以在不改变各元素的类的前提下定义作用于这些元素的新操作

需要注意的是，这23种设计模式并不是孤立存在的，很多模式之间存在联系，例如在访问者模式中操作对象结构中的元素时通常需要使用迭代器模式，在解释器模式中定义终结符表达式和非终结符表达式时可以使用组合模式；此外，还可以通过组合两个或者多个模式来设计同一个系统，在充分发挥每一个模式的优势的同时使它们可以协同工作，完成一些

更复杂的设计工作。

1.4 设计模式的优点

设计模式是从许多优秀的软件系统中总结出的成功的、能够实现可维护性复用的设计方案，使用这些方案将避免做一些重复性的工作，而且可以设计出高质量的软件系统。具体来说，设计模式的优点主要如下：

（1）设计模式融合了众多专家的经验，并以一种标准的形式供广大开发人员所用，它提供了一套通用的设计词汇和一种通用的语言以方便开发人员之间沟通和交流，使得设计方案更加通俗易懂。对于使用不同编程语言的开发和设计人员可以通过设计模式来交流系统设计方案，每一个模式都对应一个标准的解决方案，设计模式可以降低开发人员理解系统的复杂度。

（2）设计模式使人们可以更加简单、方便地复用成功的设计和体系结构，将已证实的技术表述成设计模式也会使新系统开发者更加容易理解其设计思路。设计模式使得重用成功的设计更加容易，并避免那些导致不可重用的设计方案。

（3）设计模式使得设计方案更加灵活，且易于修改。在很多设计模式中广泛使用了开闭原则、依赖倒转原则、迪米特法则等面向对象设计原则，使得系统具有较好的可维护性，真正实现可维护性的复用。在软件开发中合理地使用设计模式可以使系统中的一些组成部分在其他系统中得以重用，而且在此基础上进行二次开发很方便。正因为设计模式具有该优点，所以在JDK、Struts、Spring、Hibernate、JUnit等类库和框架的设计中大量使用了设计模式。

（4）设计模式的使用将提高软件系统的开发效率和软件质量，并且在一定程度上节约设计成本。设计模式是一些通过多次实践得以证明的行之有效的解决方案，这些解决方案通常是针对某一类问题最佳的设计方案，因此可以帮助设计人员构造优秀的软件系统，并可直接重用这些设计经验，节省系统设计成本。

（5）设计模式有助于初学者更深入地理解面向对象思想，一方面可以帮助初学者更加方便地阅读和学习现有类库与其他系统中的源代码，另一方面还可以提高软件的设计水平和代码质量。

1.5 本章小结

模式是在特定环境下人们解决某类重复出现问题的一套成功或有效的解决方案。

GoF（Erich Gamma、Richard Helm、Ralph Johnson和John Vlissides）最先将模式的概念引入软件工程领域，他们归纳发表了23种在软件开发中使用频率较高的设计模式，旨在用模式来统一沟通面向对象方法在分析、设计和实现间的鸿沟。

软件模式是将模式的一般概念应用于软件开发领域，即软件开发的总体指导思路或参照样板。软件模式可以认为是对软件开发这一特定"问题"的"解法"的某种统一表示，即软件模式是在一定条件下的软件开发问题及其解法。

设计模式是在特定环境下为解决某一通用软件设计问题提供的一套定制的解决方案，该方案描述了对象和类之间的相互作用。

设计模式一般包含模式名称、问题、目的、解决方案、效果、实例代码和相关设计模式，其中的关键元素有模式名称、问题、解决方案和效果。

设计模式根据目的可分为创建型、结构型和行为型 3 种；根据范围可分为类模式和对象模式两种。

设计模式是从许多优秀的软件系统中总结出的成功的、能够实现可维护性复用的设计方案，使用这些方案将避免做一些重复性的工作，而且可以设计出高质量的软件系统。

1.6 习题

1. 设计模式具有（　　）的优点。

A. 提高系统性能　　　　　　B. 减少类的数量，降低系统规模

C. 减少代码开发工作量　　　D. 提升软件设计的质量

2. 在面向对象软件开发过程中，采用设计模式（　　）。

A. 可以减少在设计和实现过程中需要创建的实例对象的数量

B. 可以保证程序的运行速度达到最优值

C. 可以复用相似问题的相同解决方案

D. 允许在非面向对象程序设计语言中使用面向对象的概念

3. （　　）都是行为型设计模式。

A. 组合模式、适配器模式和代理模式

B. 观察者模式、职责链模式和策略模式

C. 原型模式、建造者模式和单例模式

D. 迭代器模式、命令模式和桥接模式

4. 什么是设计模式？它包含哪些基本要素？

5. 设计模式如何分类？每一类设计模式有何特点？

6. 设计模式具有哪些优点？

7. 除了设计模式以外，目前有不少人在从事"反模式"的研究，请查阅相关资料，了解何谓"反模式"以及研究"反模式"的意义。

8. 请查阅相关资料，了解在 JDK 中使用了哪些设计模式，在何处使用了何种模式，至少列举两个。

第2章

面向对象设计原则

视频讲解

本章导学

对于面向对象软件系统的设计而言，在支持可维护性的同时提高系统的可复用性是一个至关重要的问题，如何同时提高一个软件系统的可维护性和可复用性是面向对象设计需要解决的核心问题之一。在面向对象设计中，可维护性的复用是以设计原则为基础的，每一个原则都蕴含一些面向对象设计的思想，可以从不同的角度提升软件结构的设计水平。

本章将学习7个重要的面向对象设计原则，结合实例分析7个原则的特点，这7个原则分别是单一职责原则、开闭原则、里氏代换原则、依赖倒转原则、接口隔离原则、合成复用原则和迪米特法则。

本章知识点

- 单一职责原则
- 开闭原则
- 里氏代换原则
- 依赖倒转原则
- 接口隔离原则
- 合成复用原则
- 迪米特法则

2.1 面向对象设计原则概述

软件的可维护性(Maintainability)和可复用性(Reusability)是两个非常重要的用于衡量软件质量的属性，软件的可维护性是指软件能够被理解、改正、适应及扩展的难易程度，软件的可复用性是指软件能够被重复使用的难易程度。

面向对象设计的目标之一在于支持可维护性复用，一方面需要实现设计方案或者源代码的复用，另一方面要确保系统能易于扩展和修改，具有良好的可维护性。面向对象设计原则为支持可维护性复用而诞生，这些原则蕴含在很多设计模式中，它们是从许多设计方案中总结出的指导性原则，但并不是强制性的。

面向对象设计原则也是后续设计模式学习的基础，每一个设计模式都符合某一个或多个面向对象设计原则，面向对象设计原则是用于评价一个设计模式的使用效果的重要指标之一。通过在软件开发中使用这些原则可以提高软件的可维护性和可复用性，以便设计出兼具良好的可维护性和可复用性的软件系统，实现可维护性复用的目标。

最常见的7个面向对象设计原则如表2-1所示。

表 2-1 7个常用的面向对象设计原则

设计原则名称	定　　义	使用频率
单一职责原则（Single Responsibility Principle，SRP）	一个对象应该只包含单一的职责，并且该职责被完整地封装在一个类中	★★★★☆
开闭原则（Open-Closed Principle，OCP）	软件实体应当对扩展开放，对修改关闭	★★★★★
里氏代换原则（Liskov Substitution Principle，LSP）	所有引用基类的地方必须能透明地使用其子类的对象	★★★★★
依赖倒转原则（Dependence Inversion Principle，DIP）	高层模块不应该依赖低层模块，它们都应该依赖抽象。抽象不应该依赖于细节，细节应该依赖于抽象	★★★★★
接口隔离原则（Interface Segregation Principle，ISP）	客户端不应该依赖那些它不需要的接口	★★☆☆☆
合成复用原则（Composite Reuse Principle，CRP）	优先使用对象组合，而不是通过继承来达到复用的目的	★★★★☆
迪米特法则（Law of Demeter，LoD）	每一个软件单位对其他单位都只有最少的知识，而且局限于那些与本单位密切相关的软件单位	★★★☆☆

2.2 单一职责原则

单一职责原则是最简单的面向对象设计原则，它用于控制类的粒度大小。

单一职责原则的定义如下：

> **单一职责原则**：一个对象应该只包含单一的职责，并且该职责被完整地封装在一个类中。
> Single Responsibility Principle (SRP)：Every object should have a single responsibility，and that responsibility should be entirely encapsulated by the class.

单一职责原则的另一种定义方式：就一个类而言，应该仅有一个引起它变化的原因。（There should never be more than one reason for a class to change.）

在软件系统中，一个类（大到模块，小到方法）承担的职责越多，它被复用的可能性就越小，而且一个类承担的职责过多，相当于将这些职责耦合在一起，当其中一个职责变化时可能会影响其他职责的运作，因此要将这些职责进行分离，将不同的职责封装在不同的类中，即将不同的变化原因封装在不同的类中，如果多个职责总是同时发生改变则可将它们封装在同一类中。

单一职责原则是实现高内聚、低耦合的指导方针，它是最简单但又最难运用的原则，需要设计人员发现类的不同职责并将其分离，而发现类的多重职责需要设计人员具有较强的分析设计能力和相关实践经验。

下面通过一个简单实例来进一步分析单一职责原则：

某软件公司开发人员针对CRM(Customer Relationship Management，客户关系管理)系统中的客户信息图形统计模块提出了如图 2-1 所示的初始设计方案。

图 2-1 初始设计方案结构图

在CustomerDataChart类的方法中，getConnection()方法用于连接数据库，findCustomers()用于查询所有的客户信息，createChart()用于创建图表，displayChart()用于显示图表。

现使用单一职责原则对其进行重构。

在图 2-1 中，CustomerDataChart 类承担了太多的职责，既包含与数据库相关的方法，又包含与图表生成和显示相关的方法。如果在其他类中也需要连接数据库或者使用 findCustomers()方法查询客户信息，则难以实现代码的重用。无论是修改数据库连接方式还是修改图表显示方式都需要修改该类，它拥有不止一个引起它变化的原因，违背了单一职责原则。因此需要对该类进行拆分，使其满足单一职责原则，CustomerDataChart 类可拆分为以下 3 个类。

（1）DBUtil：负责连接数据库，包含数据库连接方法 getConnection()。

（2）CustomerDAO：负责操作数据库中的 Customer 表，包含对 Customer 表的增、删、改、查等方法，例如 findCustomers()。

（3）CustomerDataChart：负责图表的生成和显示，包含 createChart()和 displayChart()方法。

使用单一职责原则重构后的结构图如图 2-2 所示。

图 2-2 重构后的结构图

2.3 开闭原则

开闭原则是面向对象的可复用设计的第一块基石，它是最重要的面向对象设计原则。开闭原则由 Bertrand Meyer 于 1988 年提出，其定义如下：

开闭原则：软件实体应当对扩展开放，对修改关闭。

Open-Closed Principle（OCP）：Software entities should be open for extension, but closed for modification.

在开闭原则的定义中，软件实体可以指一个软件模块、一个由多个类组成的局部结构或一个独立的类。开闭原则就是指软件实体应尽量在不修改原有代码的情况下进行扩展。

任何软件都需要面临一个很重要的问题，即它们的需求会随时间的推移而发生变化。当软件系统需要面对新的需求时应该尽量保证系统的设计框架是稳定的。如果一个软件设计符合开闭原则，那么可以非常方便地对系统进行扩展，而且在扩展时无须修改现有代码，使得软件系统在拥有适应性和灵活性的同时具备较好的稳定性和延续性。随着软件规模越来越大，软件寿命越来越长，软件维护成本越来越高，设计满足开闭原则的软件系统也变得越来越重要。

为了满足开闭原则，需要对系统进行抽象化设计，抽象化是开闭原则的关键。在 Java、C#等编程语言中可以为系统定义一个相对稳定的抽象层，而将不同的实现行为移至具体的实现层中完成。在很多面向对象编程语言中都提供了接口、抽象类等机制，可以通过它们定义系统的抽象层，再通过具体类来进行扩展。如果需要修改系统的行为，无须对抽象层进行任何改动，只需要增加新的具体类来实现新的业务功能即可，实现在不修改已有代码的基础上扩展系统的功能，达到开闭原则的要求。

在后续 24 种设计模式中很多设计模式都符合开闭原则，在对每一个模式进行优缺点评价时都会将开闭原则作为一个重要的评价依据，以判断基于该模式设计的系统是否具备良好的灵活性和可扩展性。

2.4 里氏代换原则

里氏代换原则由 2008 年图灵奖得主、美国第一位计算机科学女博士、麻省理工学院的 Barbara Liskov（芭芭拉·利斯科夫）教授和卡内基-梅隆大学的 Jeannette Wing 教授于 1994 年提出，里氏代换原则以 Barbara Liskov 教授的姓氏命名。其严格表述如下：如果对每一个类型为 S 的对象 o1 都有类型为 T 的对象 o2，使得以 T 定义的所有程序 P 在所有的对象 o1 都代换 o2 时程序 P 的行为没有变化，那么类型 S 是类型 T 的子类型。（If for each object o1 of type S there is an object o2 of type T such that for all programs P defined in terms of T, the behavior of P is unchanged when o1 is substituted for o2 then S is a subtype of T.）

这个原始的定义不太容易理解，因此一般使用它的另一个通俗版定义：

> **里氏代换原则**：所有引用基类的地方必须能透明地使用其子类的对象。
>
> **Liskov Substitution Principle（LSP）**：Functions that use pointers or references to base classes must be able to use objects of derived classes without knowing it.

里氏代换原则表明，在软件中将一个基类对象替换成它的子类对象，程序将不会产生任何错误和异常，反过来则不成立，如果一个软件实体使用的是一个子类对象，那么它不一定能够使用基类对象。例如我喜欢动物，那我一定喜欢狗，因为狗是动物的子类；但是我喜欢狗，不能据此断定我喜欢所有的动物。

里氏代换原则是实现开闭原则的重要方式之一，由于在使用基类对象的地方都可以使用子类对象，因此在程序中尽量使用基类类型来对对象进行定义，而在运行时再确定其子类类型，用子类对象来替换父类对象。

在运用里氏代换原则时应该将父类设计为抽象类或者接口，让子类继承父类或实现父接口，并实现在父类中声明的方法，在运行时子类实例替换父类实例，可以很方便地扩展系统的功能，无须修改原有子类的代码，增加新的功能可以通过增加一个新的子类来实现。

2.5 依赖倒转原则

如果说开闭原则是面向对象设计的目标，那么依赖倒转原则就是面向对象设计的主要实现机制之一，它是系统抽象化的具体实现。依赖倒转原则是 Robert C. Martin 在 1996 年为 C++ Reporter 所写的专栏 Engineering Notebook 的第三篇，后来加入他在 2002 年出版的经典著作 *Agile Software Development，Principles，Patterns，and Practices* 一书中。

依赖倒转原则的定义如下：

依赖倒转原则： 高层模块不应该依赖低层模块，它们都应该依赖抽象。抽象不应该依赖于细节，细节应该依赖于抽象。

Dependence Inversion Principle (DIP): High level modules should not depend upon low level modules, both should depend upon abstractions. Abstractions should not depend upon details, details should depend upon abstractions.

简单来说，依赖倒转原则要求针对接口编程，不要针对实现编程。（Program to an interface, not an implementation.）

依赖倒转原则要求在程序代码中传递参数时或在关联关系中尽量引用层次高的抽象层类，即使用接口和抽象类进行变量类型声明、参数类型声明、方法返回类型声明，以及数据类型的转换等，而不要用具体类来做这些事情。为了确保该原则的应用，一个具体类应当只实现接口或抽象类中声明过的方法，而不要给出多余的方法，否则将无法调用到在子类中增加的新方法。

在引入抽象层后，系统将具有很好的灵活性，在程序中尽量使用抽象层进行编程，而将具体类写在配置文件中，这样如果系统行为发生变化，只需要对抽象层进行扩展，并修改配置文件，而无须修改原有系统的源代码，在不修改的情况下来扩展系统的功能，满足开闭原则的要求。

在实现依赖倒转原则时需要针对抽象层编程，而将具体类的对象通过依赖注入（Dependence Injection, DI）的方式注入其他对象中，依赖注入是指当一个对象要与其他对象发生依赖关系时采用抽象的形式来注入所依赖的对象。常用的注入方式有3种，分别是构造注入、设值注入（Setter 注入）和接口注入。构造注入是指通过构造函数来传入具体类的对象，设值注入是指通过 Setter 方法来传入具体类的对象，而接口注入是指通过在接口中声明的业务方法来传入具体类的对象。这些方法在定义时使用的是抽象类型，在运行时再传入具体类型的对象，由子类对象来覆盖父类对象。

下面通过一个简单实例来加深对开闭原则、里氏代换原则和依赖倒转原则的理解：

某软件公司开发人员在开发 CRM 系统时发现该系统经常需要将存储在 TXT 或 Excel 文件中的客户信息转存到数据库中，因此需要进行数据格式转换。在客户数据操作类 CustomerDAO 中将调用数据格式转换类的方法来实现格式转换，初始设计方案结构图如图 2-3 所示。

图 2-3 初始设计方案结构图

在编码实现图 2-3 所示的结构时，该软件公司开发人员发现该设计方案存在一个非常严重的问题，由于每次转换数据时数据来源不一定相同，因此需要经常更换数据转换类，例如有时候需要将 TXTDataConvertor 改为 ExcelDataConvertor，此时需要修改 CustomerDAO 的源代码，而且在引入并使用新的数据转换类时也不得不修改 CustomerDAO 的源代码，系统扩展性较差，违反了开闭原则，现需要对该方案进行重构。

在本实例中，由于 CustomerDAO 针对具体数据转换类编程，因此在增加新的数据转换类或者更换数据转换类时不得不修改 CustomerDAO 的源代码。可以通过引入抽象数据转换类解决该问题，在引入抽象数据转换类 DataConvertor 之后，CustomerDAO 针对抽象类 DataConvertor 编程，而将具体数据转换类名存储在配置文件中，符合依赖倒转原则。根据里氏代换原则，程序运行时具体数据转换类对象将替换 DataConvertor 类型的对象，程序不会产生任何异常。在更换具体数据转换类时无须修改源代码，只需要修改配置文件；如果需要增加新的具体数据转换类，只要将新增数据转换类作为 DataConvertor 的子类并修改配置文件即可，原有代码无须做任何修改，满足开闭原则。重构后的结构图如图 2-4 所示。

图 2-4 重构后的结构图

在上述重构过程中同时使用了开闭原则、里氏代换原则和依赖倒转原则，在大多数情况下，这 3 个设计原则会同时出现，开闭原则是目标，里氏代换原则是基础，依赖倒转原则是手段，它们相辅相成，相互补充，目标一致，只是分析问题时所站的角度不同而已。

2.6 接口隔离原则

接口隔离原则的定义如下：

接口隔离原则：客户端不应该依赖那些它不需要的接口。

Interface Segregation Principle（ISP）：Clients should not be forced to depend upon interfaces that they do not use.

根据接口隔离原则，当一个接口太大时需要将它分割成一些更细小的接口，使用该接口的客户端仅需知道与之相关的方法即可。每一个接口应该承担一种相对独立的角色，不干不该干的事，该干的事都要干。这里的"接口"往往有两种不同的含义：一种是指一个类型所具有的方法特征的集合，仅仅是一种逻辑上的抽象；另一种是指某种语言具体的"接口"，有严格的定义和结构，比如 Java 和 C#语言中的 interface。对于这两种不同的含义，ISP 的表达方式以及含义也有所不同。

(1) 当把"接口"理解成一个类型所提供的所有方法特征的集合的时候，这就是一种逻辑上的概念，接口的划分将直接带来类型的划分。可以把接口理解成角色，一个接口只能代表一个角色，每个角色都有它特定的一个接口，此时这个原则可以叫"角色隔离原则"。

(2) 如果把"接口"理解成狭义的特定语言的接口，那么 ISP 表达的意思是指接口仅仅提供客户端需要的行为，客户端不需要的行为则隐藏起来，应当为客户端提供尽可能小的单独的接口，而不要提供大的总接口。在面向对象编程语言中，实现一个接口需要实现该接口中定义的所有方法，因此大的总接口使用起来不一定很方便，为了使接口的职责单一，需要将大接口中的方法根据其职责不同分别放在不同的小接口中，以确保每个接口使用起来都较为方便，并都承担某一单一角色。接口应该尽量细化，同时接口中的方法应该尽量少，每个接口中只包含一个客户端（如子模块或业务逻辑类）所需的方法即可，这种机制也称为"定制服务"，即为不同的客户端提供宽窄不同的接口。

下面通过一个简单实例来加深对接口隔离原则的理解：

某软件公司开发人员针对 CRM 系统的客户数据显示模块设计了如图 2-5 所示的 CustomerDataDisplay 接口，其中方法 readData() 用于从文件中读取数据，方法 transformToXML() 用于将数据转换成 XML 格式，方法 createChart() 用于创建图表，方法 displayChart() 用于显示图表，方法 createReport() 用于创建文字报表，方法 displayReport() 用于显示文字报表。

图 2-5 初始设计方案结构图

在实际使用过程中发现该接口很不灵活，例如：如果一个具体的数据显示类无须进行数据转换（源文件本身就是 XML 格式），但由于实现了该接口，将不得不实现其中声明的 transformToXML() 方法（至少需要提供一个空实现）；如果需要创建和显示图表，除了需要实现与图表相关的方法外，还需要实现创建和显示文字报表的方法，否则程序在编译时将报错。

现使用接口隔离原则对其进行重构。

在图 2-5 中，由于在 CustomerDataDisplay 接口中定义了太多方法，即该接口承担了太多职责，一方面导致该接口的实现类很庞大，在不同的实现类中都不得不实现接口中定义的所有方法，灵活性较差，如果出现大量的空方法，将导致系统中产生大量的无用代码，影响代码质量；另一方面由于客户端针对大接口编程，将在一定程度上破坏程序的封装性，客户端看到了不应该看到的方法，没有为客户端定制接口。因此需要将该接口按照接口隔离原则和单一职责原则进行重构，将其中的一些方法封装在不同的小接口中，确保每一个接口使用起来都较为方便，并都承担某一单一角色，每个接口中只包含一个客户端所需的方法即可。

通过使用接口隔离原则，本实例重构后的结构图如图 2-6 所示。

在使用接口隔离原则时需要注意控制接口的粒度，接口不能太小，如果太小会导致系统中的接口泛滥，不利于维护；接口也不能太大，太大的接口将违背接口隔离原则，灵活性较差，使用起来很不方便。一般而言，在接口中仅包含为某一类用户定制的方法即可，不应该强迫客户依赖于那些他们不用的方法。

图 2-6 重构后的结构图

2.7 合成复用原则

合成复用原则又称为组合/聚合复用原则（Composition/Aggregate Reuse Principle，CARP），其定义如下：

合成复用原则：优先使用对象组合，而不是通过继承来达到复用的目的。

Composite Reuse Principle (CRP): Favor composition of objects over inheritance as a reuse mechanism.

合成复用原则就是在一个新的对象里通过关联关系（包括组合关系和聚合关系）来使用一些已有的对象，使之成为新对象的一部分，新对象通过委派调用已有对象的方法达到复用功能的目的。简而言之，在复用时要尽量使用组合/聚合关系（关联关系），少用继承。

在面向对象设计中可以通过两种方法在不同的环境中复用已有的设计和实现，即通过组合/聚合关系或通过继承，但首先应该考虑使用组合/聚合，组合/聚合可以使系统更加灵活，降低类与类之间的耦合度，一个类的变化对其他类造成的影响相对较少；其次才考虑继承，在使用继承时需要严格遵循里氏代换原则，有效使用继承会有助于对问题的理解，降低复杂度，而滥用继承反而会增加系统构建和维护的难度以及系统的复杂度，因此需要慎重使用继承复用。

通过继承来进行复用的主要问题在于继承复用会破坏系统的封装性，因为继承会将基类的实现细节暴露给子类，由于基类的某些内部细节对于子类来说是可见的，所以这种复用又称"白箱"复用，如果基类发生改变，那么子类的实现也不得不发生改变；从基类继承而来的实现是静态的，不可能在运行时发生改变，没有足够的灵活性；而且继承只能在有限的环境中使用（如类没有声明为不能被继承）。

由于组合或聚合关系可以将已有的对象（也可称为成员对象）纳入新对象中，使之成为新对象的一部分，因此新对象可以调用已有对象的功能，这样做可以使成员对象的内部实现细节对于新对象不可见，所以这种复用又称为"黑箱"复用，相对继承关系而言，其耦合度相对较低，成员对象的变化对新对象的影响不大，可以在新对象中根据实际需要有选择性地调用成员对象的操作；合成复用可以在运行时动态进行，新对象可以动态地引用与成员对象类型相同的其他对象。

一般而言，如果两个类之间是"Has-A"的关系应使用组合或聚合，如果是"Is-A"的关系可以使用继承。"Is-A"是严格的分类学意义上的定义，意思是一个类是另一个类的"一种"；而"Has-A"则不同，它表示某一个角色具有某一项责任。

下面通过一个简单实例来加深对合成复用原则的理解：

某软件公司开发人员在初期的CRM系统设计中考虑到客户数量不多，系统采用Access作为数据库，与数据库操作有关的类（例如CustomerDAO类等）都需要连接数据库，连接数据库的方法getConnection()封装在DBUtil类中，由于需要复用DBUtil类的getConnection()方法，设计人员将CustomerDAO作为DBUtil类的子类，初始设计方案结构图如图2-7所示。

图 2-7 初始设计方案结构图

随着客户数量的增加，系统决定升级为Oracle数据库，因此需要增加一个新的OracleDBUtil类来连接Oracle数据库，由于在初始设计方案中CustomerDAO和DBUtil之间是继承关系，因此在更换数据库连接方式时需要修改CustomerDAO类的源代码，将CustomerDAO作为OracleDBUtil的子类，这将违反开闭原则。当然也可以直接修改DBUtil类的源代码，这同样也违反了开闭原则。

现使用合成复用原则对其进行重构。

根据合成复用原则，在实现复用时应该多用关联，少用继承。因此在本实例中可以使用关联复用来取代继承复用，重构后的结构图如图2-8所示。

图 2-8 重构后的结构图

在图 2-8 中，CustomerDAO 和 DBUtil 之间的关系由继承关系变为关联关系，采用依赖注入的方式将 DBUtil 对象注入 CustomerDAO 中，可以使用构造注入，也可以使用设值注入。如果需要对 DBUtil 的功能进行扩展，可以通过其子类来实现，例如通过子类 OracleDBUtil 来连接 Oracle 数据库。由于 CustomerDAO 针对 DBUtil 编程，根据里氏代换原则，DBUtil 子类的对象可以覆盖 DBUtil 对象，只需在 CustomerDAO 中注入子类对象即可使用子类所扩展的方法。例如在 CustomerDAO 中注入 OracleDBUtil 对象，即可实现 Oracle 数据库连接，原有代码无须进行修改，而且可以很灵活地增加新的数据库连接方式，符合开闭原则。

2.8 迪米特法则

迪米特法则来自于 1987 年美国东北大学（Northeastern University）的一个名为 Demeter 的研究项目。迪米特法则又称为最少知识原则（Least Knowledge Principle，LKP），其定义如下：

> **迪米特法则**：每一个软件单位对其他单位都只有最少的知识，而且局限于那些与本单位密切相关的软件单位。
>
> **Law of Demeter (LoD)**: Each unit should have only limited knowledge about other units; only units "closely" related to the current unit.

迪米特法则要求一个软件实体应当尽可能少地与其他实体发生相互作用。如果一个系统符合迪米特法则，那么当其中的某一个模块发生修改时就会尽量少地影响其他模块，扩展会相对容易，这是对软件实体之间通信的限制，迪米特法则要求限制软件实体之间通信的宽度和深度。应用迪米特法则可降低系统的耦合度，使类与类之间保持松散的耦合关系。

迪米特法则还有几种定义形式，包括不要和"陌生人"说话（Don't talk to strangers.）、只与你的直接朋友通信（Talk only to your immediate friends.）等。在迪米特法则中，对于一个对象，其朋友包括以下几类：

（1）当前对象本身（this）。

（2）以参数形式传入当前对象方法中的对象。

（3）当前对象的成员对象。

（4）如果当前对象的成员对象是一个集合，那么集合中的元素也都是朋友。

（5）当前对象所创建的对象。

任何一个对象如果满足上面的条件之一，就是当前对象的"朋友"，否则就是"陌生人"。在应用迪米特法则时，一个对象只能与直接朋友发生交互，不要与"陌生人"发生直接交互，这样做可以降低系统的耦合度，一个对象的改变不会给太多其他对象带来影响。

迪米特法则要求在设计系统时应该尽量减少对象之间的交互，如果两个对象之间不必彼此直接通信，那么这两个对象就不应当发生任何直接的相互作用，如果其中一个对象需要调用另一个对象的方法，可以通过"第三者"转发这个调用。简而言之，就是通过引入一个合理的"第三者"来降低现有对象之间的耦合度。

在将迪米特法则运用到系统设计中时要注意下面几点：在类的划分上应当尽量创建松耦合的类，类之间的耦合度越低，就越有利于复用，一个处在松耦合中的类一旦被修改不会对关联的类造成太大影响；在类的结构设计上，每一个类都应当尽量降低其成员变量和成员函数的访问权限；在类的设计上，只要有可能，一个类型应当设计成不变类；在对其他类的引用上，一个对象对其他对象的引用应当降到最低。

下面通过一个简单实例来加深对迪米特法则的理解：

某软件公司所开发CRM系统包含很多业务操作窗口，在这些窗口中某些界面控件之间存在复杂的交互关系，一个控件事件的触发将导致多个其他界面控件产生响应。例如，当一个按钮（Button）被单击时，对应的列表框（List）、组合框（ComboBox）、文本框（TextBox）、文本标签（Label）等都将发生改变。在初始设计方案中，界面控件之间的交互关系可简化为如图2-9所示的结构。

在图2-9中，由于界面控件之间的交互关系复杂，导致在该窗口中增加新的界面控件时需要修改与之交互的其他控件的源代码，系统扩展性较差，也不便于增加和删除控件。现使用迪米特法则对其进行重构。

图 2-9 初始设计方案结构图

在本实例中可以通过引入一个专门用于控制界面控件交互的中间类（Mediator）来降低界面控件之间的耦合度。在引入中间类之后，界面控件之间不再发生直接引用，而是将请求先转发给中间类，再由中间类来完成对其他控件的调用。当需要增加或删除新的控件时只需要修改中间类即可，无须修改新增控件或已有控件的源代码，重构后的结构图如图2-10所示。

图 2-10 重构后的结构图

在图2-10中省略了中间类以及控件的属性和方法定义，在"第20章中介者模式"中将进一步对该实例进行讲解，详细说明中间类Mediator的设计和实现。

2.9 本章小结

在软件开发中使用面向对象设计原则可以提高软件的可维护性和可复用性，以便设计出兼具良好的可维护性和可复用性的软件系统，实现可维护性复用的目标。

单一职责原则要求在软件系统中一个对象只包含单一的职责，并且该职责被完整地封装在一个类中。

开闭原则要求软件实体应当对扩展开放，对修改关闭。

里氏代换原则可以通俗表述为在软件中所有引用基类的地方必须能透明地使用其子类的对象。

依赖倒转原则要求高层模块不应该依赖低层模块，它们都应该依赖抽象。抽象不应该依赖于细节，细节应该依赖于抽象。

接口隔离原则要求客户端不应该依赖那些它不需要的接口。

合成复用原则要求优先使用对象组合，而不是通过继承来达到复用的目的。

迪米特法则要求每一个软件单位对其他单位都只有最少的知识，而且局限于那些与本单位密切相关的软件单位。

2.10 习题

1. 开闭原则是面向对象的可复用设计的基石，开闭原则是指一个软件实体应当对（ ① ）开放，对（ ② ）关闭；里氏代换原则是指任何（ ③ ）可以出现的地方，（ ④ ）一定可以出现；依赖倒转原则就是要依赖于（ ⑤ ），而不要依赖于（ ⑥ ），或者说要针对接口编程，不要针对实现编程。

	A.	B.	C.	D.
①	A. 修改	B. 扩展	C. 分析	D. 设计
②	A. 修改	B. 扩展	C. 分析	D. 设计
③	A. 变量	B. 常量	C. 基类对象	D. 子类对象
④	A. 变量	B. 常量	C. 基类对象	D. 子类对象
⑤	A. 程序设计语言	B. 建模语言	C. 实现	D. 抽象
⑥	A. 程序设计语言	B. 建模语言	C. 实现	D. 抽象

2. 关于单一职责原则，以下叙述错误的是（ ）。

A. 一个类只负责一个功能领域中的相应职责

B. 就一个类而言，应该有且仅有一个引起它变化的原因

C. 一个类承担的职责越多，越容易复用，被复用的可能性越大

D. 当一个类承担的职责过多时需要将职责进行分离，将不同的职责封装在不同的类中

3. 以下关于面向对象设计的叙述中错误的是（ ）。

A. 高层模块不应该依赖于低层模块

B. 抽象不应该依赖于细节

C. 细节可以依赖于抽象

D. 高层模块无法不依赖于低层模块

4. 在系统设计中应用迪米特法则，以下叙述有误的是（ ）。

A. 在类的划分上应该尽量创建松耦合的类，类的耦合度越低，复用越容易

B. 如果两个类之间不必彼此直接通信，那么这两个类就不应当发生直接的相互作用

C. 在对其他类的引用上，一个对象对其他对象的引用应当降到最低

D. 在类的设计上，只要有可能，一个类型应该尽量设计成抽象类或接口，且成员变量和成员函数的访问权限最好设置为公开的(public)

5. 有人将面向对象设计原则简单地归为3条：①封装变化点；②对接口进行编程；③多使用组合，而不是继承。请查阅相关资料并结合本章所学内容谈谈对这3条原则的理解。

6. 结合本章所学的面向对象设计原则谈谈对类和接口"粒度"的理解。

7. 结合面向对象设计原则分析正方形是否为长方形的子类？

8. 在某绘图软件中提供了多种大小不同的画笔(Pen)，并且可以给画笔指定不同的颜色，某设计人员针对画笔的结构设计了如图2-11所示的初始类图。

图 2-11 画笔结构图

通过仔细分析，设计人员发现该类图存在非常严重的问题，如果需要增加一种新的大小的笔或者增加一种新的颜色，都需要增加很多子类。例如增加一种绿色，则对应每一种大小的笔都需要增加一支绿色笔，系统中类的个数急剧增加。

试根据依赖倒转原则和合成复用原则对该设计方案进行重构，使得增加新的大小的笔和增加新的颜色都较为方便。

第二部分

第3章

简单工厂模式

扫一扫

视频讲解

本章导学

创建型模式关注对象的创建过程，是一类最常见的设计模式，在软件开发中的应用非常广泛。创建型模式描述如何将对象的创建和使用分离，让用户在使用对象时无须关心对象的创建细节，从而降低系统的耦合度，让设计方案更易于修改和扩展。

简单工厂模式是最简单的设计模式之一，它虽然不属于 GoF 的 23 种设计模式，但是应用也较为频繁，同时它是学习其他创建型模式的基础。在简单工厂模式中只需要记住一个简单的参数即可获得所需的对象实例，它提供专门的核心工厂类来负责对象的创建，实现对象创建和使用的分离。

本章将对 6 种创建型模式进行简要的介绍，并通过实例来学习简单工厂模式，理解简单工厂模式的结构及特点，学会如何在实际软件项目开发中合理地使用简单工厂模式。

本章知识点

- 创建型模式
- 简单工厂模式的定义
- 简单工厂模式的结构
- 简单工厂模式的实现
- 简单工厂模式的应用
- 简单工厂模式的优缺点
- 简单工厂模式的适用环境

3.1 创建型模式

软件系统在运行时类将实例化成对象，并由这些对象来协作完成各项业务功能。创建型模式(Creational Pattern)关注对象的创建过程，是一类最常用的设计模式，在软件开发中的应用非常广泛。创建型模式对类的实例化过程进行了抽象，能够将软件模块中对象的创建和对象的使用分离，对用户隐藏了类的实例的创建细节。

创建型模式描述如何将对象的创建和使用分离，让用户在使用对象时无须关心对象的创建细节，从而降低系统的耦合度，让设计方案更易于修改和扩展。每一个创建型模式都通过采用不同的解决方案来回答 3 个问题，即创建什么(What)、由谁创建(Who)和何时创建(When)。

在 GoF 设计模式中包含 5 种创建型模式，通常将一种非 GoF 设计模式——简单工厂模式作为学习其他工厂模式的基础，这 6 种设计模式的名称、定义、学习难度和使用频率如表 3-1 所示。

表 3-1 创建型模式一览表

模式名称	定　　义	学习难度	使用频率
简单工厂模式（Simple Factory Pattern）	定义一个工厂类，它可以根据参数的不同返回不同类的实例，被创建的实例通常都具有共同的父类	★★☆☆☆	★★★☆☆
工厂方法模式（Factory Method Pattern）	定义一个用于创建对象的接口，但是让子类决定将哪一个类实例化。工厂方法模式让一个类的实例化延迟到其子类	★★☆☆☆	★★★★★
抽象工厂模式（Abstract Factory Pattern）	提供一个创建一系列相关或相互依赖对象的接口，而无须指定它们具体的类	★★★★☆	★★★★★
建造者模式（Builder Pattern）	将一个复杂对象的构建与它的表示分离，使得同样的构建过程可以创建不同的表示	★★★★☆	★★☆☆☆
原型模式（Prototype Pattern）	使用原型实例指定待创建对象的类型，并且通过复制这个原型来创建新的对象	★★★☆☆	★★★☆☆
单例模式（Singleton Pattern）	确保一个类只有一个实例，并提供一个全局访问点来访问这个唯一实例	☆☆☆☆☆	★★★★☆

3.2 简单工厂模式概述

简单工厂模式并不属于GoF的23种经典设计模式，但通常将它作为学习其他工厂模式的基础，下面通过一个简单实例来引出简单工厂模式。

考虑一个水果农场，当用户需要某一种水果时该农场能够根据用户所提供的水果名称返回该水果。在此，水果农场被称为工厂（Factory），而生成的水果被称为产品（Product），水果的名称则被称为参数，工厂可以根据参数的不同返回不同的产品，这就是简单工厂模式的动机。该过程的示意图如图3-1所示，用户无须知道苹果（Apple）、橙（Orange）、香蕉（Banana）如何创建，只需要知道水果的名字即可得到对应的水果。

图 3-1 简单工厂模式示意图

作为最简单的设计模式之一，简单工厂模式的设计思想和实现过程都比较简单，其基本实现流程如下：

首先将需要创建的各种不同产品对象的相关代码封装到不同的类中，这些类称为具体产品类，而将它们公共的代码进行抽象和提取后封装在一个抽象产品类中，每一个具体产品类都是抽象产品类的子类；然后提供一个工厂类用于创建各种产品，在工厂类中提供一个创建产品的工厂方法，该方法可以根据所传入的参数不同创建不同的具体产品对象；客户端只需调用工厂类的工厂方法并传入相应的参数即可得到一个产品对象。

简单工厂模式的定义如下：

简单工厂模式(Simple Factory Pattern)：定义一个工厂类，它可以根据参数的不同返回不同类的实例，被创建的实例通常都具有共同的父类。

由于在简单工厂模式中用于创建实例的方法通常是静态(static)方法，因此简单工厂模式又被称为静态工厂方法(Static Factory Method)模式，它是一种类创建型模式。简单工厂模式的要点在于当用户需要什么时，只需要传入一个正确的参数就可以获取所需要的对象，而无须知道其创建细节。

3.3 简单工厂模式结构与实现

3.3.1 简单工厂模式结构

简单工厂模式的结构比较简单，其核心是工厂类的设计，其结构图如图 3-2 所示。

图 3-2 简单工厂模式结构图

由图 3-2 可知，简单工厂模式包含以下 3 个角色。

(1) **Factory(工厂角色)**：工厂角色即工厂类，它是简单工厂模式的核心，负责实现创建所有产品实例的内部逻辑；工厂类可以被外界直接调用，创建所需的产品对象；在工厂类中提供了静态的工厂方法 factoryMethod()，它的返回类型为抽象产品类型 Product。

(2) **Product(抽象产品角色)**：它是工厂类创建的所有对象的父类，封装了各种产品对象的公有方法，它的引入将提高系统的灵活性，使得在工厂类中只需定义一个通用的工厂方法，因为所有创建的具体产品对象都是其子类对象。

(3) **ConcreteProduct(具体产品角色)**：它是简单工厂模式的创建目标，所有被创建的对象都充当这个角色的某个具体类的实例。每一个具体产品角色都继承了抽象产品角色，需要实现在抽象产品中声明的抽象方法。

3.3.2 简单工厂模式实现

在简单工厂模式中客户端通过工厂类来创建一个产品类的实例，而无须直接使用 new

关键字来创建对象，它是工厂模式家族中最简单的一员。

在使用简单工厂模式时首先需要对产品类进行重构，不能设计一个包罗万象的产品类，而需根据实际情况设计一个产品层次结构，将所有产品类公共的代码移至抽象产品类，并在抽象产品类中声明一些抽象方法，以供不同的具体产品类来实现。典型的抽象产品类代码如下：

```
public abstract class Product {
    //所有产品类的公共业务方法
    public void methodSame() {
        //公共方法的实现
    }

    //声明抽象业务方法
    public abstract void methodDiff();
}
```

在具体产品类中实现了抽象产品类中声明的抽象业务方法，不同的具体产品类可以提供不同的实现。典型的具体产品类的代码如下：

```
public class ConcreteProduct extends Product{
    //实现业务方法
    public void methodDiff() {
        //业务方法的实现
    }
}
```

简单工厂模式的核心是工厂类，在没有工厂类之前客户端一般会使用 new 关键字来直接创建产品对象，而在引入工厂类之后客户端可以通过工厂类来创建产品，在简单工厂模式中工厂类提供了一个静态工厂方法供客户端使用，根据所传入的参数不同可以创建不同的产品对象。典型的简单工厂类的代码如下：

```
public class Factory {
    //静态工厂方法
    public static Product getProduct(String arg) {
        Product product = null;
        if (arg.equalsIgnoreCase("A")) {
            product = new ConcreteProductA();
            //初始化设置 product
        }
        else if (arg.equalsIgnoreCase("B")) {
            product = new ConcreteProductB();
            //初始化设置 product
        }
        return product;
    }
}
```

在客户端代码中，通过调用工厂类的工厂方法即可得到产品对象。其典型代码如下：

```
public class Client {
    public static void main(String args[]) {
        Product product;
        product = Factory.getProduct("A"); //通过工厂类创建产品对象
        product.methodSame();
        product.methodDiff();
```

```
    }
}
```

3.4 简单工厂模式应用实例

下面通过一个应用实例来进一步学习和理解简单工厂模式。

1. 实例说明

某软件公司要开发一个加密算法库，在该加密算法库中提供了多种不同类型的加密算法法，例如 DES(Data Encryption Standard，数据加密标准）加密算法、3DES(Triple DES，三重 DES）加密算法、MD5(Message Digest Algorithm 5，消息摘要算法 5）算法、AES(Advanced Encryption Standard，高级加密标准）加密算法等。加密算法库开发人员希望设计一个较为灵活易用的加密算法库。在设计时，将每一种加密算法都封装到一个加密器类中，这些加密器类都继承自同一个父类（Encryptor）。

由于加密器对象的创建过程较为复杂且经常被创建，因此需要封装加密器对象的创建过程。此外，为了方便调用，用户可以通过传入不同的参数来获得不同的加密器对象，例如传入参数"des"可得到一个 DES 加密器对象，传入参数"desede"可得到一个三重 DES 加密器对象，传入参数"md5"可得到一个 MD5 加密器对象。

现使用简单工厂模式来设计该加密算法库。

2. 实例类图

通过分析，本实例的结构图如图 3-3 所示。

图 3-3 加密算法库结构图

在图 3-3 中，抽象类 Encryptor 充当抽象产品类，其子类 DESEncryptor、TripleDESEncryptor 和 MD5Encryptor 充当具体产品类，EncryptorFactory 充当工厂类。

3. 实例代码

(1) Encryptor：抽象加密器类，充当抽象产品类。

```java
//designpatterns.simplefactory.Encryptor.java
package designpatterns.simplefactory;

public abstract class Encryptor {
    public abstract String encrypt(String plainText);
}
```

(2) DESEncryptor：DES 加密器类，充当具体产品类。

```java
//designpatterns.simplefactory.DESEncryptor.java
package designpatterns.simplefactory;

public class DESEncryptor extends Encryptor {
    public DESEncryptor() {
        System.out.println("创建 DES 加密器。");
    }

    public String encrypt(String plainText) {
        System.out.println("使用 DES 算法对'" + plainText + "'进行加密。");
        return "使用 DES 算法对'" + plainText + "'加密后得到的密文。";
    }
}
```

(3) TripleDESEncryptor：三重 DES 加密器类，充当具体产品类。

```java
//designpatterns.simplefactory.TripleDESEncryptor.java
package designpatterns.simplefactory;

public class TripleDESEncryptor extends Encryptor {
    public TripleDESEncryptor() {
        System.out.println("创建三重 DES 加密器。");
    }

    public String encrypt(String plainText) {
        System.out.println("使用三重 DES 算法对'" + plainText + "'进行加密。");
        return "使用三重 DES 算法对'" + plainText + "'加密后得到的密文。";
    }
}
```

(4) MD5Encryptor：MD5 加密器类，充当具体产品类。

```java
//designpatterns.simplefactory.MD5Encryptor.java
package designpatterns.simplefactory;

public class MD5Encryptor extends Encryptor {
    public MD5Encryptor() {
        System.out.println("创建 MD5 加密器。");
    }

    public String encrypt(String plainText) {
        System.out.println("使用 MD5 算法对'" + plainText + "'进行加密。");
        return "使用 MD5 算法对'" + plainText + "'加密后得到的密文。";
    }
}
```

(5) EncryptorFactory：加密器工厂类，充当工厂类。

```java
//designpatterns.simplefactory.EncryptorFactory.java
package designpatterns.simplefactory;

public class EncryptorFactory {
    //静态工厂方法
    public static Encryptor getEncryptor(String type) {
        Encryptor encryptor = null;
        if (type.equalsIgnoreCase("des")) {
            encryptor = new DESEncryptor();
            System.out.println("初始化 DES 加密器。");
        }
        else if (type.equalsIgnoreCase("desede")) {
            encryptor = new TripleDESEncryptor();
            System.out.println("初始化三重 DES 加密器。");
        }
        else if (type.equalsIgnoreCase("md5")) {
            encryptor = new MD5Encryptor();
            System.out.println("初始化 MD5 加密器。");
        }
        return encryptor;
    }
}
```

(6) Client：客户端测试类。

```java
//designpatterns.simplefactory.Client.java
package designpatterns.simplefactory;

public class Client {
    public static void main(String args[]) {
        Encryptor encryptor;
        encryptor = EncryptorFactory.getEncryptor("des");  //通过静态工厂方法创建产品
        String plainText = "明文";
        String cipherText = encryptor.encrypt(plainText);
        System.out.println(cipherText);
    }
}
```

4. 结果及分析

编译并运行程序，输出结果如下：

```
创建 DES 加密器。
初始化 DES 加密器。
使用 DES 算法对'明文'进行加密。
使用 DES 算法对'明文'加密后得到的密文。
```

在客户端测试类中使用工厂类 EncryptorFactory 的静态工厂方法创建产品对象，如果需要更换产品，只需修改静态工厂方法中的参数即可，例如将 DES 加密器改为 MD5 加密器，只需将代码：

```java
encryptor = EncryptorFactory.getEncryptor("des");
```

改为：

```java
encryptor = EncryptorFactory.getEncryptor("md5");
```

编译并运行程序，输出结果如下：

```
创建 MD5 加密器。
初始化 MD5 加密器。
使用 MD5 算法对'明文'进行加密。
使用 MD5 算法对'明文'加密后得到的密文。
```

不难发现，本实例在创建具体 Encryptor 对象时，必须通过修改客户端代码中静态工厂方法的参数来更换具体产品对象，客户端代码需要重新编译，这对于客户端而言违反了开闭原则。

下面介绍一种常用的解决方案，可以实现在不修改客户端代码的前提下让客户端能够更换具体产品对象。

首先可以将静态工厂方法的参数存储在 XML 格式的配置文件中，如下 config.xml 所示：

```xml
<?xml version = "1.0"?>
<config>
    <encryptorType>des</encryptorType>
</config>
```

再通过一个工具类 XMLUtil 来读取配置文件中的字符串参数。XMLUtil 类的代码如下所示：

```java
package designpatterns.simplefactory;
import javax.xml.parsers.*;
import org.w3c.dom.*;
import java.io.*;

public class XMLUtil {
    //该方法用于从 XML 配置文件中提取加密器类型，并返回类型名
    public static String getEncryptorType() {
        try {
            //创建文档对象
            DocumentBuilderFactory dFactory = DocumentBuilderFactory.newInstance();
            DocumentBuilder builder = dFactory.newDocumentBuilder();
            Document doc;
            doc = builder.parse(new File("src//designpatterns//simplefactory//config.xml"));
            //获取包含加密器类型的文本结点
            NodeList nl = doc.getElementsByTagName("encryptorType");
            Node classNode = nl.item(0).getFirstChild();
            String encryptorType = classNode.getNodeValue().trim();
            return encryptorType;
        }
        catch(Exception e) {
            e.printStackTrace();
            return null;
        }
    }
}
```

在引入了配置文件和工具类 XMLUtil 之后，客户端代码修改如下：

```java
//designpatterns.simplefactory.Client.java
package designpatterns.simplefactory;

public class Client {
    public static void main(String args[]) {
        Encryptor encryptor;
```

```
        String type = XMLUtil.getEncryptorType();        //读取配置文件中的参数
        encryptor = EncryptorFactory.getEncryptor(type); //创建产品对象
        String plainText = "明文";
        String cipherText = encryptor.encrypt(plainText);
        System.out.println(cipherText);
    }
}
```

编译并运行程序，输出结果如下：

```
创建 DES 加密器。
初始化 DES 加密器。
使用 DES 算法对'明文'进行加密。
使用 DES 算法对'明文'加密后得到的密文。
```

不难发现，在上述客户端代码中不包含任何与具体加密器对象相关的信息，如果需要更换具体加密器对象，只需修改配置文件 config.xml，无须修改任何源代码，符合开闭原则。

3.5 关于创建对象与使用对象

本节将讨论工厂类的作用以及如何通过工厂类来创建对象。在一个面向对象软件系统中与一个对象相关的职责通常有 3 类，即对象本身所具有的职责、创建对象的职责和使用对象的职责。对象本身的职责比较容易理解，就是对象自身所具有的一些数据和行为，可通过一些公开的(public)方法来实现它的职责。

在 Java 语言中通常有以下几种创建对象的方式：

(1) 使用 new 关键字直接创建对象。

(2) 通过反射机制创建对象(第 4 章将学习此方式)。

(3) 通过克隆方法创建对象(第 7 章将学习此方式)。

(4) 通过工厂类创建对象。

毫无疑问，在客户端代码中直接使用 new 关键字是最简单的一种创建对象的方式，但是它的灵活性较差，下面通过一个简单的示例来加以说明：

```
public class LoginAction {
    private UserDAO udao;

    public LoginAction() {
        udao = new JDBCUserDAO(); //创建对象
    }

    public void execute() {
        //其他代码
        udao.findUserById();    //使用对象
        //其他代码
    }
}
```

在以上代码中，在 LoginAction 类中定义了一个 UserDAO 类型的对象 udao，在 LoginAction 的构造函数中创建了 JDBCUserDAO 类型的 udao 对象，并在 execute()方法中调用了 udao 对象的 findUserById()方法。LoginAction 类负责创建了一个 UserDAO 子

类的对象并使用UserDAO的方法来完成相应的业务处理，也就是说，LoginAction既负责udao的创建又负责udao的使用，创建对象和使用对象的职责耦合在一起，这样的设计会导致一个很严重的问题，即如果在LoginAction中希望能够使用UserDAO的另一个子类，例如HibernateUserDAO类型的对象，必须修改LoginAction类的源代码，这将违背开闭原则。

当遇到这种情况时，最常用的一种解决方法是将udao对象的创建职责从LoginAction类中移除，在LoginAction类之外创建对象，由专门的工厂类来负责udao对象的创建。通过引入工厂类，让客户类（例如LoginAction）不涉及对象的创建，对象的创建者也不会涉及对象的使用。引入工厂类UserDAOFactory之后的结构图如图3-4所示。

图 3-4 引入工厂类之后的结构图

工厂类的引入将降低因为产品或工厂类改变所造成的维护工作量。如果UserDAO的某个子类的构造函数发生改变或者需要添加或移除不同的子类，只需要维护UserDAOFactory的代码，而不会影响到LoginAction；如果UserDAO的接口发生改变，例如添加、移除方法或改变方法名，只需要修改LoginAction，不会给UserDAOFactory带来任何影响。

所有的工厂模式都强调一点：两个类A和B之间的关系应该仅仅是A创建B或是A使用B，而不能两种关系都有。将对象的创建和使用分离，使得系统更加符合单一职责原则，有利于对功能的复用和系统的维护。

此外，将对象的创建和使用分离还有一个好处：防止用来实例化一个类的数据和代码在多个类中到处都是，可以将有关创建的知识搬移到一个工厂类中。因为有时候创建一个对象不只是简单地调用其构造函数，还需要设置一些参数，可能还需要配置环境，如果将这些代码散落在每一个创建对象的客户类中，势必会出现代码重复、创建蔓延的问题，而这些客户类其实无须承担对象的创建工作，它们只需使用已创建好的对象就可以了，此时可以引入工厂类来封装对象的创建逻辑和客户代码的实例化配置选项。

使用工厂类还有一个优点，一个类可能拥有多个构造函数，而在Java、C#等语言中构造函数的名字都与类名相同，客户端只能通过传入不同的参数来调用不同的构造函数创建对象，单从构造函数和参数列表很难了解不同构造函数所构造的产品之间的差异。但如果将对象的创建过程封装在工厂类中，可以提供一系列名字完全不同的工厂方法，每一个工厂方法对应一个构造函数，客户端可以用一种更加可读、易懂的方式来创建对象，而且从一组工厂方法中选择一个意义明确的工厂方法比从一组名称相同、参数不同的构造函数中选择一个构造函数要方便很多，如图 3-5 所示。

图 3-5 矩形工厂与矩形类

在图 3-5 中，矩形工厂类 RectangleFactory 提供了两个工厂方法 createRectangle () 和 createSquare()，一个用于创建长方形，一个用于创建正方形，这两个方法比直接通过构造函数来创建长方形或正方形对象的意义更加明确，也在一定程度上降低了客户端调用时出错的概率。

但是并不需要为系统中的每一个类都配备一个工厂类，如果一个类很简单，而且不存在太多变化，其构造过程也很简单，此时就无须为其提供工厂类，直接在使用之前实例化即可。例如 Java 语言中的 String 类，就无须为它专门提供一个 StringFactory，这样做反而会导致工厂泛滥，增加系统的复杂度。

以上关于创建对象和使用对象的讨论适用于各种工厂模式，包括第 4 章将要介绍的工厂方法模式和第 5 章将要介绍的抽象工厂模式。

3.6 简单工厂模式的简化

有时候，为了简化简单工厂模式，可以将抽象产品类和工厂类合并，将静态工厂方法移至抽象产品类中，如图 3-6 所示。

在图 3-6 中，客户端可以通过调用产品父类的静态工厂方法，根据参数的不同创建不同类型的产品子类对象，这种做法在很多类库和框架中也广泛存在。

图 3-6 简化的简单工厂模式

3.7 简单工厂模式优缺点与适用环境

简单工厂模式提供了专门的工厂类用于创建对象，将对象的创建和对象的使用分离开，它作为一种最简单的工厂模式在软件开发中得到了较为广泛的应用。

3.7.1 简单工厂模式优点

简单工厂模式的优点主要如下：

（1）工厂类包含必要的判断逻辑，可以决定在什么时候创建哪一个产品类的实例，客户端可以免除直接创建产品对象的职责，而仅仅仅"消费"产品，简单工厂模式实现了对象创建和使用的分离。

（2）客户端无须知道所创建的具体产品类的类名，只需要知道具体产品类所对应的参数即可，对于一些复杂的类名，通过简单工厂模式可以在一定程度上减少使用者的记忆量。

（3）通过引入配置文件，可以在不修改任何客户端代码的情况下更换和增加新的具体产品类，在一定程度上提高了系统的灵活性。

3.7.2 简单工厂模式缺点

简单工厂模式的缺点主要如下：

（1）由于工厂类集中了所有产品的创建逻辑，职责过重，一旦不能正常工作，整个系统都要受到影响。

（2）使用简单工厂模式势必会增加系统中类的个数（引入了新的工厂类），增加了系统的复杂度和理解难度。

（3）系统扩展困难，一旦添加新产品就不得不修改工厂逻辑，在产品类型较多时有可能造成工厂逻辑过于复杂，不利于系统的扩展和维护。

（4）简单工厂模式由于使用了静态工厂方法，造成工厂角色无法形成基于继承的等级结构。

3.7.3 简单工厂模式适用环境

在以下情况下可以考虑使用简单工厂模式：

（1）工厂类负责创建的对象比较少，由于创建的对象较少，不会造成工厂方法中的业务逻辑太过复杂。

（2）客户端只知道传入工厂类的参数，对于如何创建对象并不关心。

（3）产品等级结构相对比较稳定，不需要经常增加或者删除具体产品类。

3.8 本章小结

创建型模式关注对象的创建过程，它对类的实例化过程进行了抽象，能够将软件模块中对象的创建和对象的使用分离，对用户隐藏了类的实例的创建细节。在 GoF 设计模式中一共包含 5 种创建型模式，通常将简单工厂模式作为学习其他工厂模式的基础，简单工厂模式不是 GoF 设计模式。

在简单工厂模式中定义一个工厂类，它可以根据参数的不同返回不同类的实例，被创建的实例通常都具有共同的父类。简单工厂模式是一种类创建型模式。

简单工厂模式包含工厂角色、抽象产品角色和具体产品角色 3 个角色。其中，工厂角色是简单工厂模式的核心，负责实现创建所有产品实例的内部逻辑；抽象产品角色是工厂类创建的所有对象的父类，封装了各种产品对象的公有方法；具体产品角色是简单工厂模式的创建目标，所有被创建的对象都充当这个角色的某个具体类的实例。

简单工厂模式的优点主要在于实现了对象创建和使用的分离；客户端无须知道所创建的具体产品类的类名，只需要知道具体产品类所对应的参数即可；通过引入配置文件，可以在不修改任何客户端代码的情况下更换和增加新的具体产品类，在一定程度上提高了系统的灵活性。其缺点主要在于工厂类集中了所有产品的创建逻辑，职责过重，一旦不能正常工作，整个系统都要受到影响；增加了系统中类的个数且增加了系统的复杂度和理解难度；系统扩展困难，一旦添加新产品就不得不修改工厂逻辑且工厂角色无法形成基于继承的等级结构。

简单工厂适用于以下环境：工厂类负责创建的对象比较少，由于创建的对象较少，不会造成工厂方法中的业务逻辑太过复杂；客户端只知道传入工厂类的参数，对于如何创建对象并不关心。

将对象的创建和使用分离，使得系统更加符合单一职责原则，有利于对功能的复用和系统的维护。

自测题

3.9 习题

1. 在简单工厂模式中，如果需要增加新的具体产品，通常需要修改（　　）的源代码。
   A. 抽象产品类
   B. 其他具体产品类
   C. 工厂类
   D. 客户类

2. 以下关于简单工厂模式的叙述错误的是（　　）。
   A. 简单工厂模式可以根据参数的不同返回不同的产品类的实例
   B. 简单工厂模式专门定义一个类来负责创建其他类的实例，被创建的实例通常都具有共同的父类
   C. 简单工厂模式可以减少系统中类的个数，简化系统的设计，使得系统更易于理解
   D. 系统的扩展困难，在添加新的产品时需要修改工厂的业务逻辑，违背了开闭原则

3. 以下代码使用了（　　）模式。

```java
public abstract class Product {
  public abstract void process();
}

public class ConcreteProductA extends Product {
  public void process() {...}
}

public class ConcreteProductB extends Product{
  public void process() {...}
}

public class Factory {
  public static Product createProduct (char type) {
    switch(type) {
      case 'A':
      return new ConcreteProductA(); break;
      case 'B':
      return new ConcreteProductB(); break;
      ...
    }
  }
}
```

A. Simple Factory　　　　　　B. Factory Method

C. Abstract Factory　　　　D. 未用任何设计模式

4. 使用简单工厂模式模拟女娲（Nvwa）造人（Person），如果向造人的工厂方法传入参数"M"，则返回一个男人（Man）对象，如果传入参数"W"，则返回一个女人（Woman）对象，绘制相应的类图并使用 Java 语言模拟实现该场景。现需要增加一个新的机器人（Robot）类，如果传入参数"R"，则返回一个机器人对象，对代码进行修改并注意"女娲"类的变化。

5. 使用简单工厂模式设计一个可以创建不同几何形状（Shape）的绘图工具类，例如圆形（Circle）、矩形（Rectangle）和三角形（Triangle）等，每个几何图形均具有绘制 draw() 和擦除 erase() 两个方法，要求在绘制不支持的几何图形时抛出一个 UnsupportedShapeException 异常，绘制类图并使用 Java 语言编程模拟实现。

第4章

工厂方法模式

本章导学

工厂方法模式是简单工厂模式的延伸，它继承了简单工厂模式的优点，同时还弥补了简单工厂模式的缺陷，更好地符合开闭原则的要求，在增加新的具体产品对象时不需要对已有系统做任何修改。

本章将通过如何克服简单工厂模式的不足来引出工厂方法模式，并通过实例来学习工厂方法模式，理解工厂方法模式的结构及特点，学会如何在实际软件项目开发中合理地使用工厂方法模式。

本章知识点

- 工厂方法模式的定义
- 工厂方法模式的结构
- 工厂方法模式的实现
- 工厂方法模式的应用
- 工厂方法模式的优缺点
- 工厂方法模式的适用环境
- 配置文件与反射
- 工厂方法的重载
- 工厂方法的隐藏

4.1 工厂方法模式概述

考虑这样一个系统，使用简单工厂模式设计的按钮工厂类可以返回一个具体类型的按钮实例，例如圆形按钮、矩形按钮、菱形按钮等。在这个系统中如果需要增加一种新类型的按钮，例如椭圆形按钮，那么除了增加一个新的具体产品类之外还需要修改工厂类的代码，这就使得整个设计在一定程度上违反了开闭原则，如图 4-1 所示。

现在对该系统进行修改，不再提供一个按钮工厂类来统一负责所有产品的创建，而是将具体按钮的创建过程交给专门的工厂子类去完成。先定义一个抽象的按钮工厂类，再定义具体的工厂类来生产圆形按钮、矩形按钮、菱形按钮等，它们实现了在抽象按钮工厂类中声明的方法。这种抽象化的结果是使得这种结构可以在不修改具体工厂类的情况下引进新的产品，如果出现新的按钮类型，只需要为这种新类型的按钮定义一个具体的工厂类就可以创建该新按钮的实例，这种改进的设计方案即为工厂方法模式。工厂方法模式通过引入抽象的工厂类，使得它具有超越简单工厂模式的优越性，让系统更加符合开闭原则，改进后的按钮工厂如图4-2所示。

图4-1 使用简单工厂模式设计的按钮工厂

图4-2 使用工厂方法模式改进后的按钮工厂

在工厂方法模式中不再提供一个统一的工厂类来创建所有的产品对象，而是针对不同的产品提供不同的工厂，系统提供一个与产品等级结构对应的工厂等级结构。

工厂方法模式的定义如下：

工厂方法模式：定义一个用于创建对象的接口，但是让子类决定将哪一个类实例化。工厂方法模式让一个类的实例化延迟到其子类。

Factory Method Pattern: Define an interface for creating an object, but let subclasses decide which class to instantiate. Factory Method lets a class defer instantiation to subclasses.

工厂方法模式简称为工厂模式(Factory Pattern)，又可称作虚拟构造器模式(Virtual Constructor Pattern)或多态工厂模式(Polymorphic Factory Pattern)。工厂方法模式是一种类创建型模式。在工厂方法模式中，工厂父类负责定义创建产品对象的公共接口，而工厂子类负责生成具体的产品对象，这样做的目的是将产品类的实例化操作延迟到工厂子类中完成，即通过工厂子类来确定究竟应该实例化哪一个具体产品类。

4.2 工厂方法模式结构与实现

4.2.1 工厂方法模式结构

工厂方法模式提供一个抽象工厂接口来声明抽象工厂方法，而由其子类来具体实现工厂方法，创建具体的产品对象。工厂方法模式的结构图如图4-3所示。

图 4-3 工厂方法模式结构图

由图4-3可知，工厂方法模式包含以下4个角色。

(1) **Product(抽象产品)**：它是定义产品的接口，是工厂方法模式所创建对象的超类型，也就是产品对象的公共父类。

(2) **ConcreteProduct(具体产品)**：它实现了抽象产品接口，某种类型的具体产品由专门的具体工厂创建，具体工厂和具体产品之间一一对应。

(3) **Factory(抽象工厂)**：在抽象工厂类中声明了工厂方法(Factory Method)，用于返回一个产品。抽象工厂是工厂方法模式的核心，所有创建对象的工厂类都必须实现该接口。

(4) **ConcreteFactory(具体工厂)**：它是抽象工厂类的子类，实现了在抽象工厂中声明的工厂方法，并可由客户端调用，返回一个具体产品类的实例。

4.2.2 工厂方法模式实现

与简单工厂模式相比，工厂方法模式最重要的特点是引入了抽象工厂角色，抽象工厂可以是接口，也可以是抽象类或者具体类。其典型代码如下：

```
public interface Factory {
    public Product factoryMethod();
}
```

在抽象工厂中声明了工厂方法但并未实现工厂方法，具体产品对象的创建由其子类负责，客户端针对抽象工厂编程，可在运行时再指定具体工厂类，具体工厂类实现了工厂方法，不同的具体工厂可以创建不同的具体产品。其典型代码如下：

```
public class ConcreteFactory implements Factory {
    public Product factoryMethod() {
        return new ConcreteProduct();
    }
}
```

在实际使用时，具体工厂类在实现工厂方法时除了创建具体产品对象之外，还可以负责产品对象的初始化工作以及一些资源和环境配置工作，例如连接数据库、创建文件等。

在客户端代码中，开发人员只需关心工厂类即可，不同的具体工厂可以创建不同的产品。典型的客户端代码片段如下：

```
...
Factory factory;
factory = new ConcreteFactory(); //可通过配置文件与反射机制实现
Product product;
product = factory.factoryMethod();
...
```

可以通过配置文件来存储具体工厂类 ConcreteFactory 的类名，再通过反射机制创建具体工厂对象，在更换新的具体工厂时无须修改源代码，系统扩展更为方便。

4.3 工厂方法模式应用实例

下面通过一个应用实例来进一步学习和理解工厂方法模式。

1. 实例说明

某系统运行日志记录器（Logger）可以通过多种途径保存系统的运行日志，例如通过文件记录或数据库记录，用户可以通过修改配置文件灵活地更换日志记录方式。在设计各类日志记录器时，开发人员发现需要对日志记录器进行一些初始化工作，初始化参数的设置过程较为复杂，而且某些参数的设置有严格的先后次序，否则可能会发生记录失败。

为了更好地封装记录器的初始化过程并保证多种记录器切换的灵活性，现使用工厂方法模式设计该系统（注：在 Java 中常用的日志记录工具有 SLF4J、Log4j、GCLogViewer、Logstash 等）。

2. 实例类图

通过分析，本实例结构图如图 4-4 所示。

在图 4-4 中，Logger 接口充当抽象产品，其子类 FileLogger 和 DatabaseLogger 充当具体产品，LoggerFactory 接口充当抽象工厂，其子类 FileLoggerFactory 和 DatabaseLoggerFactory 充当具体工厂。

3. 实例代码

（1）Logger：日志记录器接口，充当抽象产品角色。

```
//designpatterns.factorymethod.Logger.java
package designpatterns.factorymethod;
```

图 4-4 日志记录器结构图

```java
public interface Logger {
    public void writeLog();
}
```

(2) DatabaseLogger：数据库日志记录器，充当具体产品角色。

```java
//designpatterns.factorymethod.DatabaseLogger.java
package designpatterns.factorymethod;

public class DatabaseLogger implements Logger {
    public void writeLog() {
        System.out.println("数据库日志记录.");
    }
}
```

(3) FileLogger：文件日志记录器，充当具体产品角色。

```java
//designpatterns.factorymethod.FileLogger.java
package designpatterns.factorymethod;

public class FileLogger implements Logger {
    public void writeLog() {
        System.out.println("文件日志记录.");
    }
}
```

(4) LoggerFactory：日志记录器工厂接口，充当抽象工厂角色。

```java
//designpatterns.factorymethod.LoggerFactory.java
package designpatterns.factorymethod;

public interface LoggerFactory {
    public Logger createLogger(); //抽象工厂方法
}
```

(5) DatabaseLoggerFactory：数据库日志记录器工厂类，充当具体工厂角色。

```java
//designpatterns.factorymethod.DatabaseLoggerFactory.java
package designpatterns.factorymethod;

public class DatabaseLoggerFactory implements LoggerFactory {
```

```java
public Logger createLogger() {
    //连接数据库,代码省略
    //创建数据库日志记录器对象
    Logger logger = new DatabaseLogger();
    //初始化数据库日志记录器,代码省略
    return logger;
    }
}
```

(6) FileLoggerFactory：文件日志记录器工厂类，充当具体工厂角色。

```java
//designpatterns.factorymethod.FileLoggerFactory.java
package designpatterns.factorymethod;

public class FileLoggerFactory implements LoggerFactory {
    public Logger createLogger() {
        //创建文件日志记录器对象
        Logger logger = new FileLogger();
        //创建文件,代码省略
        return logger;
    }
}
```

(7) Client：客户端测试类。

```java
//designpatterns.factorymethod.Client.java
package designpatterns.factorymethod;

public class Client {
    public static void main(String args[]) {
        LoggerFactory factory;
        Logger logger;
        factory = new FileLoggerFactory(); //可引入配置文件和反射机制实现
        logger = factory.createLogger();
        logger.writeLog();
    }
}
```

4. 结果及分析

编译并运行程序，输出结果如下：

文件日志记录。

如果需要更换日志记录器，只需要修改客户端代码中的具体工厂类的类名即可，例如将FileLoggerFactory 改为 DatabaseLoggerFactory，此时输出结果如下：

数据库日志记录。

如果需要增加并使用新的日志记录器，只需要对应增加一个新的具体工厂类，然后在客户端代码中修改具体工厂类的类名，原有类库的源代码无须做任何修改。

通过引入配置文件并使用反射机制可以实现在不修改客户端代码的基础上更换具体工厂类，在 4.4 节将详细说明其实现过程，让系统更加符合开闭原则，具备更好的灵活性和可扩展性。

4.4 反射机制与配置文件

在4.3节的日志记录器实例中，在更换日志记录器时需要修改客户端代码，对于客户端而言并不符合开闭原则，本节将介绍如何在不修改任何客户端代码的基础上更换或增加新的日志记录方式。

在实际应用开发中可以对具体工厂类的实例化过程进行改进，在客户端代码中不直接使用new关键字来创建工厂对象，而是通过Java反射机制结合配置文件（例如XML文件）来生成具体工厂对象。在整个实现过程中需要用到两个技术，即Java反射机制与配置文件。

1. Java反射机制

Java反射（Java Reflection）是指在程序运行时获取已知名称的类或已有对象的相关信息的一种机制，包括类的方法、属性、父类等信息，还包括实例的创建和实例类型的判断等。在反射中使用最多的类是Class，Class类的实例表示正在运行的Java应用程序中的类和接口，其forName(String className)方法可以返回与带有给定字符串名的类或接口相关联的Class对象，再通过Class对象的newInstance()方法创建此对象所表示的类的一个新实例，即通过一个类名字符串得到类的实例。例如创建一个字符串类型的对象，其代码如下：

```
//通过类名生成实例对象并将其返回
Class c = Class.forName("java.lang.String");
Object obj = c.newInstance();
return obj;
```

此外，在JDK中还提供了java.lang.reflect包，封装了其他与反射相关的类，在本书中只用到上述简单的反射代码，在此不予扩展。

2. 配置文件

软件系统的配置文件通常为XML文件，可以使用DOM（Document Object Model）、SAX（Simple API for XML）、StAX（Streaming API for XML）等技术来处理XML文件。

在软件开发中可以把类名存储到XML配置文件中，再读取配置文件获取类名字符串，然后通过Java反射机制来创建对象。例如将4.3节的具体日志记录器工厂类类名FileLoggerFactory存储在如下XML格式的配置文件config.xml中。

```
<!-- config.xml -->
<?xml version="1.0"?>
<config>
    <className>designpatterns.factorymethod.FileLoggerFactory</className>
</config>
```

在该文件中，designpatterns.factorymethod为具体工厂类所在的包名，FileLoggerFactory为具体工厂类的类名。

为了读取该配置文件，并通过存储在其中的类名字符串反射生成对象，可以创建一个工具类XMLUtil，其详细代码如下：

```
//designpatterns.factorymethod.XMLUtil.java
package designpatterns.factorymethod;
```

```
import javax.xml.parsers.* ;
import org.w3c.dom.* ;
import java.io.* ;

public class XMLUtil {
    //该方法用于从XML配置文件中提取具体类的类名,并返回一个实例对象
    public static Object getBean() {
        try {
            //创建DOM文档对象
            DocumentBuilderFactory dFactory = DocumentBuilderFactory.newInstance();
            DocumentBuilder builder = dFactory.newDocumentBuilder();
            Document doc;
            doc = builder.parse(new File("src//designpatterns//factorymethod//config.xml"));

            //获取包含类名的文本结点
            NodeList nl = doc.getElementsByTagName("className");
            Node classNode = nl.item(0).getFirstChild();
            String cName = classNode.getNodeValue();

            //通过类名生成实例对象并将其返回
            Class c = Class.forName(cName);
            Object obj = c.newInstance();
            return obj;

        }
        catch(Exception e) {
            e.printStackTrace();
            return null;
        }
    }
}
```

注：在后续的设计模式学习过程中将多次复用该类。

有了XMLUtil类之后，可以对日志记录器的客户端代码进行修改，不再直接使用new关键字来创建具体的工厂类，而是将具体工厂类的类名存储在XML文件中，再通过XMLUtil类的静态工厂方法getBean()进行对象的实例化，将代码修改如下：

```
//designpatterns.factorymethod.Client.java
package designpatterns.factorymethod;

public class Client {
    public static void main(String args[]) {
        LoggerFactory factory;
        Logger logger;
        factory = (LoggerFactory)XMLUtil.getBean(); //getBean()的返回类型为Object
                                                     //需要进行强制类型转换
        logger = factory.createLogger();
        logger.writeLog();
    }
}
```

在引入XMLUtil类和XML配置文件之后，如果需要增加一种新类型的日志记录方式，只需要执行以下4个步骤：

（1）新的日志记录器需要继承抽象日志记录器Logger。

（2）对应增加一个新的具体日志记录器工厂，继承抽象日志记录器工厂LoggerFactory，并实现其中的工厂方法createLogger()，设置好初始化参数和环境变量，返回具体日志记录器对象。

(3) 修改配置文件 config.xml，用新增的具体日志记录器工厂类的类名字符串替换原有工厂类的类名字符串。

(4) 编译新增的具体日志记录器类和具体日志记录器工厂类，运行客户端测试类即可使用新的日志记录方式，而原有类库代码无须做任何修改，完全符合开闭原则。

通过上述重构可以使系统更加灵活，由于很多设计模式都关注系统的可扩展性和灵活性，因此都定义了抽象层，在抽象层中声明业务方法，而将具体业务方法的实现放在实现层中。为了更好地体现这些设计模式的特点，本书在很多设计模式中都使用 XML 配置文件和 Java 反射机制来创建对象。

4.5 工厂方法的重载

在某些情况下，可以通过多种方式来初始化同一个产品类。例如 4.3 节所提到的日志记录器类，可以为各种日志记录器提供默认实现；还可以为数据库日志记录器提供数据库连接字符串，为文件日志记录器提供文件路径；也可以将相关参数封装在一个 Object 类型的对象中，通过 Object 对象将配置参数传入工厂类。此时可以提供一组重载的工厂方法，以不同的方式对产品对象进行创建。当然，对于同一个具体工厂而言，无论使用哪个工厂方法，所创建的产品类型均要相同。重载的工厂方法结构图如图 4-5 所示。

图 4-5 重载的工厂方法结构图

引入重载方法后，抽象工厂类 LoggerFactory 的代码修改如下：

```
public interface LoggerFactory {
    public Logger createLogger();
    public Logger createLogger(String args);
    public Logger createLogger(Object obj);
}
```

具体工厂类 DatabaseLoggerFactory 的代码修改如下：

```
public class DatabaseLoggerFactory implements LoggerFactory {
    public Logger createLogger() {
        //使用默认方式连接数据库，代码省略
        Logger logger = new DatabaseLogger();
        //初始化数据库日志记录器，代码省略
        return logger;
    }
}
```

```java
    public Logger createLogger(String args) {
        //使用参数 args 作为连接字符串来连接数据库, 代码省略
        Logger logger = new DatabaseLogger();
        //初始化数据库日志记录器, 代码省略
        return logger;
    }

    public Logger createLogger(Object obj) {
        //使用封装在参数 obj 中的连接字符串来连接数据库, 代码省略
        Logger logger = new DatabaseLogger();
        //使用封装在参数 obj 中的数据来初始化数据库日志记录器, 代码省略
        return logger;
    }
}
}
//其他具体工厂类代码省略
```

在抽象工厂中声明了多个重载的工厂方法，在具体工厂中实现了这些工厂方法，这些方法可以包含不同的业务逻辑，以满足产品对象的多样化创建需求。

4.6 工厂方法的隐藏

有时候，为了进一步简化客户端的使用，还可以对客户端隐藏工厂方法，此时在工厂类中直接调用产品类的业务方法，客户端无须调用工厂方法创建产品对象，直接使用工厂对象即可调用所创建的产品对象中的业务方法。

如果对客户端隐藏工厂方法，那么如图 4-4 所示的日志记录器结构图可修改为如图 4-6 所示的结构图。

图 4-6 隐藏工厂方法后的日志记录器结构图

在图 4-6 中，抽象工厂类 LoggerFactory 的代码修改如下：

```java
//将接口改为抽象类
public abstract class LoggerFactory {
    //在工厂类中直接调用日志记录器类的业务方法 writeLog()
    public void writeLog() {
        Logger logger = this.createLogger();
        logger.writeLog();
    }
```

```
public abstract Logger createLogger();
```

}

客户端代码修改如下：

```
public class Client {
    public static void main(String args[]) {
        LoggerFactory factory;
        factory = (LoggerFactory)XMLUtil.getBean();
        factory.writeLog(); //直接使用工厂对象来调用产品对象的业务方法
    }
}
```

通过把业务方法的调用移至工厂类中，可以直接使用工厂对象来调用产品对象的业务方法，客户端无须使用工厂方法来创建产品对象。在某些情况下可以使用这种设计方案。

4.7 工厂方法模式优缺点与适用环境

工厂方法模式是简单工厂模式的延伸，它继承了简单工厂模式的优点，同时还弥补了简单工厂模式的不足。工厂方法模式是使用频率最高的设计模式之一，是很多开源框架和API类库的核心模式。

4.7.1 工厂方法模式优点

工厂方法模式的优点主要如下：

（1）在工厂方法模式中，工厂方法用来创建客户所需要的产品，同时还向客户隐藏了哪种具体产品类将被实例化这一细节，用户只需要关心所需产品对应的工厂，无须关心创建细节，甚至无须知道具体产品类的类名。

（2）基于工厂角色和产品角色的多态性设计是工厂方法模式的关键。它能够让工厂自主确定创建何种产品对象，而如何创建这个对象的细节完全封装在具体工厂内部。工厂方法模式之所以又被称为多态工厂模式，正是因为所有的具体工厂类都有同一抽象父类。

（3）使用工厂方法模式的另一个优点是在系统中加入新产品时无须修改抽象工厂和抽象产品提供的接口，无须修改客户端，也无须修改其他的具体工厂和具体产品，而只要添加一个具体工厂和具体产品即可，这样系统的可扩展性也就变得非常好，完全符合开闭原则。

4.7.2 工厂方法模式缺点

工厂方法模式的缺点主要如下：

（1）在添加新产品时需要编写新的具体产品类，而且还要提供与之对应的具体工厂类，系统中类的个数将成对增加，在一定程度上增加了系统的复杂度，有更多的类需要编译和运行，会给系统带来一些额外的开销。

（2）由于考虑到系统的可扩展性，需要引入抽象层，在客户端代码中均使用抽象层进行定义，增加了系统的抽象性和理解难度。

4.7.3 工厂方法模式适用环境

在以下情况下可以考虑使用工厂方法模式：

（1）客户端不知道它所需要的对象的类。在工厂方法模式中，客户端不需要知道具体产品类的类名，只需要知道所对应的工厂即可，具体产品对象由具体工厂类创建，可将具体工厂类的类名存储在配置文件或数据库中。

（2）抽象工厂类通过其子类来指定创建哪个对象。在工厂方法模式中，对于抽象工厂类只需要提供一个创建产品的接口，而由其子类来确定具体要创建的对象，利用面向对象的多态性和里氏代换原则，在程序运行时子类对象将覆盖父类对象，从而使得系统更容易扩展。

4.8 本章小结

在工厂方法模式中定义一个用于创建对象的接口，但是让子类决定将哪一个类实例化。工厂方法模式让一个类的实例化延迟到其子类，它是一种类创建型模式。

工厂方法模式包含抽象产品、具体产品、抽象工厂和具体工厂4个角色。其中，抽象产品是定义产品的接口；具体产品实现了抽象产品接口，某种类型的具体产品由专门的具体工厂创建；抽象工厂声明了工厂方法，用于返回一个产品；具体工厂是抽象工厂类的子类，实现了在抽象工厂中声明的工厂方法，返回一个具体产品类的实例。

工厂方法模式的优点主要是提供了专门的工厂方法用来创建客户所需要的产品，同时还向客户隐藏了哪种具体产品类将被实例化这一细节；它能够让工厂自主确定创建何种产品对象，而如何创建这个对象的细节完全封装在具体工厂内部；在系统中加入新产品时完全符合开闭原则。其缺点主要是系统中类的个数将成对增加，在一定程度上增加了系统的复杂度，会给系统带来一些额外的开销；增加了系统的抽象性和理解难度。

工厂方法模式适用于以下环境：客户端不知道它所需要的对象的类；抽象工厂类通过其子类来指定创建哪个对象。

通过引入配置文件和反射机制将具体工厂类的类名存储在配置文件中，然后使用反射来生成工厂对象，使得系统可以在不修改任何已有代码的基础上能够增加新的产品类，完全符合开闭原则。

在抽象工厂中可以声明多个重载的工厂方法，在具体工厂中实现了这些工厂方法，这些方法可以包含不同的业务逻辑，以满足产品对象的多样化创建需求。

在工厂类中可以直接调用产品类的业务方法，客户端无须调用工厂方法创建产品对象，直接使用工厂对象即可调用所创建的产品对象中的业务方法，实现对工厂方法的隐藏。

4.9 习题

1. 不同品牌的手机应该由不同的公司制造，三星公司生产三星手机，苹果公司生产苹果手机。该场景蕴含了（　　）设计模式。

A. Simple Factory　　　　B. Factory Method

C. Abstract Factory　　　D. Builder

2. 以下关于工厂方法模式的叙述错误的是（　　）。

A. 在工厂方法模式中引入了抽象工厂类，而具体产品的创建延迟到具体工厂中实现

B. 工厂方法模式添加新的产品对象很容易，无须对原有系统进行修改，符合开闭原则

C. 工厂方法模式存在的问题是在添加新产品时需要编写新的具体产品类，而且还要提供与之对应的具体工厂类，随着类个数的增加会给系统带来一些额外开销

D. 工厂方法模式是所有形式的工厂模式中最为抽象和最具一般性的一种形态，工厂方法模式退化后可以演变成抽象工厂模式

3. 某银行系统采用工厂模式描述其不同账户之间的关系，设计出的类图如图 4-7 所示。其中与工厂模式中的 Creator 角色相对应的类是（ ① ），与 Product 角色相对应的类是（ ② ）。

图 4-7 某银行系统类图

① A. Bank　　B. Account　　C. Checking　　D. Savings

② A. Bank　　B. Account　　C. Checking　　D. Savings

4. 宝马(BMW)工厂制造宝马汽车，奔驰(Benz)工厂制造奔驰汽车。使用工厂方法模式模拟该场景，要求绘制相应的类图并用 Java 语言模拟实现。

5. 在某数据统计系统中，曲线图创建器生成曲线图，柱状图创建器生成柱状图。试使用工厂方法模式设计该系统，要求绘制相应的类图并使用 Java 语言编程模拟实现。

6. 某软件公司要开发一个数据格式转换工具，可以将不同数据源（如 TXT 文件、数据库、Excel 表格）中的数据转换成 XML 格式。为了让系统具有更好的扩展性，在未来支持新类型的数据源，开发人员决定使用工厂方法模式设计该工具。在工厂类中封装了具体转换类的初始化和创建过程，客户端只需使用工厂类即可获得具体的转换类对象，再调用其相应方法实现数据转换操作。绘制该工具的类图并使用 Java 语言编程模拟实现，要求在实现时引入配置文件。

7. 使用工厂方法模式设计一个程序用来读取各种不同类型的图片格式，针对每一种图片格式都设计一个图片读取器(ImageReader)，例如 GIF 图片读取器(GifReader)用于读取 GIF 格式的图片，JPG 图片读取器(JpgReader)用于读取 JPG 格式的图片。注意，需要充分考虑系统的灵活性和可扩展性。

抽象工厂模式

本章导学

抽象工厂模式是常用的创建型设计模式之一，它比工厂方法模式的抽象程度更高。在工厂方法模式中每一个具体工厂只需要生产一种具体产品，但是在抽象工厂模式中一个具体工厂可以生产一组相关的具体产品，这样的一组产品称为产品族，产品族中的每一个产品都分属于某一个产品继承等级结构。

本章将通过实例来学习抽象工厂模式，分析抽象工厂模式的结构及特点，并学会如何在实际软件项目开发中合理地使用抽象工厂模式。

本章知识点

- 产品等级结构与产品族
- 抽象工厂模式的定义
- 抽象工厂模式的结构
- 抽象工厂模式的实现
- 抽象工厂模式的应用
- 抽象工厂模式的优缺点
- 抽象工厂模式的适用环境
- 开闭原则的倾斜性

5.1 产品等级结构与产品族

工厂方法模式通过引入工厂等级结构解决了简单工厂模式中工厂类职责太重的问题，但由于工厂方法模式中的每个具体工厂只有一个或者一组重载的工厂方法，只能生产一种产品，可能会导致系统中存在大量的工厂类，势必会增加系统的开销。有时候可能需要一个工厂可以提供多种产品对象，而不是单一的产品对象，例如一个电器工厂，它可以生产电视机、冰箱、空调等多种电器，而不是只生产某一种电器，此时可以考虑将一些相关的产品组成一个"产品族"，由同一个工厂来统一生产，这就是本章将要学习的抽象工厂模式的基本思想。

为了更好地理解抽象工厂模式，先引入两个概念。

（1）产品等级结构：产品等级结构即产品的继承结构，例如一个抽象类是电视机，其子类包括海尔电视机、海信电视机、TCL电视机，则抽象电视机与具体品牌的电视机之间构成了一个产品等级结构，抽象电视机是父类，而具体品牌的电视机是其子类。

（2）产品族：在抽象工厂模式中，产品族是指由同一个工厂生产的位于不同产品等级结构中的一组产品，例如海尔电器工厂生产的海尔电视机、海尔冰箱，海尔电视机位于电视机产品等级结构中，海尔冰箱位于冰箱产品等级结构中，海尔电视机、海尔冰箱构成了一个产品族。产品等级结构与产品族示意图如图 5-1 所示。

图 5-1 产品等级结构与产品族示意图

在图 5-1 中一共包含 3 个产品族，分属于 3 个不同的产品等级结构，只要指明一个产品所处的产品族以及它所属的等级结构就可以唯一确定这个产品。

5.2 抽象工厂模式概述

当系统所提供的工厂生产的具体产品并不是一个简单的对象，而是多个位于不同产品等级结构，属于不同类型的具体产品时就可以使用抽象工厂模式。

抽象工厂模式是所有形式的工厂模式中最为抽象和最具一般性的一种形式。抽象工厂模式与工厂方法模式最大的区别在于，工厂方法模式针对的是一个产品等级结构，而抽象工厂模式需要面对多个产品等级结构，一个工厂等级结构可以负责多个不同产品等级结构中的产品对象的创建。当一个工厂等级结构可以创建出分属于不同产品等级结构的一个产品族中的所有对象时，抽象工厂模式比工厂方法模式更为简单，更有效率。抽象工厂模式示意图如图 5-2 所示。

图 5-2 抽象工厂模式示意图

在图 5-2 中，每一个具体工厂可以生产属于一个产品族的所有产品，例如海尔工厂生产海尔电视机、海尔冰箱和海尔空调，所生产的产品又位于不同的产品等级结构中。如果使用工厂方法模式，图 5-2 所示的结构需要提供 9 个具体工厂，而使用抽象工厂模式只需要提供 3 个具体工厂，极大地减少了系统中类的个数。

抽象工厂模式为创建一组对象提供了一种解决方案。与工厂方法模式相比，抽象工厂模式中的具体工厂不只是创建一种产品，它负责创建一族产品。

抽象工厂模式的定义如下：

抽象工厂模式：提供一个创建一系列相关或相互依赖对象的接口，而无须指定它们具体的类。

Abstract Factory Pattern: Provide an interface for creating families of related or dependent objects without specifying their concrete classes.

抽象工厂模式又称为工具(Kit)模式，它是一种对象创建型模式。

5.3 抽象工厂模式结构与实现

5.3.1 抽象工厂模式结构

在抽象工厂模式中，每一个具体工厂都提供了多个工厂方法用于产生多种不同类型的产品，这些产品构成了一个产品族，抽象工厂模式结构图如图 5-3 所示。

图 5-3 抽象工厂模式结构图

由图 5-3 可知，抽象工厂模式包含以下 4 个角色。

（1）**AbstractFactory(抽象工厂)**：它声明了一组用于创建一族产品的方法，每一个方法对应一种产品。

（2）**ConcreteFactory(具体工厂)**：它实现了在抽象工厂中声明的创建产品的方法，生成一组具体产品，这些产品构成了一个产品族，每一个产品都位于某个产品等级结构中。

(3) AbstractProduct(抽象产品)：它为每种产品声明接口，在抽象产品中声明了产品所具有的业务方法。

(4) ConcreteProduct(具体产品)：它定义具体工厂生产的具体产品对象，实现抽象产品接口中声明的业务方法。

5.3.2 抽象工厂模式实现

在抽象工厂中声明了多个工厂方法，用于创建不同类型的产品，抽象工厂可以是接口，也可以是抽象类或者具体类。其典型代码如下：

```
public interface AbstractFactory {
    public AbstractProductA createProductA(); //工厂方法一
    public AbstractProductB createProductB(); //工厂方法二
    ...
}
```

具体工厂实现了抽象工厂，每一个具体的工厂方法可以返回一个特定的产品对象，而同一个具体工厂所创建的产品对象构成了一个产品族。对于每一个具体工厂类，其典型代码如下：

```
public class ConcreteFactory1 implements AbstractFactory {
    //工厂方法一
    public AbstractProductA createProductA() {
        return new ConcreteProductA1();
    }
    //工厂方法二
    public AbstractProductB createProductB() {
        return new ConcreteProductB1();
    }
    ...
}
```

与工厂方法模式一样，抽象工厂模式也可为每一种产品提供一组重载的工厂方法，以不同的方式来创建产品对象。

5.4 抽象工厂模式应用实例

下面通过一个应用实例来进一步学习和理解抽象工厂模式。

1. 实例说明

某软件公司要开发一套界面皮肤库，可以对基于Java的桌面软件进行界面美化。用户在使用时可以通过菜单来选择皮肤，不同的皮肤将提供视觉效果不同的按钮、文本框、组合框等界面元素，例如春天(Spring)风格的皮肤将提供浅绿色的按钮、绿色边框的文本框和绿色边框的组合框，而夏天(Summer)风格的皮肤则提供浅蓝色的按钮、蓝色边框的文本框和蓝色边框的组合框，其结构示意图如图5-4所示。

该皮肤库需要具备良好的灵活性和可扩展性，用户可以自由选择不同的皮肤，开发人员可以在不修改既有代码的基础上增加新的皮肤。

试使用抽象工厂模式来设计该界面皮肤库。

图 5-4 界面皮肤库结构示意图

2. 实例类图

通过分析，本实例的结构图如图 5-5 所示。

图 5-5 界面皮肤库结构图

在图 5-5 中，SkinFactory 接口充当抽象工厂，其子类 SpringSkinFactory 和 SummerSkinFactory 充当具体工厂，接口 Button、TextField 和 ComboBox 充当抽象产品，其子类 SpringButton、SpringTextField、SpringComboBox 和 SummerButton、SummerTextField、SummerComboBox 充当具体产品。

3. 实例代码

（1）Button：按钮接口，充当抽象产品。

```
//designpatterns.abstractfactory.Button.java
```

```
package designpatterns.abstractfactory;

public interface Button {
    public void display();
}
```

(2) SpringButton：Spring 按钮类，充当具体产品。

```
//designpatterns.abstractfactory.SpringButton.java
package designpatterns.abstractfactory;

public class SpringButton implements Button {
    public void display() {
        System.out.println("显示浅绿色按钮.");
    }
}
```

(3) SummerButton：Summer 按钮类，充当具体产品。

```
//designpatterns.abstractfactory.SummerButton.java
package designpatterns.abstractfactory;

public class SummerButton implements Button {
    public void display() {
        System.out.println("显示浅蓝色按钮.");
    }
}
```

(4) TextField：文本框接口，充当抽象产品。

```
//designpatterns.abstractfactory.TextField.java
package designpatterns.abstractfactory;

public interface TextField {
    public void display();
}
```

(5) SpringTextField：Spring 文本框类，充当具体产品。

```
//designpatterns.abstractfactory.SpringTextField.java
package designpatterns.abstractfactory;

public class SpringTextField implements TextField {
    public void display() {
        System.out.println("显示绿色边框文本框.");
    }
}
```

(6) SummerTextField：Summer 文本框类，充当具体产品。

```
//designpatterns.abstractfactory.SummerTextField.java
package designpatterns.abstractfactory;

public class SummerTextField implements TextField {
    public void display() {
        System.out.println("显示蓝色边框文本框.");
    }
}
```

(7) ComboBox：组合框接口，充当抽象产品。

```java
//designpatterns.abstractfactory.ComboBox.java
package designpatterns.abstractfactory;

public interface ComboBox {
    public void display();
}
```

(8) SpringComboBox：Spring 组合框类，充当具体产品。

```java
//designpatterns.abstractfactory.SpringComboBox.java
package designpatterns.abstractfactory;

public class SpringComboBox implements ComboBox {
    public void display() {
        System.out.println("显示绿色边框组合框.");
    }
}
```

(9) SummerComboBox：Summer 组合框类，充当具体产品。

```java
//designpatterns.abstractfactory.SummerComboBox.java
package designpatterns.abstractfactory;

public class SummerComboBox implements ComboBox {
    public void display() {
        System.out.println("显示蓝色边框组合框.");
    }
}
```

(10) SkinFactory：界面皮肤工厂接口，充当抽象工厂。

```java
//designpatterns.abstractfactory.SkinFactory.java
package designpatterns.abstractfactory;

public interface SkinFactory {
    public Button createButton();
    public TextField createTextField();
    public ComboBox createComboBox();
}
```

(11) SpringSkinFactory：Spring 皮肤工厂，充当具体工厂。

```java
//designpatterns.abstractfactory.SpringSkinFactory.java
package designpatterns.abstractfactory;
public class SpringSkinFactory implements SkinFactory {
    public Button createButton() {
        return new SpringButton();
    }

    public TextField createTextField() {
        return new SpringTextField();
    }

    public ComboBox createComboBox() {
        return new SpringComboBox();
    }
}
```

(12) SummerSkinFactory：Summer 皮肤工厂，充当具体工厂。

```java
//designpatterns.abstractfactory.SummerSkinFactory.java
package designpatterns.abstractfactory;

public class SummerSkinFactory implements SkinFactory {
    public Button createButton() {
        return new SummerButton();
    }

    public TextField createTextField() {
        return new SummerTextField();
    }

    public ComboBox createComboBox() {
        return new SummerComboBox();
    }
}
```

(13) 配置文件 config.xml。在配置文件中存储了具体工厂类的类名。

```xml
<?xml version = "1.0"?>
<config>
    <className>designpatterns.abstractfactory.SpringSkinFactory</className>
</config>
```

(14) XMLUtil：工具类。

```java
//designpatterns.abstractfactory.XMLUtil.java
package designpatterns.abstractfactory;

import javax.xml.parsers.*;
import org.w3c.dom.*;
import java.io.*;

public class XMLUtil {
    //该方法用于从 XML 配置文件中提取具体类的类名，并返回一个实例对象
    public static Object getBean() {
        try {
            //创建 DOM 文档对象
            DocumentBuilderFactory dFactory = DocumentBuilderFactory.newInstance();
            DocumentBuilder builder = dFactory.newDocumentBuilder();
            Document doc;
            doc = builder.parse(new File("src//designpatterns//abstractfactory//config.xml"));

            //获取包含类名的文本结点
            NodeList nl = doc.getElementsByTagName("className");
            Node classNode = nl.item(0).getFirstChild();
            String cName = classNode.getNodeValue();

            //通过类名生成实例对象并将其返回
            Class c = Class.forName(cName);
            Object obj = c.newInstance();
            return obj;
        }
        catch(Exception e) {
            e.printStackTrace();
```

```
        return null;
    }
  }
}
```

(15) Client：客户端测试类。

```
//designpatterns.abstractfactory.Client.java
package designpatterns.abstractfactory;

public class Client {
    public static void main(String args[]) {
        //使用抽象层定义
        SkinFactory factory;
        Button bt;
        TextField tf;
        ComboBox cb;
        factory = (SkinFactory)XMLUtil.getBean();
        bt = factory.createButton();
        tf = factory.createTextField();
        cb = factory.createComboBox();
        bt.display();
        tf.display();
        cb.display();
    }
}
```

4. 结果及分析

编译并运行程序，输出结果如下：

```
显示浅绿色按钮。
显示绿色边框文本框。
显示绿色边框组合框。
```

如果需要更换皮肤，只需修改配置文件即可。例如将春天风格的皮肤改为夏天风格的皮肤，只需将存储在配置文件中的具体工厂类 SpringSkinFactory 改为 SummerSkinFactory 即可，代码如下：

```
<?xml version = "1.0"?>
<config>
    <className>designpatterns.abstractfactory.SummerSkinFactory</className>
</config>
```

重新运行客户端程序，输出结果如下：

```
显示浅蓝色按钮。
显示蓝色边框文本框。
显示蓝色边框组合框。
```

在实际环境中可以提供一个可视化界面，例如菜单或者窗口来修改配置文件，用户无须直接修改配置文件。如果需要增加新的皮肤，只需增加一族新的具体组件并对应提供一个新的具体工厂，修改配置文件中的具体工厂类的类名即可使用新的皮肤，原有代码无须修改，符合开闭原则。

5.5 开闭原则的倾斜性

在5.4节所设计的界面皮肤库中可以较为方便地增加新类型的皮肤，但是该设计方案存在一个非常严重的问题：如果在设计之初因为考虑不全面，忘记为某种类型的界面组件（以单选按钮RadioButton为例）提供不同皮肤下的风格化显示，那么在往系统中增加单选按钮时将发现非常麻烦，无法在满足开闭原则的前提下增加单选按钮，原因是抽象工厂SkinFactory中根本没有提供创建单选按钮的方法，如果需要增加单选按钮，首先需要修改抽象工厂接口SkinFactory，在其中新增声明创建单选按钮的方法，然后逐个修改具体工厂类，增加相应方法以实现在不同的皮肤库中创建单选按钮，此外还需要修改客户端，否则单选按钮无法应用于现有系统。

抽象工厂模式无法解决此类问题，这也是抽象工厂模式的最大缺点所在。在抽象工厂模式中增加新的产品族很方便，但是增加新的产品等级结构很麻烦，抽象工厂模式的这种性质称为开闭原则的倾斜性。开闭原则要求系统对扩展开放，对修改关闭，通过扩展达到增强其功能的目的，对于涉及多个产品族与多个产品等级结构的系统，其功能增强包括两个方面。

（1）增加产品族：对于增加新的产品族，抽象工厂模式很好地支持了开闭原则，只需要增加具体产品并对应增加一个新的具体工厂，对已有代码无须做任何修改。

（2）增加新的产品等级结构：对于增加新的产品等级结构，需要修改所有的工厂角色，包括抽象工厂类，在所有的工厂类中都需要增加生产新产品的方法，违背了开闭原则。

正因为抽象工厂模式存在开闭原则的倾斜性，它以一种倾斜的方式来满足开闭原则，为增加新产品族提供方便，但不能为增加新产品结构提供这样的方便，因此要求设计人员在设计之初就能够考虑全面，不会在设计完成之后再向系统中增加新的产品等级结构，也不会删除已有的产品等级结构，否则将会导致系统出现较大的修改，为后续维护工作带来诸多麻烦。

5.6 抽象工厂模式优缺点与适用环境

抽象工厂模式是工厂方法模式的进一步延伸，由于它提供了功能更为强大的工厂类并且具备较好的可扩展性，在软件开发中得以广泛应用，尤其是在一些框架和API类库的设计中，例如在Java语言的AWT（抽象窗口工具包）中就使用了抽象工厂模式，它使用抽象工厂模式来实现在不同的操作系统中应用程序呈现与所在操作系统一致的外观界面。抽象工厂模式也是在软件开发中最常用的设计模式之一。

5.6.1 抽象工厂模式优点

抽象工厂模式的优点主要如下：

（1）抽象工厂模式隔离了具体类的生成，使得客户端并不需要知道什么被创建。由于这种隔离，更换一个具体工厂就变得相对容易，所有的具体工厂都实现了抽象工厂中定义的那些公共接口，因此只需改变具体工厂的实例就可以在某种程度上改变整个软件系统的行为。

（2）当一个产品族中的多个对象被设计成一起工作时，它能够保证客户端始终只使用同一个产品族中的对象。

（3）增加新的产品族很方便，无须修改已有系统，符合开闭原则。

5.6.2 抽象工厂模式缺点

抽象工厂模式的缺点主要如下：

增加新的产品等级结构麻烦，需要对原有系统进行较大的修改，甚至需要修改抽象层代码，这显然会带来较大的不便，违背了开闭原则。

5.6.3 抽象工厂模式适用环境

在以下情况下可以考虑使用抽象工厂模式：

（1）一个系统不应当依赖于产品类实例如何被创建、组合和表达的细节，这对于所有类型的工厂模式都是很重要的，用户无须关心对象的创建过程，将对象的创建和使用解耦。

（2）系统中有多于一个的产品族，而每次只使用其中某一产品族。可以通过配置文件等方式来使用户能够动态改变产品族，也可以很方便地增加新的产品族。

（3）属于同一个产品族的产品将在一起使用，这一约束必须在系统的设计中体现出来。同一个产品族中的产品可以是没有任何关系的对象，但是它们都具有一些共同的约束，如同一操作系统下的按钮和文本框，按钮与文本框之间没有直接关系，但它们都是属于某一操作系统的，此时具有一个共同的约束条件，即操作系统的类型。

（4）产品等级结构稳定，在设计完成之后不会向系统中增加新的产品等级结构或者删除已有的产品等级结构。

5.7 本章小结

在抽象工厂模式中，产品等级结构即产品的继承结构，产品族是指由同一个工厂生产的位于不同产品等级结构中的一组产品。

抽象工厂模式提供一个创建一系列相关或相互依赖对象的接口，而无须指定它们具体的类。抽象工厂模式是一种对象创建型模式。

抽象工厂模式包含抽象工厂、具体工厂、抽象产品和具体产品4个角色。其中，抽象工厂声明了一组用于创建一族产品的方法，每一个方法对应一种产品；具体工厂实现了在抽象工厂中声明的创建产品的方法，生成一组具体产品，这些产品构成了一个产品族，每一个产品都位于某个产品等级结构中；抽象产品为每种产品声明接口，在抽象产品中声明了产品所具有的业务方法；具体产品定义具体工厂生产的具体产品对象，实现抽象产品接口中声明的业务方法。

抽象工厂模式的优点主要是隔离了具体类的生成，使得客户端并不需要知道什么被创建；当一个产品族中的多个对象被设计成一起工作时，它能够保证客户端始终只使用同一个产品族中的对象；增加新的产品族很方便，无须修改已有系统，符合开闭原则。其缺点主要是增加新的产品等级结构麻烦，需要对原有系统进行较大的修改，甚至需要修改抽象层代码，违背了开闭原则。

抽象工厂模式适用于以下环境：一个系统不应当依赖于产品类实例如何被创建、组合和表达的细节；系统中有多于一个的产品族，而每次只使用其中某一产品族；属于同一个产品族的产品将在一起使用，这一约束必须在系统的设计中体现出来；产品等级结构稳定，在设计完成之后不会向系统中增加新的产品等级结构或者删除已有的产品等级结构。

抽象工厂模式以一种倾斜的方式来满足开闭原则。对于增加新的产品族，抽象工厂模式很好地支持了开闭原则；对于增加新的产品等级结构，需要修改所有的工厂角色，违背了开闭原则。

5.8 习题

1. 某公司要开发一个图表显示系统，在该系统中曲线图生成器可以创建曲线图、曲线图图例和曲线图数据标签，柱状图生成器可以创建柱状图、柱状图图例和柱状图数据标签。用户要求可以很方便地增加新的类型的图形，系统需具备较好的可扩展能力。针对这种需求，公司采用（　　）最为恰当。

A. 桥接模式　　B. 适配器模式　　C. 策略模式　　D. 抽象工厂模式

2. 以下关于抽象工厂模式的叙述错误的是（　　）。

A. 抽象工厂模式提供了一个创建一系列相关或相互依赖对象的接口，而无须指定它们具体的类

B. 当系统中有多于一个产品族时可以考虑使用抽象工厂模式

C. 当一个工厂等级结构可以创建出分属于不同产品等级结构的一个产品族中的所有对象时，抽象工厂模式比工厂方法模式更为简单、有效率

D. 抽象工厂模式符合开闭原则，增加新的产品族和新的产品等级结构都很方便

3. 关于抽象工厂模式中的产品族和产品等级结构的叙述错误的是（　　）。

A. 产品等级结构是从不同的产品族中任意选取产品组成的层次结构

B. 产品族是指位于不同产品等级结构、功能相关的产品组成的家族

C. 抽象工厂是指一个工厂等级结构可以创建出分属于不同产品等级结构的一个产品族中的所有对象

D. 工厂方法模式对应唯一一个产品等级结构，而抽象工厂模式需要面对多个产品等级结构

4. 一个电器工厂可以产生多种类型的电器，如海尔工厂可以生产海尔电视机、海尔空调等，TCL工厂可以生产TCL电视机、TCL空调等，相同品牌的电器构成一个产品族，而相同类型的电器构成了一个产品等级结构，现使用抽象工厂模式模拟该场景。

5. 某系统为了改进数据库操作的性能，用户可以自定义数据库连接对象Connection和语句对象Statement，针对不同类型的数据库提供不同的连接对象和语句对象，例如提供Oracle或MySQL专用连接类和语句类，而且用户可以通过配置文件等方式根据实际需要动态更换系统数据库。使用抽象工厂模式设计该系统，要求绘制对应的类图并使用Java语言编程模拟实现。

6. 某软件公司要推出一款新的手机游戏软件，该软件能够支持iOS、Android和Windows Phone等多个智能手机操作系统平台，针对不同的手机操作系统，该游戏软件提供了不同的游戏操作控制（OperationController）类和游戏界面控制（InterfaceController）类，并提供相应的工厂类来封装这些类的初始化过程。软件要求具有较好的扩展性以支持

新的操作系统平台，为了满足上述需求，试采用抽象工厂模式对其进行设计。

7. 抽象工厂模式最早的应用之一是用来创建在不同操作系统的图形环境下都能够运行的应用程序，比如同时支持 Windows 与 Linux 操作系统。在每一个操作系统中都有一个由图形构件组成的构件家族，可以通过一个抽象角色给出功能定义，而由具体子类给出不同操作系统下的具体实现，例如系统中包含两个产品等级结构，分别是 Button 与 Text；同时包含 3 个产品族，即 UNIX 产品族、Linux 产品族与 Windows 产品族，如图 5-6 所示。

图 5-6 不同操作系统下不同构件的"产品等级结构-产品族"示意图

在图 5-6 中，Windows 中的 Button 和 Text 构成了一个 Windows 产品族，而不同操作系统下的 Button 构成了一个产品等级结构。试使用抽象工厂模式来设计并模拟实现该结构。

第6章

建造者模式

本章导学

建造者模式是一种较为复杂的创建型模式，它将客户端与包含多个组成部分的复杂对象的创建过程分离，客户端无须知道复杂对象的内部组成部分与装配方式，只需要知道所需建造者的类型即可。建造者模式关注如何一步一步地创建一个复杂对象，不同的具体建造者定义了不同的创建过程，而且具体建造者相互独立，更换建造者或增加新的建造者非常方便，系统具有较好的扩展性。

本章将学习建造者模式的定义与结构，理解建造者模式中各个组成元素的作用，并通过实例来学习如何实现建造者模式。

本章知识点

- 建造者模式的定义
- 建造者模式的结构
- 建造者模式的实现
- 建造者模式的应用
- 建造者模式的优缺点
- 建造者模式的适用环境
- 指挥者类的作用与变化

6.1 建造者模式概述

无论是在现实世界中还是在软件系统中都存在一些复杂的对象，它们拥有多个组成部分（部件），例如汽车，它包括车轮、方向盘、发动机等多种部件。对于大多数用户而言，并不知道这些部件的装配细节，也几乎不会使用单独某个部件，而是使用一辆完整的汽车，如图 6-1 所示。

图 6-1 复杂对象（汽车）示意图

如何将这些部件组装成一辆完整的汽车并返回给用户，这是建造者模式需要解决的问题。建造者模式可以将部件本身和它们的组装过程分开，关注如何一步一步地创建一个包含多个组成部分的复杂对象，用户只需要指定复杂对象的类型即可得到该对象，而无须知道其内部的具体构造细节。

建造者模式的定义如下：

> **建造者模式**：将一个复杂对象的构建与它的表示分离，使得同样的构建过程可以创建不同的表示。
>
> **Builder Pattern**: Separate the construction of a complex object from its representation so that the same construction process can create different representations.

建造者模式是一种对象创建型模式，它将客户端与包含多个部件的复杂对象的创建过程分离，客户端无须知道复杂对象的内部组成部分与装配方式，只需要知道所需建造者的类型即可。建造者模式关注如何一步一步地创建一个复杂对象，不同的建造者定义了不同的创建过程。

6.2 建造者模式结构与实现

6.2.1 建造者模式结构

建造者模式的结构图如图 6-2 所示。

图 6-2 建造者模式结构图

由图 6-2 可知，建造者模式包含以下 4 个角色。

（1）**Builder（抽象建造者）**：它为创建一个产品对象的各个部件指定抽象接口，在该接口中一般声明两类方法，一类方法是 buildPartX()（例如图 6-2 中的 buildPartA()、buildPartB()等），它们用于创建复杂对象的各个部件；另一类方法是 getResult()，它们用于返回复杂对象。Builder 既可以是抽象类，也可以是接口。

（2）**ConcreteBuilder（具体建造者）**：它实现了 Builder 接口，实现各个部件的具体构造和装配方法，定义并明确所创建的复杂对象，还可以提供一个方法返回创建好的复杂产品对象（该方法也可由抽象建造者实现）。

（3）**Product（产品）**：它是被构建的复杂对象，包含多个组成部件，具体建造者创建该产品的内部表示并定义它的装配过程。

（4）Director（指挥者）：指挥者又称为导演类，它负责安排复杂对象的建造次序，指挥者与抽象建造者之间存在关联关系，可以在其 construct() 建造方法中调用建造者对象的部件构造与装配方法，完成复杂对象的建造。客户端一般只需要与指挥者进行交互，在客户端确定具体建造者的类型，并实例化具体建造者对象（也可以通过配置文件和反射机制实现），然后通过指挥者类的构造函数或者 Setter 方法将该对象传入指挥者类中。

6.2.2 建造者模式实现

在建造者模式的定义中提到了复杂对象，那么什么是复杂对象？简单来说，复杂对象是指那些包含多个成员变量的对象，这些成员变量也称为部件或零件，如汽车包括方向盘、发动机、轮胎等部件，电子邮件包括发件人、收件人、主题、内容、附件等部件。一个典型的复杂对象类的代码示例如下：

```
public class Product {
    private String partA; //定义部件，部件可以是任意类型，包括值类型和引用类型
    private String partB;
    private String partC;
    //partA 的 Getter 方法和 Setter 方法省略
    //partB 的 Getter 方法和 Setter 方法省略
    //partC 的 Getter 方法和 Setter 方法省略
}
```

在抽象建造者类中定义了产品的创建方法和返回方法，其典型代码如下：

```
public abstract class Builder {
    //创建产品对象
    protected Product product = new Product();

    public abstract void buildPartA();
    public abstract void buildPartB();
    public abstract void buildPartC();

    //返回产品对象
    public Product getResult() {
        return product;
    }
}
```

在抽象类 Builder 中声明了一系列抽象的 buildPartX() 方法，用于创建复杂产品的各个部件，具体建造过程在 ConcreteBuilder 中实现，此外还提供了工厂方法 getResult()，用于返回一个已创建好的完整产品对象。

在 ConcreteBuilder 中实现了这些 buildPartX() 方法，通过调用 Product 的 setPartX() 方法可以给产品对象的成员变量设值，不同的具体建造者在实现 buildPartX() 方法时有所区别，例如 setPartX() 方法的参数可能不一样，在有些具体建造者类中某些 setPartX() 方法无须实现（提供一个空实现）。而这些对于客户端来说都无须关心，客户端只需知道具体建造者类型即可。典型的具体建造者类代码如下：

```
public class ConcreteBuilder1 extends Builder {
    public void buildPartA() {
```

```java
        product.setPartA("A1");

    }

    public void buildPartB() {
        product.setPartB("B1");
    }

    public void buildPartC() {
        product.setPartC("C1");
    }
}
```

此外，在建造者模式中还引入了一个指挥者类 Director，该类主要有两个作用：一方面它隔离了客户端与创建过程；另一方面它控制产品对象的创建过程，包括某个 buildPartX() 方法是否被调用以及多个 buildPartX() 方法调用的先后次序等。指挥者针对抽象建造者编程，客户端只需要知道具体建造者的类型便可通过指挥者类调用建造者的相关方法，返回一个完整的产品对象。在实际生活中也存在类似指挥者一样的角色，如一个客户去购买计算机，计算机销售人员相当于指挥者，只要客户确定计算机的类型，电脑销售人员可以通知计算机组装人员给客户组装一台计算机。指挥者类的示例代码如下：

```java
public class Director {
    private Builder builder;

    public Director(Builder builder) {
        this.builder = builder;
    }

    public void setBuilder(Builder builder) {
        this.builder = builer;
    }

    //产品构建与组装方法
    public Product construct() {
        builder.buildPartA();
        builder.buildPartB();
        builder.buildPartC();
        return builder.getResult();
    }
}
```

在指挥者类中可以注入一个抽象建造者类型的对象，它提供了一个建造方法 construct()，在该方法中调用了 builder 对象的构造部件的方法，最后返回一个产品对象。

对于客户端而言，只需要关心具体建造者的类型，无须关心产品对象的具体组装过程。通常，客户类代码片段如下：

```java
...
Builder builder = new ConcreteBuilder1(); //可通过配置文件实现
Director director = new Director(builder);
Product product = director.construct();
...
```

可以通过配置文件来存储具体建造者类 ConcreteBuilder1 的类名，使得在更换新的建造者时无须修改源代码，系统扩展更为方便。

建造者模式与抽象工厂模式都是较为复杂的创建型模式，建造者模式返回一个完整的复杂产品，抽象工厂模式返回一系列相关的产品；在抽象工厂模式中，客户端通过选择具体工厂来生成所需对象，而在建造者模式中，客户端通过指定具体建造者类型来指导 Director 类如何去生成对象，侧重于一步步构造一个复杂对象，然后将结果返回。如果将抽象工厂模式看成一个汽车配件生产厂，生成不同类型的汽车配件，那么建造者模式就是一个汽车组装厂，通过对配件进行组装返回一辆完整的汽车。

6.3 建造者模式应用实例

下面通过一个应用实例来进一步学习和理解建造者模式。

1. 实例说明

某游戏软件公司决定开发一款基于角色扮演的多人在线网络游戏，玩家可以在游戏中扮演虚拟世界中的一个特定角色，角色根据不同的游戏情节和统计数据（例如力量、魔法、技能等）具有不同的能力，角色也会随着不断升级而拥有更加强大的能力。

作为该游戏的一个重要组成部分，需要对游戏角色进行设计，而且随着该游戏的升级将不断增加新的角色。通过分析发现，游戏角色是一个复杂对象，它包含性别、脸型等多个组成部分，不同类型的游戏角色，其性别、脸型、服装、发型等外部特性都有所差异，例如"天使"拥有美丽的面容和披肩的长发，并身穿一袭白裙；而"恶魔"极其丑陋，留着光头并穿一件刺眼的黑衣。

无论是何种造型的游戏角色，它的创建步骤都大同小异，都需要逐步创建其组成部分，再将各组成部分装配成一个完整的游戏角色。

试使用建造者模式来实现游戏角色的创建。

2. 实例类图

通过分析，本实例的结构图如图 6-3 所示。

在图 6-3 中，ActorController 充当指挥者，ActorBuilder 充当抽象建造者，HeroBuilder、AngelBuilder 和 DevilBuilder 充当具体建造者，Actor 充当复杂产品。

3. 实例代码

（1）Actor：游戏角色类，充当复杂产品对象。考虑到代码的可读性，在此只列出部分成员变量，且成员变量的类型均为 String，在真实情况下有些成员变量的类型需要自定义。

```java
//designpatterns.builder.Actor.java
package designpatterns.builder;

public class Actor {
    private String type;      //角色类型
    private String sex;       //性别
    private String face;      //脸型
    private String costume;   //服装
    private String hairstyle; //发型

    public void setType(String type) {
        this.type = type;
    }
```

第6章 建造者模式

图 6-3 游戏角色创建结构图

```java
    public void setSex(String sex) {
        this.sex = sex;
    }

    public void setFace(String face) {
        this.face = face;
    }

    public void setCostume(String costume) {
        this.costume = costume;
    }

    public void setHairstyle(String hairstyle) {
        this.hairstyle = hairstyle;
    }

    public String getType() {
        return (this.type);
    }

    public String getSex() {
        return (this.sex);
    }

    public String getFace() {
```

```
        return (this.face);
    }
    public String getCostume() {
        return (this.costume);
    }

    public String getHairstyle() {
        return (this.hairstyle);
    }
}
```

(2) ActorBuilder：游戏角色建造者，充当抽象建造者。

```java
//designpatterns.builder.ActorBuilder.java
package designpatterns.builder;

public abstract class ActorBuilder {
    protected Actor actor = new Actor();

    public abstract void buildType();
    public abstract void buildSex();
    public abstract void buildFace();
    public abstract void buildCostume();
    public abstract void buildHairstyle();

    //工厂方法，返回一个完整的游戏角色对象
    public Actor createActor() {
        return actor;
    }
}
```

(3) HeroBuilder：英雄角色建造者，充当具体建造者。

```java
//designpatterns.builder.HeroBuilder.java
package designpatterns.builder;

public class HeroBuilder extends ActorBuilder {
    public void buildType() {
        actor.setType("英雄");
    }

    public void buildSex() {
        actor.setSex("男");
    }

    public void buildFace() {
        actor.setFace("英俊");
    }

    public void buildCostume() {
        actor.setCostume("盔甲");
    }

    public void buildHairstyle() {
        actor.setHairstyle("飘逸");
    }
}
```

(4) AngelBuilder：天使角色建造者，充当具体建造者。

```java
//designpatterns.builder.AngelBuilder.java
package designpatterns.builder;

public class AngelBuilder extends ActorBuilder {
    public void buildType() {
        actor.setType("天使");
    }

    public void buildSex() {
        actor.setSex("女");
    }

    public void buildFace() {
        actor.setFace("漂亮");
    }

    public void buildCostume() {
        actor.setCostume("白裙");
    }

    public void buildHairstyle() {
        actor.setHairstyle("披肩长发");
    }
}
```

(5) DevilBuilder：恶魔角色建造者，充当具体建造者。

```java
//designpatterns.builder.DevilBuilder.java
package designpatterns.builder;

public class DevilBuilder extends ActorBuilder {
    public void buildType() {
        actor.setType("恶魔");
    }

    public void buildSex() {
        actor.setSex("妖");
    }

    public void buildFace() {
        actor.setFace("丑陋");
    }

    public void buildCostume() {
        actor.setCostume("黑衣");
    }

    public void buildHairstyle() {
        actor.setHairstyle("光头");
    }
}
```

(6) ActorController：角色控制器，充当指挥者。

```java
//designpatterns.builder.ActorController.java
package designpatterns.builder;
```

```java
public class ActorController {
    //逐步构建复杂产品对象
    public Actor construct(ActorBuilder ab) {
        Actor actor;
        ab.buildType();
        ab.buildSex();
        ab.buildFace();
        ab.buildCostume();
        ab.buildHairstyle();
        actor = ab.createActor();
        return actor;
    }
}
```

(7) 配置文件 config.xml，在配置文件中存储了具体建造者类的类名。

```xml
<?xml version = "1.0"?>
<config>
    <className>designpatterns.builder.AngelBuilder</className>
</config>
```

(8) XMLUtil：工具类。

```java
//designpatterns.builder.XMLUtil.java
package designpatterns.builder;

import javax.xml.parsers.*;
import org.w3c.dom.*;
import java.io.*;

public class XMLUtil {
    //该方法用于从 XML 配置文件中提取具体类的类名，并返回一个实例对象
    public static Object getBean() {
        try {
            //创建 DOM 文档对象
            DocumentBuilderFactory dFactory = DocumentBuilderFactory.newInstance();
            DocumentBuilder builder = dFactory.newDocumentBuilder();
            Document doc;
            doc = builder.parse(new File("src//designpatterns//builder//config.xml"));

            //获取包含类名的文本结点
            NodeList nl = doc.getElementsByTagName("className");
            Node classNode = nl.item(0).getFirstChild();
            String cName = classNode.getNodeValue();

            //通过类名生成实例对象并将其返回
            Class c = Class.forName(cName);
            Object obj = c.newInstance();
            return obj;
        }
        catch(Exception e) {
            e.printStackTrace();
            return null;
        }
    }
}
```

(9) Client：客户端测试类。

```java
//designpatterns.builder.Client.java
package designpatterns.builder;

public class Client {
    public static void main(String args[]) {
        ActorBuilder ab;                          //针对抽象建造者编程
        ab = (ActorBuilder)XMLUtil.getBean();     //反射生成具体建造者对象

        ActorController ac = new ActorController();
        Actor actor;
        actor = ac.construct(ab);                 //通过指挥者创建完整的建造者对象

        String type = actor.getType();
        System.out.println(type + "的外观：");
        System.out.println("性别：" + actor.getSex());
        System.out.println("面容：" + actor.getFace());
        System.out.println("服装：" + actor.getCostume());
        System.out.println("发型：" + actor.getHairstyle());
    }
}
```

4. 结果及分析

编译并运行程序，输出结果如下：

```
天使的外观：
性别：女
面容：漂亮
服装：白裙
发型：披肩长发
```

如果需要更换具体角色建造者，只需要修改配置文件，例如将配置文件改为：

```xml
<?xml version = "1.0"?>
<config>
    <className>designpatterns.builder.HeroBuilder</className>
</config>
```

再次运行程序，输出结果为：

```
英雄的外观：
性别：男
面容：英俊
服装：盔甲
发型：飘逸
```

当需要增加新的具体角色建造者时只需将新增具体角色建造者作为抽象角色建造者的子类，然后修改配置文件，源代码无须修改，完全符合开闭原则。

6.4 指挥者类的深入讨论

指挥者类 Director 是建造者模式的重要组成部分，简单的 Director 类用于指导具体建造者如何构建产品，它按一定次序调用 Builder 的 buildPartX() 方法，控制调用的先后次序，并向客户端返回一个完整的产品对象。下面讨论几种 Director 的变化形式。

1. 省略 Director

在有些情况下，为了简化系统结构，可以将 Director 和抽象建造者 Builder 进行合并，在 Builder 中提供逐步构建复杂产品对象的 construct() 方法。由于 Builder 类通常为抽象类，因此可以将 construct() 方法定义为静态 (static) 方法，以便客户端能够直接调用。如果将游戏角色实例中的指挥者类 ActorController 省略，ActorBuilder 类的代码修改如下：

```java
public abstract class ActorBuilder {
    protected static Actor actor = new Actor();

    public abstract void buildType();
    public abstract void buildSex();
    public abstract void buildFace();
    public abstract void buildCostume();
    public abstract void buildHairstyle();

    public static Actor construct(ActorBuilder ab) {
        ab.buildType();
        ab.buildSex();
        ab.buildFace();
        ab.buildCostume();
        ab.buildHairstyle();
        return actor;
    }
}
```

此时对应的客户端代码也将发生修改，代码片段如下：

```java
...
ActorBuilder ab;
ab = (ActorBuilder)XMLUtil.getBean();

Actor actor;
actor = ActorBuilder.construct(ab);
...
```

除此之外，还有一种更简单的处理方法，可以将 construct() 方法中的参数去掉，直接在 construct() 方法中调用 buildPartX() 方法，代码如下：

```java
public abstract class ActorBuilder {
    protected Actor actor = new Actor();

    public abstract void buildType();
    public abstract void buildSex();
    public abstract void buildFace();
    public abstract void buildCostume();
    public abstract void buildHairstyle();

    public Actor construct() {
        this.buildType();
        this.buildSex();
        this.buildFace();
        this.buildCostume();
        this.buildHairstyle();
        return actor;
    }
}
```

客户端代码片段如下：

```
…
ActorBuilder ab;
ab = (ActorBuilder)XMLUtil.getBean();

Actor actor;
actor = ab.construct();
…
```

此时，construct()方法定义了buildPartX()方法的调用次序，为buildPartX()方法的执行提供了一个流程模板，这与在后面将要学习的模板方法模式非常类似。

以上两种对Director类的省略方式都不影响系统的灵活性和可扩展性，同时还简化了系统结构，但加重了抽象建造者类的职责。如果construct()方法较为复杂，待构建产品的组成部分较多，建议还是将construct()方法单独封装在Director中，这样更符合单一职责原则。

2. 钩子方法的引入

建造者模式除了可以逐步构建一个复杂产品对象外，还可以通过Director类更加精细地控制产品的创建过程，例如增加一类称为钩子方法（Hook Method）的特殊方法来控制是否对某个buildPartX()进行调用。

钩子方法的返回类型通常为boolean类型，方法名一般为isXXX()，钩子方法定义在抽象建造者类中。例如可以在游戏角色的抽象建造者类ActorBuilder中定义一个方法isBareheaded()，用于判断某个角色是否为"光头（Bareheaded）"，在ActorBuilder为之提供一个默认实现，其返回值为false，代码如下：

```
public abstract class ActorBuilder {
    protected Actor actor = new Actor();

    public abstract void buildType();
    public abstract void buildSex();
    public abstract void buildFace();
    public abstract void buildCostume();
    public abstract void buildHairstyle();

    //钩子方法
    public boolean isBareheaded() {
        return false;
    }

    public Actor createActor() {
        return actor;
    }
}
```

如果某个角色无须构建头发部件，例如"恶魔（Devil）"，则对应的具体建造器DevilBuilder将覆盖isBareheaded()方法，并将返回值改为true，代码如下：

```
public class DevilBuilder extends ActorBuilder {
    public void buildType() {
        actor.setType("恶魔");
    }

    public void buildSex() {
```

```java
        actor.setSex("妖");
    }

    public void buildFace() {
        actor.setFace("丑陋");
    }

    public void buildCostume() {
        actor.setCostume("黑衣");
    }

    public void buildHairstyle() {
        actor.setHairstyle("光头");
    }

    //覆盖钩子方法
    public boolean isBareheaded() {
        return true;
    }
}
```

同时，指挥者类 ActorController 的代码修改如下：

```java
public class ActorController {
    public Actor construct(ActorBuilder ab) {
        Actor actor;
        ab.buildType();
        ab.buildSex();
        ab.buildFace();
        ab.buildCostume();
        //通过钩子方法来控制产品的构建
        if(!ab.isBareheaded()) {
            ab.buildHairstyle();
        }
        actor = ab.createActor();
        return actor;
    }
}
```

当在客户端代码中指定具体建造者类型并通过指挥者来实现产品的逐步构建时，将调用钩子方法 isBareheaded() 来判断游戏角色是否有头发，如果 isBareheaded() 方法返回 true，即没有头发，将跳过构建发型的方法 buildHairstyle()，否则将执行 buildHairstyle() 方法。通过引入钩子方法，可以在 Director 中对复杂产品的构建进行精细的控制，不仅指定 buildPartX() 方法的执行顺序，还可以控制是否需要执行某个 buildPartX() 方法。

6.5 建造者模式优缺点与适用环境

建造者模式的核心在于如何一步步构建一个包含多个组成部件的完整对象，使用相同的构建过程构建不同的产品。在软件开发中，如果需要创建复杂对象并希望系统具备很好的灵活性和可扩展性可以考虑使用建造者模式。

6.5.1 建造者模式优点

建造者模式的优点主要如下：

（1）在建造者模式中，客户端不必知道产品内部组成的细节，将产品本身与产品的创建过程解耦，使得相同的创建过程可以创建不同的产品对象。

（2）每一个具体建造者都相对独立，而与其他的具体建造者无关，因此可以很方便地替换具体建造者或增加新的具体建造者，用户使用不同的具体建造者即可得到不同的产品对象。由于指挥者类针对抽象建造者编程，增加新的具体建造者无须修改原有类库的代码，系统扩展方便，符合开闭原则。

（3）可以更加精细地控制产品的创建过程。将复杂产品的创建步骤分解在不同的方法中，使得创建过程更加清晰，也更方便使用程序来控制创建过程。

6.5.2 建造者模式缺点

建造者模式的缺点主要如下：

（1）建造者模式所创建的产品一般具有较多的共同点，其组成部分相似，如果产品之间的差异性很大，例如很多组成部分都不相同，不适合使用建造者模式，因此其使用范围受到一定的限制。

（2）如果产品的内部变化复杂，可能会导致需要定义很多具体建造者类来实现这种变化，导致系统变得很庞大，增加系统的理解难度和运行成本。

6.5.3 建造者模式适用环境

在以下情况下可以考虑使用建造者模式：

（1）需要生成的产品对象有复杂的内部结构，这些产品对象通常包含多个成员变量。

（2）需要生成的产品对象的属性相互依赖，需要指定其生成顺序。

（3）对象的创建过程独立于创建该对象的类。在建造者模式中通过引入指挥者类将创建过程封装在指挥者类中，而不在建造者类和客户类中。

（4）隔离复杂对象的创建和使用，并使得相同的创建过程可以创建不同的产品。

6.6 本章小结

建造者模式将一个复杂对象的构建与它的表示分离，使得同样的构建过程可以创建不同的表示。建造者模式是一种对象创建型模式。

建造者模式包含抽象建造者、具体建造者、产品和指挥者4个角色。其中，抽象建造者为创建一个产品对象的各个部件声明抽象接口；具体建造者实现了抽象建造者接口，实现各个部件的构造和装配方法，定义并明确它所创建的复杂对象，还可以提供一个方法返回创建好的复杂产品对象；产品角色是被构建的复杂对象，包含多个组成部件；指挥者负责安排复杂对象的建造次序，在其建造方法construct()中调用建造者对象的部件构造与装配方法，完成复杂对象的建造。

在建造者模式中引入了一个指挥者角色，它主要有两个作用：一方面可以隔离客户端与创建过程；另一方面可以控制产品对象的创建过程。

建造者模式的优点主要在于客户端不必知道产品内部组成的细节，将产品本身与产品的创建过程解耦，使得相同的创建过程可以创建不同的产品对象；可以很方便地替换具体建造者或增加新的具体建造者；还可以更加精细地控制产品的创建过程。其缺点主要在于建造者模式所创建的产品一般具有较多的共同点，其组成部分相似，如果产品之间的差异性很大，并不适合使用建造者模式；此外，如果产品的内部变化复杂，可能会导致需要定义很多具体建造者类来实现这种变化，导致系统变得很庞大，增加系统的理解难度和运行成本。

建造者模式适用于以下环境：需要生成的产品对象有复杂的内部结构，这些产品对象通常包含多个成员变量；需要生成的产品对象的属性相互依赖，需要指定其生成顺序；对象的创建过程独立于创建该对象的类；隔离复杂对象的创建和使用，并使得相同的创建过程可以创建不同的产品。

6.7 习题

1. 以下关于建造者模式的叙述错误的是（　　）。

A. 建造者模式将一个复杂对象的构建与它的表示分离，使得同样的构建过程可以创建不同的表示

B. 建造者模式允许用户只通过指定复杂对象的类型和内容就可以创建它们，而不需要知道内部的具体构建细节

C. 当需要创建的产品对象有复杂的内部结构时可以考虑使用建造者模式

D. 在建造者模式中，各个具体的建造者之间通常具有较强的依赖关系，可通过指挥者类组装成一个完整的产品对象返回给客户

2. 当需要创建的产品具有复杂的内部结构时，为了逐步构造完整的对象，并使得对象的创建更具灵活性，可以使用（　　）。

A. 抽象工厂模式　　B. 原型模式　　C. 建造者模式　　D. 单例模式

3. 关于建造者模式中的 Director 类的描述错误的是（　　）。

A. Director 类隔离了客户类及创建过程

B. 在建造者模式中客户类指导 Director 类去生成对象或者合成一些类，并逐步构造一个复杂对象

C. Director 类构建一个抽象建造者 Builder 子类的对象

D. Director 与抽象工厂模式中的工厂类类似，负责返回一个产品族中的所有产品

4. 计算机组装工厂可以将 CPU、内存、硬盘、主机、显示器等硬件设备组装在一起构成一台完整的计算机，且构成的计算机可以是笔记本，也可以是台式机，还可以是不提供显示器的服务器主机。对于用户而言，无须关心计算机的组成设备和组装过程，工厂返回给用户的是完整的计算机对象。使用建造者模式实现计算机组装过程，要求绘制类图并使用 Java 代码编程模拟实现。

5. 某软件公司要开发一个视频播放软件，为了给用户的使用提供方便，该播放软件提供多种界面显示模式，如完整模式、精简模式、记忆模式、网络模式等。在不同的显示模式下主界面的组成元素有所差异，如在完整模式下将显示菜单、播放列表、主窗口、控制条等，在精简模式下只显示主窗口和控制条，而在记忆模式下将显示主窗口、控制条、收藏列表等。试使用建造者模式设计该软件。

第7章

原型模式

本章导学

原型模式是一种特殊的创建型模式，它通过复制一个已有对象来获取更多相同或者相似的对象。原型模式可以提高相同类型对象的创建效率，简化创建过程。

本章将学习原型模式的工作原理和结构，学习如何通过 Java 语言来实现原型模式，理解浅克隆和深克隆这两种机制的异同，并通过实例学习如何实现浅克隆和深克隆。

本章知识点

- 原型模式的定义
- 原型模式的结构
- 浅克隆与深克隆
- 原型模式的实现
- 原型模式的应用
- 原型模式的优缺点
- 原型模式的适用环境
- 原型管理器

7.1 原型模式概述

《西游记》中孙悟空"拔毛变小猴"的故事几乎人人皆知，孙悟空可以用猴毛根据自己的形象复制出很多跟自己长得一模一样的"身外身"来，如图 7-1 所示。

图 7-1 孙悟空拔毛变小猴

孙悟空这种根据自己的形状复制（克隆）出多个身外身的技巧在面向对象软件设计领域被称为原型模式，孙悟空则被称为原型对象。在面向对象系统中也可以通过复制一个原型对象得到多个与原型对象一模一样的新对象，这就是原型模式的动机。

原型模式的定义如下：

> **原型模式**：使用原型实例指定待创建对象的类型，并且通过复制这个原型来创建新的对象。
>
> **Prototype Pattern**: Specify the kinds of objects to create using a prototypical instance, and create new objects by copying this prototype.

原型模式是一种对象创建型模式，它的工作原理很简单：将一个原型对象传给要发动创建的对象（即客户端对象），这个要发动创建的对象通过请求原型对象复制自己来实现创建过程。由于在软件系统中经常会遇到需要创建多个相同或者相似对象的情况，因此原型模式在软件开发中具有较高的使用频率。原型模式是一种"另类"的创建型模式，创建新对象（也称为克隆对象）的工厂就是原型类自身，工厂方法由负责复制原型对象的克隆方法来实现。

需要注意的是通过克隆方法所创建的对象是全新的对象，它们在内存中拥有新的地址，通常对克隆所产生的对象进行修改不会对原型对象造成任何影响，每一个克隆对象都是相互独立的。通过不同的方式对克隆对象进行修改以后，可以得到一系列相似但不完全相同的对象。

7.2 原型模式结构与实现

7.2.1 原型模式结构

原型模式的结构图如图7-2所示。

图7-2 原型模式结构图

由图7-2可知，原型模式包含以下3个角色。

（1）**Prototype（抽象原型类）**：它是声明克隆方法的接口，是所有具体原型类的公共父类，它可以是抽象类也可以是接口，甚至还可以是具体实现类。

（2）**ConcretePrototype（具体原型类）**：它实现在抽象原型类中声明的克隆方法，在克隆方法中返回自己的一个克隆对象。

（3）**Client（客户类）**：在客户类中，让一个原型对象克隆自身从而创建一个新的对象，只需要直接实例化或通过工厂方法等方式创建一个原型对象，再通过调用该对象的克隆方法即可得到多个相同的对象。由于客户类针对抽象原型类Prototype编程，因此用户可以根据需要选择具体原型类，系统具有较好的可扩展性，增加或更换具体原型类都很方便。

7.2.2 浅克隆与深克隆

根据在复制原型对象的同时是否复制包含在原型对象中引用类型的成员变量，原型模式的克隆机制分为两种，即浅克隆(Shallow Clone)和深克隆(Deep Clone)。

1. 浅克隆

在浅克隆中，如果原型对象的成员变量是值类型(如int、double、byte、boolean、char等基本数据类型)，将复制一份给克隆对象；如果原型对象的成员变量是引用类型(如类、接口、数组等复杂数据类型)，则将引用对象的地址复制一份给克隆对象，也就是说原型对象和克隆对象的成员变量指向相同的内存地址。简单来说，在浅克隆中，当原型对象被复制时只复制它本身和其中包含的值类型的成员变量，而引用类型的成员变量并没有复制，如图7-3所示。

图 7-3 浅克隆示意图

2. 深克隆

在深克隆中，无论原型对象的成员变量是值类型还是引用类型，都将复制一份给克隆对象，深克隆将原型对象的所有引用对象也复制一份给克隆对象。简单来说，在深克隆中，除了对象本身被复制外，对象所包含的所有成员变量也将被复制，如图7-4所示。

图 7-4 深克隆示意图

7.2.3 原型模式实现

实现原型模式的关键在于如何实现克隆方法，下面介绍两种在Java语言中常用的克隆实现方法。

1. 通用实现方法

通用的克隆实现方法是在具体原型类的克隆方法中实例化一个与自身类型相同的对象并将其返回，同时将相关的参数传入新创建的对象中，保证它们的成员变量相同。示意代码如下：

```java
public abstract class Prototype {
    public abstract Prototype clone();
}

public class ConcretePrototype extends Prototype {
    private String attr;                         //成员变量

    public void setAttr(String attr) {
        this.attr = attr;
    }

    public String getAttr() {
        return this.attr;
    }

    //克隆方法
    public Prototype clone() {
        Prototype prototype = new ConcretePrototype(); //创建新对象
        prototype.setAttr(this.attr);
        return prototype;
    }
}
```

在客户类中只需要创建一个 ConcretePrototype 对象作为原型对象，然后调用其 clone() 方法即可得到对应的克隆对象，例如：

```java
...
ConcretePrototype prototype = new ConcretePrototype();
prototype.setAttr("Sunny");
ConcretePrototype copy = (ConcretePrototype)prototype.clone();
...
```

此方法是原型模式的通用实现，它与编程语言本身的特性无关，其他面向对象编程语言也可以使用这种形式来实现对原型对象的克隆。

在原型模式的通用实现方法中，可通过手工编写 clone() 方法来实现浅克隆和深克隆。对于引用类型的对象，可以在 clone() 方法中通过赋值的方式来实现复制，这是一种浅克隆实现方案；如果在 clone() 方法中通过创建一个全新的成员对象来实现复制，则是一种深克隆实现方案。

2. Java 语言中的 clone() 方法和 Cloneable 接口

在 Java 语言中，所有的 Java 类均继承自 java.lang.Object 类，Object 类提供了一个 clone() 方法，可以将一个 Java 对象复制一份。因此在 Java 中可以直接使用 Object 提供的 clone() 方法来实现对象的浅克隆。

需要注意的是能够实现克隆的 Java 类必须实现一个标识接口 Cloneable，表示这个 Java 类支持被复制。如果一个类没有实现这个接口但是调用了 clone() 方法，Java 编译器将抛出一个 CloneNotSupportedException 异常。如下代码所示：

```java
public class ConcretePrototype implements Cloneable {
    ...
    public Prototype clone() {
        Object object = null;
        try {
```

```
        object = super.clone();      //浅克隆
    }
    catch (CloneNotSupportedException exception) {
            System.err.println("Not support cloneable");
    }
    return (Prototype) object;
}
…
}
```

在客户端创建原型对象和克隆对象也很简单，如下代码所示：

```
Prototype prototype = new ConcretePrototype();
Prototype copy = prototype.clone();
```

Java 语言中的 clone() 方法满足以下几点：

（1）对任何对象 x，都有 x.clone() != x，即克隆对象与原型对象不是同一个对象。

（2）对任何对象 x，都有 x.clone().getClass() == x.getClass()，即克隆对象与原型对象的类型一样。

（3）如果对象 x 的 equals() 方法定义恰当，那么 x.clone().equals(x) 应该成立。

为了获取对象的一个克隆，可以直接利用 Object 类的 clone() 方法，具体步骤如下：

（1）在派生类中覆盖基类的 clone() 方法，并声明为 public。

（2）在派生类的 clone() 方法中调用 super.clone()。

（3）派生类需实现 Cloneable 接口。

此时，Object 类相当于抽象原型类，所有实现了 Cloneable 接口的类相当于具体原型类。

7.3 原型模式应用实例

下面通过一个应用实例来进一步学习和理解原型模式。

1. 实例说明

在使用某 OA 系统时，有些岗位的员工发现他们每周的工作都大同小异，因此在填写工作周报时很多内容都是重复的，为了提高工作周报的创建效率，大家迫切希望有一种机制能够快速创建相同或者相似的周报，包括创建周报的附件。

试使用原型模式对该 OA 系统中的工作周报创建模块进行改进。

2. 实例类图

通过分析，本实例的结构图如图 7-5 所示。

在图 7-5 中，WeeklyLog 充当具体原型类，Object 类充当抽象原型类，Attachment 充当成员类，WeeklyLog 中的 clone() 方法为克隆方法，用于实现原型对象的克隆。

3. 实例代码

（1）Attachment：附件类。

```
//designpatterns.prototype.shallowclone.Attachment.java
package designpatterns.prototype.shallowclone;

public class Attachment {
```

图 7-5 工作周报创建模块结构图(浅克隆)

```java
private String name; //附件名

public void setName(String name) {
    this.name = name;
}

public String getName() {
    return this.name;
}

public void download() {
    System.out.println("下载附件，文件名为" + name);
}
}
```

(2) WeeklyLog：工作周报类，充当原型角色。在真实环境下该类将比较复杂，考虑到代码的可读性，在此只列出部分与模式相关的核心代码。

```java
//designpatterns.prototype.shallowclone.WeeklyLog.java
package designpatterns.prototype.shallowclone;

public class WeeklyLog implements Cloneable {
    //为了简化设计和实现，假设一份工作周报中只有一个附件对象，在实际情况中可以包含多个
    //附件，可以通过 List 等集合对象来实现
    private Attachment attachment;
    private String name;
    private String date;
    private String content;

    public void setAttachment(Attachment attachment) {
        this.attachment = attachment;
    }

    public void setName(String name) {
        this.name = name;
    }
```

```java
    public void setDate(String date) {
        this.date = date;
    }

    public void setContent(String content) {
        this.content = content;
    }

    public Attachment getAttachment() {
        return (this.attachment);
    }

    public String getName() {
        return (this.name);
    }

    public String getDate() {
        return (this.date);
    }

    public String getContent() {
        return (this.content);
    }

    //使用clone()方法实现浅克隆
    public WeeklyLog clone() {
        Object obj = null;
        try {
            obj = super.clone();
            return (WeeklyLog)obj;
        }

        catch(CloneNotSupportedException e) {
            System.out.println("不支持复制!");
            return null;
        }
    }
}
```

(3) Client：客户端测试类。

```java
//designpatterns.prototype.shallowclone.Client.java
package designpatterns.prototype.shallowclone;

public class Client {
    public static void main(String args[]) {
        WeeklyLog log_previous,log_new;
        log_previous = new WeeklyLog();          //创建原型对象
        Attachment attachment = new Attachment();  //创建附件对象
        log_previous.setAttachment(attachment);   //将附件添加到周报中
        log_new = log_previous.clone();           //调用克隆方法创建克隆对象
        //比较周报
        System.out.println("周报是否相同？ " + (log_previous == log_new));
        //比较附件
        System.out.println("附件是否相同？ " + (log_previous.getAttachment() == log_new.
getAttachment()));
    }
}
```

4. 结果及分析

编译并运行程序，输出结果如下：

```
周报是否相同？false
附件是否相同？true
```

从输出结果可以得知，在本实例中周报对象被成功复制，但是附件对象并没有被复制，实现了浅克隆。

5. 深克隆解决方案

为了能够在复制周报的同时也能够复制附件对象，需要采用深克隆机制。在Java语言中可以通过序列化(Serialization)等方式来实现深克隆。序列化就是将对象写到流的过程，写到流中的对象是原有对象的一个复制，而原对象仍然存在于内存中。通过序列化实现的复制不仅可以复制对象本身，而且可以复制其引用的成员对象，因此通过序列化将对象写到一个流中，再从流里将其读出来，可以实现深克隆。需要注意的是能够实现序列化的对象其类必须实现Serializable接口，否则无法实现序列化操作。

下面使用深克隆技术来实现工作周报和附件对象的复制，由于要将附件对象和工作周报对象都写入流中，因此两个类均需要实现Serializable接口，其结构图如图7-6所示。

图7-6 工作周报创建模块结构图(深克隆)

修改后的附件类Attachment的代码如下：

```java
//designpatterns.prototype.deepclone.Attachment.java
package designpatterns.prototype.deepclone;
import java.io.*;

public class Attachment implements Serializable {
    private String name; //附件名

    public void setName(String name) {
        this.name = name;
    }
}
```

```java
    public String getName() {
        return this.name;
    }

    public void download() {
        System.out.println("下载附件，文件名为" + name);
    }
}
```

工作周报类 WeeklyLog 不再使用 Java 自带的克隆机制，而是通过序列化从头实现对象的深克隆，编写 deepClone() 方法实现深克隆。修改后的 WeeklyLog 类的代码如下：

```java
//designpatterns.prototype.deepclone.WeeklyLog.java
package designpatterns.prototype.deepclone;
import java.io.*;

public class WeeklyLog implements Serializable {
    private Attachment attachment;
    private String name;
    private String date;
    private String content;

    public void setAttachment(Attachment attachment) {
        this.attachment = attachment;
    }

    public void setName(String name) {
        this.name = name;
    }

    public void setDate(String date) {
        this.date = date;
    }

    public void setContent(String content) {
        this.content = content;
    }

    public Attachment getAttachment() {
        return (this.attachment);
    }

    public String getName() {
        return (this.name);
    }

    public String getDate() {
        return (this.date);
    }

    public String getContent() {
        return (this.content);
    }

    //使用序列化技术实现深克隆
    public WeeklyLog deepClone() throws IOException,ClassNotFoundException,OptionalDataException {
        //将对象写入流中
```

```java
        ByteArrayOutputStream bao = new ByteArrayOutputStream();
        ObjectOutputStream oos = new ObjectOutputStream(bao);
        oos.writeObject(this);
        //将对象从流中取出
        ByteArrayInputStream bis = new ByteArrayInputStream(bao.toByteArray());
        ObjectInputStream ois = new ObjectInputStream(bis);
        return (WeeklyLog)ois.readObject();
    }
}
```

客户端测试类 Client 的代码修改如下：

```java
//designpatterns.prototype.deepclone.Client.java
package designpatterns.prototype.deepclone;

public class Client {
    public static void main(String args[]) {
        WeeklyLog log_previous, log_new = null;
        log_previous = new WeeklyLog();          //创建原型对象
        Attachment attachment = new Attachment();  //创建附件对象
        log_previous.setAttachment(attachment);   //将附件添加到周报中
        try {
            log_new = log_previous.deepClone();   //调用深克隆方法创建克隆对象
        }
        catch(Exception e) {
            System.err.println("克隆失败!");
        }
        //比较周报
        System.out.println("周报是否相同？" + (log_previous == log_new));
        //比较附件
        System.out.println("附件是否相同？" + (log_previous.getAttachment() == log_new.
getAttachment()));
    }
}
```

执行客户端测试类 Client，输出结果如下：

```
周报是否相同？false
附件是否相同？false
```

从输出结果可以得知，本实例中在成功复制周报对象的同时附件对象也被复制，实现了深克隆。

在上述深克隆实现代码中，首先使用序列化将当前对象写入流中，然后使用反序列化从流中获取对象。由于在序列化时一个对象的成员对象将伴随该对象一起被写入流中，在反序列化时将得到一个包含成员对象的新对象，因此可采用序列化和反序列化联用来实现深克隆。

7.4 原型管理器

原型管理器（Prototype Manager）将多个原型对象存储在一个集合中供客户端使用，它是一个专门负责克隆对象的工厂，其中定义了一个集合用于存储原型对象，如果需要某个原型对象的一个克隆，可以通过复制集合中对应的原型对象来获得。在原型管理器中针对抽象原型类进行编程，以便扩展，其结构图如图 7-7 所示。

图 7-7 带原型管理器的原型模式结构图

在图 7-7 中，典型的原型管理器 PrototypeManager 类的实现代码片段如下：

```java
import java.util.*;

public class PrototypeManager {
    private Hashtable prototypeTable = new Hashtable(); //使用 Hashtable 存储原型对象
    public PrototypeManager() {
        prototypeTable.put("A",new ConcretePrototypeA());
        prototypeTable.put("B",new ConcretePrototypeB());
    }

    public void add(String key,Prototype prototype) {
        prototypeTable.put(key,prototype);
    }

    public Prototype get(String key)
    {
        Prototype clone = null;
        clone = ((Prototype) prototypeTable.get(key)).clone(); //通过克隆方法创建新对象
        return clone;
    }
}
```

在实际开发中可以将 PrototypeManager 设计为单例类（第 8 章将学习如何设计单例类），确保系统中有且仅有一个 PrototypeManager 对象，这样既有利于节省系统资源，还可以更好地对原型管理器对象进行控制。

7.5 原型模式优缺点与适用环境

原型模式作为一种快速创建大量相同或相似对象的方式，在软件开发中的应用较为广泛，很多软件提供的复制(Ctrl+C)和粘贴(Ctrl+V)操作就是原型模式的典型应用。

7.5.1 原型模式优点

原型模式的优点主要如下：

（1）当创建新的对象实例较为复杂时，使用原型模式可以简化对象的创建过程，通过复制一个已有实例可以提高新实例的创建效率。

（2）扩展性较好，由于在原型模式中提供了抽象原型类，在客户端可以针对抽象原型类进行编程，而将具体原型类写在配置文件中，增加或减少产品类对原有系统没有任何影响。

(3）原型模式提供了简化的创建结构，工厂方法模式常常需要有一个与产品类等级结构相同的工厂等级结构，而原型模式就不需要这样，原型模式中产品的复制是通过封装在原型类中的克隆方法实现的，无须专门的工厂类来创建产品。

（4）可以使用深克隆的方式保存对象的状态，使用原型模式将对象复制一份并将其状态保存起来，以便在需要的时候使用（例如恢复到某一历史状态），可辅助实现撤销操作。

7.5.2 原型模式缺点

原型模式的缺点主要如下：

（1）需要为每一个类配备一个克隆方法，而且该克隆方法位于一个类的内部，当对已有的类进行改造时需要修改源代码，违背了开闭原则。

（2）在实现深克隆时需要编写较为复杂的代码，而且当对象之间存在多重的嵌套引用时，为了实现深克隆，每一层对象对应的类都必须支持深克隆，实现起来可能会比较麻烦。

7.5.3 原型模式适用环境

在以下情况下可以考虑使用原型模式：

（1）创建新对象成本较大（例如初始化需要占用较长的时间、占用太多的CPU资源或网络资源），新对象可以通过复制已有对象来获得，如果是相似对象，则可以对其成员变量稍作修改。

（2）系统要保存对象的状态，而对象的状态变化很小。

（3）需要避免使用分层次的工厂类来创建分层次的对象，并且类的实例对象只有一个或很少的几个组合状态，通过复制原型对象得到新实例可能比使用构造函数创建一个新实例更加方便。

7.6 本章小结

在原型模式中，使用原型实例指定待创建对象的类型，并且通过复制这个原型来创建新的对象。原型模式是一种对象创建型模式。

原型模式包含抽象原型类、具体原型类和客户类3个角色。其中，抽象原型类是声明克隆方法的接口，是所有具体原型类的公共父类；具体原型类实现在抽象原型类中声明的克隆方法，在克隆方法中返回自己的一个克隆对象。

根据在复制原型对象的同时是否复制包含在原型对象中引用类型的成员变量，原型模式的克隆机制可分为浅克隆和深克隆。在浅克隆中，当原型对象被复制时只复制它本身和其中包含的值类型的成员变量，引用类型的成员变量并没有复制；在深克隆中，除了对象本身被复制外，对象所包含的所有成员变量也将被复制。

在Java语言中可以直接使用Object提供的clone()方法来实现对象的克隆，能够实现克隆的Java类必须实现一个标识接口Cloneable，表示这个Java类支持复制。

原型模式的优点主要是当待创建的对象实例较为复杂时可以简化对象的创建过程，通过复制一个已有实例可以提高新实例的创建效率，而且具有较好的扩展性；其缺点主要在于需要为每一个类配备一个克隆方法，因此在对已有类进行改造时比较麻烦，需要修改源代码，并且在实现深克隆时需要编写较为复杂的代码。

原型模式适用于以下环境：创建新对象成本较大，新对象可以通过复制已有对象来获得；系统要保存对象的状态，而对象的状态变化很小；需要避免使用分层次的工厂类来创建分层次的对象，并且类的实例对象只有一个或很少的几个组合状态，通过复制原型对象得到新实例可能比使用构造函数创建一个新实例更加方便。

原型管理器将多个原型对象存储在一个集合中供客户端使用，它是一个专门负责克隆对象的工厂，其中定义了一个集合用于存储原型对象，如果需要某个原型对象的一个克隆，可以通过复制集合中对应的原型对象来获得。

7.7 习题

1. 关于 Java 语言中的 clone() 方法，以下叙述有误的一项是（　　）。

A. 对于对象 x，都有 x.clone() == x

B. 对于对象 x，都有 x.clone().getClass() == x.getClass()

C. 对于对象 x 的成员对象 member，都有 x.clone().getMember() == x.getMember()

D. 对于对象 x 的成员对象 member，都有 x.clone().getMember().getClass() == x.getMember().getClass()

2. 以下关于原型模式的叙述错误的是（　　）。

A. 原型模式通过给出一个原型对象来指明所要创建的对象的类型，然后用复制这个原型对象的办法创建出更多同类型的对象

B. 浅克隆仅仅复制所考虑的对象，而不复制它所引用的对象，也就是其中的成员对象并不复制

C. 在原型模式中实现深克隆时通常需要编写较为复杂的代码

D. 在原型模式中不需要为每一个类配备一个克隆方法，因此对于原型模式的扩展很灵活，对于已有类的改造也较为容易

3. 某公司要开发一个即时聊天软件，用户在聊天过程中可以与多位好友同时聊天，在私聊时将产生多个聊天窗口，为了提高聊天窗口的创建效率，要求根据第一个窗口快速创建其他窗口。针对这种需求，采用（　　）进行设计最为合适。

A. 享元模式　　B. 单例模式　　C. 原型模式　　D. 组合模式

4. 某数据处理软件需要增加一个图表复制功能，在图表（DataChart）对象中包含一个数据集（DataSet）对象，数据集对象用于封装待显示的数据，用户可以通过界面上的"复制"按钮将该图表复制一份，复制后即可得到新的图表对象，然后可以修改新图表的编号、颜色和数据。试使用原型模式设计该软件并使用 Java 语言模拟深克隆实现。

5. 某公司要创建一个公文管理器，在公文管理器中提供一个集合对象来存储一些常用的公文模板，用户可以通过复制这些公文模板快速创建新的公文。试使用带有原型管理器的原型模式来设计该公文管理器并使用 Java 代码编程模拟。

6. 请为某销售管理系统设计并实现一个客户类 Customer，在客户类中包含一个名为客户地址的成员变量，客户地址的类型为 Address，用浅克隆和深克隆分别实现 Customer 对象的复制并比较这两种克隆方式的异同。

第8章

单例模式

扫一扫

视频讲解

本章导学

单例模式是结构最简单的设计模式，在它的核心结构中只包含一个被称为单例类的特殊类。通过单例模式可以确保系统中的一个类只有一个实例而且该实例易于被外界访问，从而方便对实例个数进行控制，节约系统资源。

本章将学习如何使用单例模式来确保系统中某个类的实例对象的唯一性，学习单例模式的实现方式以及如何在实际项目开发中合理地使用单例模式。

本章知识点

- 单例模式的定义
- 单例模式的结构
- 单例模式的实现
- 单例模式的应用
- 单例模式的优缺点
- 单例模式的适用环境
- 懒汉式单例和饿汉式单例
- 双重检查锁定

8.1 单例模式概述

对于一个软件系统中的某些类而言，只有一个实例很重要，例如一个系统只能有一个窗口管理器或文件系统，一个系统只能有一个计时工具或ID(序号)生成器等。在Windows操作系统中就只能打开一个任务管理器窗口，如图8-1所示。如果不使用机制对窗口对象进行唯一化，势必会弹出多个窗口。如果这些窗口显示的内容完全一致，则是重复对象，浪费内存资源；如果这些窗口显示的内容不一致，则意味着在某一瞬间系统有多个状态，与实际不符，也会给用户带来误解，不知道哪一个才是真实的状态。因此有时确保系统中某个对象的唯一性(即一个类只能有一个实例)非常重要。

图 8-1 Windows 任务管理器

如何保证一个类只有一个实例并且这个实例易于被访问呢？定义一个统一的全局变量可以确

保对象随时都可以被访问,但不能防止创建多个对象。一个更好的解决办法是让类自身负责创建和保存它的唯一实例,并保证不能创建其他实例,它还提供一个访问该实例的方法,这就是单例模式的动机。

单例模式的定义如下:

> **单例模式**:确保一个类只有一个实例,并提供一个全局访问点来访问这个唯一实例。
>
> **Singleton Pattern**: Ensure a class has only one instance, and provide a global point of access to it.

单例模式是一种对象创建型模式。单例模式有3个要点:一是某个类只能有一个实例;二是它必须自行创建这个实例;三是它必须自行向整个系统提供这个实例。

8.2 单例模式结构与实现

8.2.1 单例模式结构

单例模式是结构最简单的设计模式,它只包含一个类,即单例类。单例模式的结构图如图 8-2 所示。

由图 8-2 可知,单例模式只包含一个单例角色,也就是 Singleton。

对于 Singleton(单例),在单例类的内部创建它的唯一实例,并通过静态方法 getInstance() 让客户端可以使用它的唯一实例;为了防止在外部对单例类实例化,将其构造函数的可见性设为 private;在单例类内部定义了一个 Singleton 类型的静态对象作为供外部共享访问的唯一实例。

图 8-2 单例模式结构图

8.2.2 单例模式实现

单例模式的目的是保证一个类有且仅有一个实例,并提供一个访问它的全局访问点。单例模式包含的角色只有一个,也就是单例类 Singleton。单例类拥有一个私有构造函数,确保用户无法通过 new 关键字直接实例化它。除此之外,在单例类中还包含一个静态私有成员变量与静态公有的工厂方法,该工厂方法负责检验实例的存在性并实例化自己,然后存储在静态成员变量中,以确保只有一个实例被创建。

通常,单例模式的实现代码如下:

```
public class Singleton {
    private static Singleton instance = null; //静态私有成员变量

    //私有构造函数
    private Singleton() {
    }

    //静态公有工厂方法,返回唯一实例
```

```java
    public static Singleton getInstance() {
        if(instance == null)
            instance = new Singleton();
        return instance;
    }
}
```

为了测试单例类所创建对象的唯一性，可以编写以下客户端测试代码：

```java
public class Client {
    public static void main(String args[]) {
        Singleton s1 = Singleton.getInstance();
        Singleton s2 = Singleton.getInstance();
        //判断两个对象是否相同
        if (s1 == s2) {
            System.out.println("两个对象是相同实例.");
        }
        else {
            System.out.println("两个对象是不同实例.");
        }
    }
}
```

编译代码并运行，输出结果为：

两个对象是相同实例。

这说明两次调用 getInstance()时所获取的对象是同一实例对象，且无法在外部对 Singleton 进行实例化，因此确保系统中只有唯一的一个 Singleton 对象。

在单例模式的实现过程中需要注意以下 3 点：

（1）单例类构造函数的可见性为 private。

（2）提供一个类型为自身的静态私有成员变量。

（3）提供一个公有的静态工厂方法。

8.3 单例模式应用实例

下面通过一个应用实例来进一步学习和理解单例模式。

1. 实例说明

某软件公司承接了一个服务器负载均衡(Load Balance)软件的开发工作，该软件运行在一台负载均衡服务器上，可以将并发访问和数据流量分发到服务器集群中的多台设备上进行并发处理，提高系统的整体处理能力，缩短响应时间。由于集群中的服务器需要动态删减，且客户端请求需要统一分发，因此需要确保负载均衡器的唯一性，只能有一个负载均衡器来负责服务器的管理和请求的分发，否则将会带来服务器状态的不一致以及请求分配冲突等问题。如何确保负载均衡器的唯一性是该软件成功的关键，试使用单例模式设计服务器负载均衡器。

2. 实例类图

通过分析，本实例的结构图如图 8-3 所示。

图 8-3 服务器负载均衡器结构图

在图 8-3 中，将负载均衡器 LoadBalancer 设计为单例类，其中包含一个存储服务器信息的集合 serverList，每次在 serverList 中随机选择一台服务器来响应客户端的请求。

3. 实例代码

（1）LoadBalancer：负载均衡器类，充当单例角色。在真实环境下该类将非常复杂，包括大量初始化的工作和业务方法，考虑到代码的可读性和易理解性，此外只列出部分与模式相关的核心代码。

```java
//designpatterns.singleton.LoadBalancer.java
package designpatterns.singleton;
import java.util.*;

public class LoadBalancer {
    //私有静态成员变量，存储唯一实例
    private static LoadBalancer instance = null;
    //服务器集合
    private List serverList = null;

    //私有构造函数
    private LoadBalancer() {
        serverList = new ArrayList();
    }

    //公有静态成员方法，返回唯一实例
    public static LoadBalancer getLoadBalancer() {
        if (instance == null) {
            instance = new LoadBalancer();
        }
        return instance;
    }

    //增加服务器
    public void addServer(String server) {
        serverList.add(server);
    }

    //删除服务器
    public void removeServer(String server) {
        serverList.remove(server);
    }

    //使用 Random 类随机获取服务器
```

```java
    public String getServer() {
            Random random = new Random();
            int i = random.nextInt(serverList.size());
            return (String)serverList.get(i);
    }
}
```

(2) Client：客户端测试类。

```java
//designpatterns.singleton.Client.java
package designpatterns.singleton;

public class Client {
    public static void main(String args[]) {
        //创建 4 个 LoadBalancer 对象
        LoadBalancer balancer1,balancer2,balancer3,balancer4;
        balancer1 = LoadBalancer.getLoadBalancer();
        balancer2 = LoadBalancer.getLoadBalancer();
        balancer3 = LoadBalancer.getLoadBalancer();
        balancer4 = LoadBalancer.getLoadBalancer();

        //判断服务器负载均衡器是否相同
        if (balancer1 == balancer2 && balancer2 == balancer3 && balancer3 == balancer4) {
            System.out.println("服务器负载均衡器具有唯一性!");
        }

        //增加服务器
        balancer1.addServer("Server 1");
        balancer1.addServer("Server 2");
        balancer1.addServer("Server 3");
        balancer1.addServer("Server 4");

        //模拟客户端请求的分发,如果输出结果为同一个 server,可以将 i 适当放大
        //例如改为"i < 100"
        for (int i = 0; i < 10; i++) {
            String server = balancer1.getServer();
            System.out.println("分发请求至服务器：" + server);
        }
    }
}
```

4. 运行结果及分析

编译并运行程序，输出结果如下：

```
服务器负载均衡器具有唯一性！
分发请求至服务器：Server 1
分发请求至服务器：Server 4
分发请求至服务器：Server 4
分发请求至服务器：Server 1
分发请求至服务器：Server 2
分发请求至服务器：Server 2
分发请求至服务器：Server 1
分发请求至服务器：Server 4
分发请求至服务器：Server 3
分发请求至服务器：Server 2
```

虽然创建了 4 个 LoadBalancer 对象，但是它们实际上是同一个对象，因此通过使用单

例模式可以确保 LoadBalancer 对象的唯一性。

8.4 饿汉式单例与懒汉式单例

1. 饿汉式单例类

饿汉式单例类(Eager Singleton)是实现起来最简单的单例类，饿汉式单例类结构图如图 8-4 所示。

图 8-4 饿汉式单例类结构图

从图 8-4 中可以看出，由于在定义静态变量的时候实例化单例类，因此在类加载时单例对象就已创建，代码如下：

```java
public class EagerSingleton {
    private static final EagerSingleton instance = new EagerSingleton();
    private EagerSingleton() { }

    public static EagerSingleton getInstance() {
        return instance;
    }
}
```

当类被加载时，静态变量 instance 会被初始化，此时类的私有构造函数会被调用，单例类的唯一实例将被创建。

2. 懒汉式单例类与双重检查锁定

与饿汉式单例类相同的是，懒汉式单例类(Lazy Singleton)的构造函数也是私有的。与饿汉式单例类不同的是，懒汉式单例类在第一次被引用时将自己实例化，在懒汉式单例类被加载时不会将自己实例化。懒汉式单例类的结构图如图 8-5 所示。

图 8-5 懒汉式单例类结构图

从图 8-5 中可以看出，懒汉式单例在第一次调用 getInstance() 方法时实例化，在类加载时并不自行实例化，这种技术又称为延迟加载(Lazy Load)技术，即需要的时候再加载实例。为了避免多个线程同时调用 getInstance() 方法，可以使用关键字 synchronized，代码如下：

```java
public class LazySingleton {
    private static LazySingleton instance = null;

    private LazySingleton() { }

    //使用 synchronized 关键字对方法加锁，确保任意时刻只有一个线程可执行该方法
    synchronized public static LazySingleton getInstance() {
        if (instance == null) {
            instance = new LazySingleton();
        }
        return instance;
    }
}
```

在上述懒汉式单例类中，在 getInstance() 方法前面增加了关键字 synchronized 进行线程锁定，以处理多个线程同时访问的问题。上述代码虽然解决了线程安全问题，但是每次调用 getInstance() 时都需要进行线程锁定判断，在多线程高并发访问环境中将会导致系统性能大大降低。因此可以继续对懒汉式单例进行改进，通过分析不难发现无须对整个 getInstance() 方法进行锁定，只需对其中的代码"instance = new LazySingleton();"进行锁定即可。getInstance() 方法可以进行如下改进：

```java
...
public static LazySingleton getInstance() {
    if (instance == null) {
        synchronized (LazySingleton.class) {
            instance = new LazySingleton();
        }
    }
    return instance;
}
...
```

问题貌似得以解决，事实并非如此。如果使用以上代码来实现单例类，还是会存在单例对象不唯一的情况。原因如下：

假如在某一瞬间线程 A 和线程 B 都在调用 getInstance() 方法，此时 instance 对象为 null 值，均能通过"instance == null"的判断。由于实现了 synchronized 加锁机制，线程 A 进入 synchronized 锁定的代码中执行实例创建代码，线程 B 处于排队等待状态，必须等待线程 A 执行完毕后才可以进入 synchronized 锁定的代码。但当 A 执行完毕时线程 B 并不知道实例已经创建，将继续创建新的实例，导致产生多个单例对象，违背了单例模式的设计思想，因此需要进一步改进，在 synchronized 中再进行一次"instance == null"判断，这种方式称为双重检查锁定(Double-Check Locking)。使用双重检查锁定实现的懒汉式单例类的完整代码如下：

```java
public class LazySingleton {
    private volatile static LazySingleton instance = null;

    private LazySingleton() { }

    public static LazySingleton getInstance() {
```

```
//第一重判断
if (instance == null) {
    //锁定代码块
    synchronized (LazySingleton.class) {
        //第二重判断
        if (instance == null) {
            instance = new LazySingleton(); //创建单例实例
        }
    }
}
return instance;
```

需要注意的是，如果使用双重检查锁定来实现懒汉式单例类，需要在静态成员变量instance之前增加修饰符volatile，被volatile修饰的成员变量可以确保多个线程都能够正确处理，且该代码只能在JDK 1.5及以上版本中才能正确执行。由于volatile关键字会屏蔽Java虚拟机所做的一些代码优化，可能会导致系统的运行效率降低，因此即使使用双重检查锁定来实现单例模式也不是一种完美的实现方式。

3. 饿汉式单例类与懒汉式单例类的比较

饿汉式单例类在类被加载时就将自己实例化，它的优点在于无须考虑多个线程同时访问的问题，可以确保实例的唯一性；从调用速度和反应时间角度来讲，由于单例对象一开始就得以创建，因此更优于懒汉式单例。但是无论系统在运行时是否需要使用该单例对象，由于在类加载时该对象就需要创建，因此从资源利用效率角度来讲饿汉式单例不及懒汉式单例，而且在系统加载时由于需要创建饿汉式单例对象，加载时间可能会比较长。

懒汉式单例类在第一次使用时创建，无须一直占用系统资源，实现了延迟加载，但是必须处理多个线程同时访问的问题，特别是当单例类作为资源控制器，在实例化时必然涉及资源初始化，而资源初始化很有可能耗费大量时间，这意味着出现多线程同时首次引用此类的概率变得较大，需要通过双重检查锁定等机制进行控制，这将导致系统性能受到一定影响。

8.5 使用静态内部类和枚举实现单例模式

饿汉式单例类不能实现延迟加载，不管将来用不用始终占据内存；懒汉式单例类线程安全控制烦琐，而且性能受影响。可见，无论是饿汉式单例还是懒汉式单例都存在一些问题。为了克服这些问题，在Java语言中还可以通过静态内部类和枚举来实现单例模式。

1. 使用静态内部类实现单例模式

单例模式的静态内部类实现又称为Initialization on Demand Holder（IoDH）。在IoDH中，需要在单例类中增加一个静态（static）内部类，在该内部类中创建单例对象，再将该单例对象通过getInstance()方法返回给外部使用，实现代码如下：

```
//Initialization onDemand Holder (IoDH)
public class Singleton {
    private Singleton() {
    }
```

```java
    //静态内部类
    private static class HolderClass {
        private final static Singleton instance = new Singleton();
    }

    public static Singleton getInstance() {
        return HolderClass.instance;
    }

    public static void main(String args[]) {
        Singleton s1, s2;
        s1 = Singleton.getInstance();
        s2 = Singleton.getInstance();
        System.out.println(s1 == s2);
    }
}
```

编译并运行上述代码，运行结果为 true，即创建的单例对象 s1 和 s2 为同一对象。由于静态单例对象没有作为 Singleton 的成员变量直接实例化，因此类加载时不会实例化 Singleton，第一次调用 getInstance()时将加载内部类 HolderClass，在该内部类中定义了一个 static 类型的变量 instance，此时会首先初始化这个成员变量，由 Java 虚拟机来保证其线程安全性，确保该成员变量只能初始化一次。由于 getInstance()方法没有任何线程锁定，因此其性能不会造成任何影响。

通过使用 IoDH，既可以实现延迟加载，又可以保证线程安全，不影响系统性能，不失为一种较好的 Java 语言单例模式实现方式；其缺点是与编程语言本身的特性相关，很多面向对象语言并不支持 IoDH，此外使用 IoDH 不能防止使用克隆、反射和反序列化来生成多个单例对象。

2. 使用枚举实现单例模式

为了防止用户通过克隆、反射和反序列化来创建多个单例对象，在 Java 语言中提供了一种更好的单例模式实现方案：枚举（Enumeration）实现单例模式。

枚举是在 JDK1.5 以及以后版本中增加的一个"语法糖"，它主要用于维护一些实例对象固定的类。例如一年有四个季节，可以将季节定义为一个枚举类型，然后在其中定义春、夏、秋、冬四个季节的枚举类型的实例对象。按照 Java 语言的命名规范，通常枚举的实例对象全部采用大写字母定义，这一点与 Java 里面的常量是相同的。因为 Java 虚拟机会保证枚举对象的唯一性，因此每一个枚举类型和定义的枚举变量在 JVM 中都是唯一的。单例模式枚举实现代码如下：

```java
//Enumeration implementation
public enum Singleton {
    INSTANCE;
    public void businessMethod() {
        System.out.println("这是一个单例对象!");
    }
}
```

在上面的代码中定义了一个枚举类型 Singleton，并在其中定义了一个枚举变量 INSTANCE，同时还提供了业务方法 businessMethod()。编写客户端代码如下：

```java
public class Client {
    public static void main(String[] args) {
        Singleton s1 = Singleton.INSTANCE;
        Singleton s2 = Singleton.INSTANCE;
        System.out.println(s1 == s2);
        s1.businessMethod();
    }
}
```

在 main() 函数中，通过 Singleton.INSTANCE 获得两个对象 s1 和 s2，然后比较 s1 是否等于 s2，输出结果为 true，说明 s1 和 s2 是同一个对象，所得到的对象具有唯一性。

由于单例模式的枚举实现代码比较简单，而且又可以利用 Java 枚举的特性来解决线程安全和单一实例的问题，还可以防止反射和反序列化对单例的破坏，因此是一种非常好的单例模式实现方法。

8.6 单例模式优缺点与适用环境

单例模式作为一种目标明确、结构简单、理解容易的设计模式，在软件开发中的使用频率相当高，在很多应用软件和框架中都得以广泛应用。

8.6.1 单例模式优点

单例模式的优点主要如下：

（1）单例模式提供了对唯一实例的受控访问。因为单例类封装了它的唯一实例，所以它可以严格控制客户怎样以及何时访问它。

（2）由于在系统内存中只存在一个对象，因此可以节约系统资源，对于一些需要频繁创建和销毁的对象，单例模式无疑可以提高系统的性能。

（3）允许可变数目的实例。基于单例模式可以进行扩展，使用与控制单例对象相似的方法来获得指定个数的实例对象，既节省系统资源，又解决了由于单例对象共享过多有损性能的问题。（注：自行提供指定数目实例对象的类可称为多例类。）

8.6.2 单例模式缺点

单例模式的缺点主要如下：

（1）由于单例模式中没有抽象层，因此单例类的扩展有很大的困难。

（2）单例类的职责过重，在一定程度上违背了单一职责原则。因为单例类既提供了业务方法，又提供了创建对象的方法（工厂方法），将对象的创建和对象本身的功能耦合在一起。

（3）现在很多面向对象语言（如 Java、C#）的运行环境都提供了自动垃圾回收技术，因此如果实例化的共享对象长时间不被利用，系统会认为它是垃圾，会自动销毁并回收资源，下次利用时又将重新实例化，这将导致共享的单例对象状态的丢失。

8.6.3 单例模式适用环境

在以下情况下可以考虑使用单例模式：

（1）系统只需要一个实例对象，例如系统要求提供一个唯一的序列号生成器或资源管理器，或者因为资源消耗太大而只允许创建一个对象。

（2）客户调用类的单个实例只允许使用一个公共访问点，除了该公共访问点，不能通过其他途径访问该实例。

8.7 本章小结

单例模式确保某一个类只有一个实例，而且自行实例化并向整个系统提供这个实例，这个类称为单例类，它提供全局访问的方法。单例模式是一种对象创建型模式。

单例模式只包含一个单例角色。单例类的构造函数为私有，它提供一个自身的静态私有成员变量和一个公有的静态工厂方法。

单例模式的优点主要在于提供了对唯一实例的受控访问并可以节约系统资源；其缺点主要在于因为缺少抽象层而难以扩展，且单例类职责过重，将太多功能耦合在一起。

单例模式适用于以下环境：系统只需要一个实例对象；客户调用类的单个实例只允许使用一个公共访问点。

饿汉式单例在类加载的时候创建唯一实例，懒汉式单例在第一次调用静态工厂方法时创建唯一实例。

在懒汉式单例类中为了确保线程安全，避免创建多个单例对象，需要使用双重检查锁定机制对单例对象的创建进行控制。

自测题

8.8 习题

1. 在（　　）时可使用单例模式。
   A. 隔离菜单项对象的创建和使用
   B. 防止一个资源管理器窗口被实例化多次
   C. 使用一个已有的查找算法而不想修改既有代码
   D. 不能创建子类，需要扩展一个数据过滤类

2. 以下关于单例模式的描述正确的是（　　）。
   A. 它描述了只有一个方法的类的集合
   B. 它能够保证一个类只产生一个唯一的实例
   C. 它描述了只有一个属性的类的集合
   D. 它能够保证一个类的方法只能被一个唯一的类调用

3. 以下（　　）不是单例模式的要点。
   A. 某个类只能有一个实例　　　　B. 单例类不能被继承
   C. 必须自行创建单个实例　　　　D. 必须自行向整个系统提供单个实例

4. 分析并理解饿汉式单例与懒汉式单例的异同。

5. 什么是双重检查锁定？为什么要进行双重检查锁定？Java 如何实现双重检查锁定？

6. 分别采用双重检查锁定和 IoDH 方式实现 8.3 节的负载均衡器。

7. 使用单例模式设计一个多文档窗口（注：在 Java AWT/Swing 开发中可使用

JDesktopPane 和 JInternalFrame 来实现），要求在主窗体中某个内部子窗体只能实例化一次，即只能弹出一个相同的子窗体，如图 8-6 所示，编程实现该功能。

图 8-6 多文档窗口示意图

8．某软件公司开发人员要创建一个数据库连接池，将指定个数的（如两个或三个）数据库连接对象存储在连接池中，客户端代码可以从池中随机取一个连接对象来连接数据库。试通过对单例类进行改造，设计一个能够自行提供指定个数实例对象的数据库连接类并用 Java 代码编程模拟。

第三部分

第9章

适配器模式

本章导学

结构型模式关注如何将现有类或对象组织在一起形成更加强大的结构，在 GoF 设计模式中包含 7 种结构型设计模式，它们适用于不同的环境，使用不同的方式组合类与对象，使之可以协同工作。

适配器模式是一种使用频率非常高的结构型设计模式，如果在系统中存在不兼容的接口，可以通过引入一个适配器来使原本因为接口不兼容而不能一起工作的两个类能够协同工作。

本章将对 7 种结构型模式进行简要的介绍，学习适配器模式的定义，掌握类适配器模式和对象适配器模式的结构与实现方式，并结合实例学习如何在实际软件项目开发中应用适配器模式，还将学习缺省适配器模式和双向适配器模式等适配器模式的扩展形式。

本章知识点

- 结构型模式
- 适配器模式的定义
- 适配器模式的结构
- 适配器模式的实现
- 适配器模式的应用
- 适配器模式的优缺点
- 适配器模式的适用环境
- 缺省适配器模式
- 双向适配器

9.1 结构型模式

在面向对象软件系统中，每个类/对象都承担了一定的职责，它们可以相互协作，实现一些复杂的功能。结构型模式（Structural Pattern）关注如何将现有类或对象组织在一起形成更加强大的结构。不同的结构型模式从不同的角度来组合类或对象，它们在尽可能满足各种面向对象设计原则的同时为类或对象的组合提供一系列巧妙的解决方案。

结构型模式可以描述两种不同的东西——类与类的实例（即对象）。根据这一点，结构型模式可以分为类结构型模式和对象结构型模式。类结构型模式关心类的组合，由多个类可以组合成一个更大的系统，在类结构型模式中一般只存在继承关系和实现关系；而对象结构型模式关心类与对象的组合，通过关联关系在一个类中定义另一个类的实例对象，然后通过该对象调用相应的方法。根据合成复用原则，在系统中尽量使用关联关系来替代继承关系，因此大部分结构型模式都是对象结构型模式。

在GoF设计模式中包含7种结构型模式，它们的名称、定义、学习难度和使用频率如表9-1所示。

表9-1 结构型模式一览表

模式名称	定义	学习难度	使用频率
适配器模式（Adapter Pattern）	将一个类的接口转换成客户希望的另一个接口。适配器模式让那些接口不兼容的类可以一起工作	★★☆☆☆	★★★★☆
桥接模式（Bridge Pattern）	将抽象部分与它的实现部分解耦，使得两者都能够独立变化	★★★☆☆	★★★☆☆
组合模式（Composite Pattern）	组合多个对象形成树形结构以表示具有部分-整体关系的层次结构。组合模式让客户端可以统一对待单个对象和组合对象	★★★☆☆	★★★★☆
装饰模式（Decorator Pattern）	动态地给一个对象增加一些额外的职责。就扩展功能而言，装饰模式提供了一种比使用子类更加灵活的替代方案	★★★☆☆	★★★☆☆
外观模式（Facade Pattern）	为子系统中的一组接口提供一个统一的入口。外观模式定义了一个高层接口，这个接口使得这一子系统更加容易使用	★☆☆☆☆	★★★★★
享元模式（Flyweight Pattern）	运用共享技术有效地支持大量细粒度对象的复用	★★★★☆	★☆☆☆☆
代理模式（Proxy Pattern）	给某一个对象提供一个代理或占位符，并由代理对象来控制对原对象的访问	★★★☆☆	★★★★☆

9.2 适配器模式概述

众所周知，我们国家的生活用电的电压是220V，而笔记本电脑、手机等电子设备的工作电压没有这么高，为了使笔记本电脑、手机等设备可以使用220V的生活用电，就需要使用电源适配器（AC Adapter），也就是人们常说的充电器或变压器，有了这个电源适配器，原本不能直接工作的生活用电和笔记本电脑就可以兼容了。在这里电源适配器充当了一个适配器的角色，如图9-1所示。

图9-1 电源适配器示意图

在软件开发中有时也存在类似这种不兼容的情况，也可以像引入一个电源适配器那样引入一个称为适配器的角色来协调这些存在不兼容的结构，这种设计方案即为适配器模式。

与电源适配器相似，在适配器模式中引入了一个被称为适配器（Adapter）的包装类，而它所包装的对象称为适配者（Adaptee），即被适配的类。适配器的实现就是把客户类的请求转化为对适配者的相应接口的调用。也就是说，当客户类调用适配器的方法时在适配器类的内部将调用适配者类的方法，而这个过程对客户类是透明的，客户类并不直接访问适配者类。因此，适配器让那些由于接口不兼容而不能交互的类可以一起工作。

适配器模式可以将一个类的接口和另一个类的接口匹配起来，而无须修改原来的适配者接口和抽象目标类接口。

适配器模式的定义如下：

> **适配器模式：将一个类的接口转换成客户希望的另一个接口。适配器模式让那些接口不兼容的类可以一起工作。**
>
> **Adapter Pattern:** Convert the interface of a class into another interface clients expect. Adapter lets classes work together that couldn't otherwise because of incompatible interfaces.

适配器模式的别名为包装器（Wrapper）模式，它既可以作为类结构型模式，也可以作为对象结构型模式。在适配器模式的定义中所提及的接口是指广义的接口，它可以表示一个方法或者方法的集合。

9.3 适配器模式结构与实现

适配器模式包括类适配器和对象适配器。在对象适配器模式中，适配器与适配者之间是关联关系；在类适配器模式中，适配器与适配者之间是继承（或实现）关系。下面分别分析这两种适配器的结构。

9.3.1 适配器模式结构

类适配器模式的结构图如图 9-2 所示。

图 9-2 类适配器模式结构图

对象适配器模式的结构图如图 9-3 所示。

由图 9-2 和图 9-3 可知，适配器模式包含以下 3 个角色。

（1）**Target（目标抽象类）**：目标抽象类定义客户所需的接口，可以是一个抽象类或接口，也可以是具体类。在类适配器中，由于 Java 语言不支持多重继承，它只能是接口。

（2）**Adapter（适配器类）**：它可以调用另一个接口，作为一个转换器，对 Adaptee 和 Target 进行适配。适配器 Adapter 是适配器模式的核心，在类适配器中，它通过实现

图 9-3 对象适配器模式结构图

Target 接口并继承 Adaptee 类来使二者产生联系，在对象适配器中，它通过继承 Target 并关联一个 Adaptee 对象使二者产生联系。

（3）**Adaptee（适配者类）**：适配者即被适配的角色，它定义了一个已经存在的接口，这个接口需要适配，适配者类一般是一个具体类，包含了客户希望使用的业务方法，在某些情况下甚至没有适配者类的源代码。

9.3.2 适配器模式实现

由于适配器模式包括类适配器模式和对象适配器模式两种形式，下面分别介绍这两种适配器模式的实现机制。

1. 类适配器

根据如图 9-2 所示的类适配器模式结构图，在类适配器中适配者类 Adaptee 没有 request() 方法，而客户端期待这个方法，但在适配者类中实现了 specificRequest() 方法，该方法提供的实现正是客户端所需要的。为了使客户端能够使用适配者类，提供了一个中间类，即适配器类 Adapter，适配器类实现了抽象目标类接口 Target，并继承了适配者类，在适配器类的 request() 方法中调用所继承的适配者类的 specificRequest() 方法，达到了适配的目的。因为适配器类与适配者类是继承关系，所以这种适配器模式称为类适配器模式。典型的类适配器代码如下：

2. 对象适配器

根据如图 9-3 所示的对象适配器模式结构图，在对象适配器中客户端需要调用 request() 方法，而适配者类 Adaptee 没有该方法，但是它提供的 specificRequest() 方法却是客户端所需要的。为了使客户端能够使用适配者类，需要提供一个包装类 Adapter，即适配器类。这个包装类包装了一个适配者的实例，从而将客户端与适配者衔接起来，在适配器的 request() 方法中调用适配者的 specificRequest() 方法。因为适配器类与适配者类是关联关系（也可称为委派关系），所以这种适配器模式称为对象适配器模式。典型的对象适配器代码如下：

```java
public class Adapter extends Target {
    private Adaptee adaptee;          //维持一个对适配者对象的引用

    public Adapter(Adaptee adaptee) {
        this.adaptee = adaptee;
    }

    public void request() {
        adaptee.specificRequest();    //转发调用
    }
}
```

适配器模式可以将一个类的接口和另一个类的接口匹配起来，使用的前提是不能或不想修改原来的适配者接口和抽象目标类接口。例如购买了一些第三方类库或控件，但是没有源代码，此时使用适配器模式可以统一对象访问接口。

适配器模式更多的是强调对代码的组织，而不是功能的实现。在实际开发中，对象适配器的使用频率更高。

9.4 适配器模式应用实例

下面通过一个应用实例来进一步学习和理解适配器模式。

1. 实例说明

某公司要开发一款儿童玩具汽车，为了更好地吸引小朋友的注意力，该玩具汽车在移动过程中伴随着灯光闪烁和声音提示。在该公司以往的产品中已经实现了控制灯光闪烁（例如警灯闪烁）和声音提示（例如警笛声音效）的程序，为了重用先前的代码并且使汽车控制软件具有更好的灵活性和扩展性，现使用适配器模式设计该玩具汽车控制软件。

2. 实例类图

通过分析，本实例可采用对象适配器模式来实现，其结构图如图 9-4 所示。

图 9-4 汽车控制软件结构图

在图 9-4 中，CarController 类充当抽象目标，PoliceSound 和 PoliceLamp 类充当适配者，PoliceCarAdapter 充当适配器。

3. 实例代码

（1）CarController：汽车控制类，充当目标抽象类。

```java
//designpatterns.adapter.CarController.java
package designpatterns.adapter;

public abstract class CarController {
    public void move() {
        System.out.println("玩具汽车移动！");
    }

    public abstract void phonate(); //发出声音
    public abstract void twinkle(); //灯光闪烁
}
```

（2）PoliceSound：警笛类，充当适配者。

```java
//designpatterns.adapter.PoliceSound.java
package designpatterns.adapter;

public class PoliceSound {
    public void alarmSound() {
        System.out.println("发出警笛声音！");
    }
}
```

（3）PoliceLamp：警灯类，充当适配者。

```java
//designpatterns.adapter.PoliceLamp.java
package designpatterns.adapter;

public class PoliceLamp {
    public void alarmLamp() {
        System.out.println("呈现警灯闪烁！");
    }
}
```

（4）PoliceCarAdapter：警车适配器，充当适配器。

```java
//designpatterns.adapter.PoliceCarAdapter.java
package designpatterns.adapter;

public class PoliceCarAdapter extends CarController {
    private PoliceSound sound;     //定义适配者 PoliceSound 对象
    private PoliceLamp lamp;       //定义适配者 PoliceLamp 对象

    public PoliceCarAdapter() {
        sound = new PoliceSound();
        lamp = new PoliceLamp();
    }

    //发出警笛声音
    public void phonate() {
        sound.alarmSound();        //调用适配者类 PoliceSound 的方法
```

```
    }

    //呈现警灯闪烁
    public void twinkle() {
        lamp.alarmLamp();  //调用适配者类 PoliceLamp 的方法
    }
}
```

(5) 配置文件 config.xml，在配置文件中存储了适配器类的类名。

```xml
<?xml version = "1.0"?>
<config>
    <className>designpatterns.adapter.PoliceCarAdapter</className>
</config>
```

(6) XMLUtil：工具类。

```java
//designpatterns.adapter.XMLUtil.java
package designpatterns.adapter;

import javax.xml.parsers.*;
import org.w3c.dom.*;
import java.io.*;

public class XMLUtil {
    //该方法用于从 XML 配置文件中提取具体类的类名，并返回一个实例对象
    public static Object getBean() {
        try {
            //创建 DOM 文档对象
            DocumentBuilderFactory dFactory = DocumentBuilderFactory.newInstance();
            DocumentBuilder builder = dFactory.newDocumentBuilder();
            Document doc;
            doc = builder.parse(new File("src//designpatterns//adapter//config.xml"));

            //获取包含类名的文本结点
            NodeList nl = doc.getElementsByTagName("className");
            Node classNode = nl.item(0).getFirstChild();
            String cName = classNode.getNodeValue();

            //通过类名生成实例对象并将其返回
            Class c = Class.forName(cName);
            Object obj = c.newInstance();
            return obj;
        }
        catch(Exception e) {
            e.printStackTrace();
            return null;
        }
    }
}
```

(7) Client：客户端测试类。

```java
//designpatterns.adapter.Client.java
package designpatterns.adapter;

public class Client {
    public static void main(String args[]) {
```

```
CarController car ;
car = (CarController)XMLUtil.getBean();
car.move();
car.phonate();
car.twinkle();
    }
}
```

4. 结果及分析

编译并运行程序，输出结果如下：

```
玩具汽车移动！
发出警笛声音！
呈现警灯闪烁！
```

在本实例中使用了对象适配器模式，同时引入了配置文件，将适配器类的类名存储在配置文件 config.xml 中。如果需要使用其他声音类或者灯光类，可以增加一个新的适配器类，使用新的适配器来适配新的声音类或者灯光类，原有代码无须修改。通过引入配置文件和反射机制可以在不修改客户端代码的情况下使用新的适配器，无须修改源代码，符合开闭原则。

在本实例中目标抽象类是一个抽象类，而不是接口，并且实例中的适配器类 PoliceCarAdapter 同时适配了两个适配者，由于 Java 语言不支持多重类继承，因此本实例只能通过对象适配器实现，而不能使用类适配器。在实际软件开发中对象适配器比类适配器更加灵活，其使用频率更高。

9.5 缺省适配器模式

缺省适配器模式是适配器模式的一种变体，其应用也较为广泛。

缺省适配器模式的定义如下：

缺省适配器模式(Default Adapter Pattern)：当不需要实现一个接口提供的所有方法时，可先设计一个抽象类实现该接口，并为接口中的每个方法提供一个默认实现（空方法），那么该抽象类的子类可以选择性地覆盖父类的某些方法来实现需求，它适用于不想使用一个接口中的所有方法的情况，又称为单接口适配器模式。

缺省适配器模式的结构图如图 9-5 所示。

由图 9-5 可知，在缺省适配器模式中包含以下 3 个角色。

(1) **ServiceInterface(适配者接口)**：它是一个接口，通常在该接口中声明了大量的方法。

(2) **AbstractServiceClass(缺省适配器类)**：它是缺省适配器模式的核心类，使用空方法的形式实现了在 ServiceInterface 接口中声明的方法。通常将它定义为抽象类，因为对它进行实例化没有任何意义。

图 9-5 缺省适配器模式结构图

(3) **ConcreteServiceClass(具体业务类)**：它是缺省适配器类的子类，在没有引入适配器之前它需要实现适配者接口，因此需要实现在适配者接口中定义的所有方法，而对于一些无须使用的方法不得不提供空实现。在有了缺省适配器之后可以直接继承该适配器类，根据需要有选择性地覆盖在适配器类中定义的方法。

其中，缺省适配器类的典型代码片段如下：

```java
public abstract class AbstractServiceClass implements ServiceInterface {
    public void serviceMethod1() { } //空方法
    public void serviceMethod2() { } //空方法
    public void serviceMethod3() { } //空方法
}
```

在 JDK 类库的事件处理包 java.awt.event 中广泛使用了缺省适配器模式，例如 WindowAdapter、KeyAdapter、MouseAdapter 等。

下面以处理窗口事件为例进行说明：在 Java 语言中一般可以使用两种方式来实现窗口事件处理类，一种是通过实现 WindowListener 接口，另一种是通过继承 WindowAdapter 适配器类。如果是使用第一种方式直接实现 WindowListener 接口，事件处理类需要实现在该接口中定义的 7 个方法，而对于大部分需求可能只需要实现一两个方法，其他方法都无须实现，但由于语言特性不得不为其他方法也提供一个简单的实现（通常是空实现），这给使用带来了麻烦。而使用缺省适配器模式可以很好地解决这一问题，在 JDK 中提供了一个适配器类 WindowAdapter 来实现 WindowListener 接口，该适配器类为接口中的每一个方法都提供了一个空实现，此时事件处理类可以继承 WindowAdapter 类，而无须再为接口中的每个方法都提供实现，如图 9-6 所示。

图 9-6 WindowListener 和 WindowAdapter 结构图

9.6 双向适配器

在对象适配器的使用过程中，如果在适配器中同时包含对目标类和适配者类的引用，适配者可以通过它调用目标类中的方法，目标类也可以通过它调用适配者类中的方法，那么该适配器就是一个双向适配器，其结构示意图如图 9-7 所示。

双向适配器的实现较为复杂，其典型代码如下：

```java
public class Adapter implements Target, Adaptee {
    //同时维持对抽象目标类和适配者的引用
    private Target target;
    private Adaptee adaptee;

    public Adapter(Target target) {
        this.target = target;
    }
```

图 9-7 双向适配器结构示意图

9.7 适配器模式优缺点与适用环境

适配器模式将现有接口转化为客户类所期望的接口，实现了对现有类的复用，它是一种使用频率非常高的设计模式，在软件开发中得到了广泛的应用。

9.7.1 适配器模式优点

无论是对象适配器模式还是类适配器模式都具有以下优点：

（1）将目标类和适配者类解耦，通过引入一个适配器类来重用现有的适配者类，无须修改原有结构。

（2）增加了类的透明性和复用性，将具体的业务实现过程封装在适配者类中，对于客户端类而言是透明的，而且提高了适配者的复用性，同一个适配者类可以在多个不同的系统中复用。

（3）灵活性和扩展性都非常好，通过使用配置文件可以很方便地更换适配器，也可以在不修改原有代码的基础上增加新的适配器类，完全符合开闭原则。

具体来说，类适配器模式还有以下优点：

由于适配器类是适配者类的子类，因此可以在适配器类中置换一些适配者的方法，使得适配器的灵活性更强。

对象适配器模式还有以下优点：

（1）一个对象适配器可以把多个不同的适配者适配到同一个目标。

（2）可以适配一个适配者的子类，由于适配器和适配者之间是关联关系，根据里氏代换原则，适配者的子类也可通过该适配器进行适配。

9.7.2 适配器模式缺点

类适配器模式的缺点主要如下：

（1）对于Java、C#等不支持多重类继承的语言，一次最多只能适配一个适配者类，不能同时适配多个适配者。

（2）适配者类不能为最终类，例如在Java中不能为final类。

（3）在Java、C#等语言中，类适配器模式中的目标抽象类只能为接口，不能为类，其使用有一定的局限性。

对象适配器模式的缺点主要如下：

与类适配器模式相比，在该模式下要在适配器中置换适配者类的某些方法比较麻烦。如果一定要置换掉适配者类的一个或多个方法，可以先做一个适配者类的子类，将适配者类的方法置换掉，然后再把适配者类的子类当成真正的适配者进行适配，实现过程较为复杂。

9.7.3 适配器模式适用环境

在以下情况下可以考虑使用适配器模式：

（1）系统需要使用一些现有的类，而这些类的接口（例如方法名）不符合系统的需要，甚至没有这些类的源代码。

（2）想创建一个可以重复使用的类，用于和一些彼此之间没有太大关联的类（包括一些可能在将来引进的类）一起工作。

9.8 本章小结

结构型模式关注如何将现有类或对象组织在一起形成更加强大的结构。在GoF设计模式中一共包含7种结构型模式。

适配器模式将一个类的接口转换成客户希望的另一个接口。适配器模式让那些接口不兼容的类可以一起工作。适配器模式既可以作为类结构型模式，也可以作为对象结构型模式。

适配器模式包含目标抽象类、适配器类和适配者类3个角色。其中，目标抽象类定义客户所需的接口，可以是一个抽象类或接口，也可以是具体类；适配器类作为一个转换器，可以调用另一个接口，对Adaptee和Target进行适配；适配者类即被适配的角色。

适配器模式的优点主要是将目标类和适配者类解耦，通过引入一个适配器类来重用现有的适配者类，无须修改原有结构；增加了类的透明性和复用性，并且让系统的灵活性和扩展性都非常好。此外，在类适配器模式中置换一些适配者的方法很方便；通过对象适配器模式可以把多个不同的适配者适配到同一个目标，还可以适配一个适配者的子类。类适配器模式的缺点主要包括一次最多只能适配一个适配者类，不能同时适配多个适配者；适配者类不能为最终类且类适配器模式中的目标抽象类只能为接口，不能为类。对象适配器模式的缺点主要是要在适配器中置换适配者类的某些方法比较麻烦。

适配器模式适用于以下环境：系统需要使用一些现有的类，而这些类的接口不符合系统的需要，甚至没有这些类的源代码；想创建一个可以重复使用的类，用于和一些彼此之间没有太大关联的类（包括一些可能在将来引进的类）一起工作。

缺省适配器模式是指当不需要实现一个接口提供的所有方法时可先设计一个抽象类实现该接口，并为接口中的每个方法提供一个默认实现（空方法），那么该抽象类的子类可以选择性地覆盖父类的某些方法来实现需求，它适用于不想使用一个接口中的所有方法的情况。

在对象适配器的使用过程中，如果在适配器中同时包含对目标类和适配者类的引用，适配者可以通过它调用目标类中的方法，目标类也可以通过它调用适配者类中的方法，那么该适配器就是一个双向适配器。

9.9 习题

1. （　　）将一个类的接口转换成客户希望的另外一个接口，使得原本由于接口不兼容而不能一起工作的那些类可以一起工作。

A. 命令模式（Command）　　　　B. 适配器模式（Adapter）

C. 策略模式（Strategy）　　　　D. 单例模式（Singleton）

2. 以下关于适配器模式的叙述错误的是（　　）。

A. 适配器模式将一个接口转换成客户希望的另一个接口，使得原本接口不兼容的那些类可以一起工作

B. 在类适配器中 Adapter 和 Adaptee 是继承关系，而在对象适配器中 Adapter 和 Adaptee 是关联关系

C. 类适配器比对象适配器更加灵活，在 Java 语言中可以通过类适配器一次适配多个适配者类

D. 适配器可以在不修改原来的适配者接口 Adaptee 的情况下将一个类的接口和另一个类的接口匹配起来

3. 现需要开发一个文件转换软件，将文件由一种格式转换为另一种格式，例如将 XML 文件转换为 PDF 文件，将 DOC 文件转换为 TXT 文件，有些文件格式转换代码已经存在，为了将已有的代码应用于新软件而不需要修改软件的整体结构，可以使用（　　）设计模式进行系统设计。

A. 适配器（Adapter）　　　　B. 组合（Composite）

C. 外观（Facade）　　　　D. 桥接（Bridge）

4. 在对象适配器中，适配器类（Adapter）和适配者类（Adaptee）之间的关系为（　　）。

A. 关联关系　　　B. 依赖关系　　　C. 继承关系　　　D. 实现关系

5. 在对象适配器中一个适配器能否适配多个适配者？如果能，应该如何实现？如果不能，请说明原因。如果是类适配器呢？

6. 使用 Java 语言实现一个双向适配器实例，使得猫（Cat）可以学狗（Dog）叫（cry()），狗可以学猫抓老鼠（catchMouse()）。绘制相应类图并编程模拟实现。

7. Windows Media Player 和 RealPlayer 是两种常用的媒体播放器，它们的 API 结构和调用方法存在区别。现在你的应用程序需要支持这两种播放器 API，而且在将来可能还需要支持新的媒体播放器，请问如何设计该应用程序？

8. 某 OA 系统需要提供一个加密模块，将用户机密信息（例如口令、邮箱等）加密之后存储在数据库中，系统已经定义好了数据库操作类。为了提高开发效率，现需要重用已有的加密算法，这些算法封装在一些由第三方提供的类中，有些甚至没有源代码。试使用适配器模式设计该加密模块，实现在不修改现有类的基础上重用第三方加密方法。要求绘制相应的类图并使用 Java 语言编程模拟实现，需提供对象适配器和类适配器两套实现方案。

第10章

桥接模式

本章导学

桥接模式是一种很实用的结构型设计模式，如果系统中的某个类存在两个独立变化的维度，通过桥接模式可以将这两个维度分离出来，使两者可以独立扩展。桥接模式用一种巧妙的方式处理多层继承存在的问题，用抽象关联来取代传统的多层继承，将类之间的静态继承关系转换为动态的对象组合关系，使得系统更加灵活，并易于扩展，同时有效地控制了系统中类的个数。

本章将学习桥接模式的定义与结构，通过实例来加深对桥接模式的理解并学习如何将其应用于实际项目的开发，还将学习如何实现桥接模式和适配器模式的联用。

本章知识点

- 桥接模式的定义
- 桥接模式的结构
- 桥接模式的实现
- 桥接模式的应用
- 桥接模式的优缺点
- 桥接模式的适用环境
- 桥接模式与适配器模式的联用

10.1 桥接模式概述

毛笔和蜡笔是两种很常见的文具，它们都归属于画笔。假如需要大、中、小3种型号的画笔，能够绘制12种不同的颜色，如果使用蜡笔，需要准备 $3 \times 12 = 36$ 支，但如果使用毛笔，只需要提供3种型号的毛笔，外加一个包含12种颜色的调色板，涉及的对象个数仅为 $3 + 12 = 15$，远小于36，却能实现与36支蜡笔同样的功能。如果增加一种新型号的画笔，并且也需要具有12种颜色，对应的蜡笔需增加12支，而毛笔只需增加一支。图10-1所示为毛笔与蜡笔示意图。

通过分析不难得知：在蜡笔中，颜色和型号两个不同的变化维度(即两个不同的变化原因，如图10-2所示)耦合在一起，无论是对颜色进行扩展还是对型号进行扩展势必会影响另一个维度；但在毛笔中，颜色和型号实现了分离，增加新的颜色或者型号对另一方没有任何影响。如果使用软件工程中的术语，可以认为在蜡笔中颜色和型号之间存在较强的耦合性，而毛笔很好地将二者解耦，使用起来非常灵活，扩展也更为方便。在软件开发中有一种设计模式可以用来处理与画笔类似的具有多变化维度的情况，它就是桥接模式。

图 10-1 毛笔与蜡笔示意图

图 10-2 画笔中存在两个独立变化维度的示意图

在桥接模式中将两个独立变化的维度（例如画笔的型号与颜色）设计为两个独立的继承等级结构，而不是将二者耦合在一起形成多层继承结构。桥接模式在抽象层建立起一个抽象关联，该关联关系类似一条连接两个独立继承结构的桥，故名桥接模式。

桥接模式的定义如下：

> **桥接模式：** 将抽象部分与它的实现部分解耦，使得两者都能够独立变化。
>
> **Bridge Pattern:** Decouple an abstraction from its implementation so that the two can vary independently.

桥接模式是一种对象结构型模式，它又被称为柄体（Handle and Body）模式或接口（Interface）模式。桥接模式用一种巧妙的方式处理多层继承存在的问题，用抽象关联取代了传统的多层继承，将类之间的静态继承关系转换为动态的对象组合关系，使得系统更加灵活，并易于扩展，同时有效地控制了系统中类的个数。

10.2 桥接模式结构与实现

10.2.1 桥接模式结构

桥接模式的结构图如图 10-3 所示。

由图 10-3 可知，桥接模式包含以下 4 个角色。

（1）Abstraction（抽象类）：它是用于定义抽象类的接口，通常是抽象类而不是接口，其中定义了一个 Implementor（实现类接口）类型的对象并可以维护该对象，它与 Implementor 之间具有关联关系，它既可以包含抽象业务方法，也可以包含具体业务方法。

（2）RefinedAbstraction（扩充抽象类）：它扩充由 Abstraction 定义的接口，通常情况下它不再是抽象类而是具体类，实现了在 Abstraction 中声明的抽象业务方法，在 RefinedAbstraction 中可以调用在 Implementor 中定义的业务方法。

（3）**Implementor（实现类接口）：** 它是定义实现类的接口，这个接口不一定要与 Abstraction 的接口完全一致，事实上这两个接口可以完全不同。一般而言，Implementor 接口仅提供基本操作，而 Abstraction 定义的接口可能会做更多更复杂的操作。Implementor

图 10-3 桥接模式结构图

接口对这些基本操作进行了声明，而具体实现交给其子类。通过关联关系，在 Abstraction 中不仅拥有自己的方法，还可以调用到 Implementor 中定义的方法，使用关联关系来替代继承关系。

（4）**ConcreteImplementor（具体实现类）**：它具体实现了 Implementor 接口，在不同的 ConcreteImplementor 中提供基本操作的不同实现，在程序运行时 ConcreteImplementor 对象将替换其父类对象，提供给抽象类具体的业务操作方法。

10.2.2 桥接模式实现

桥接模式是一个非常实用的设计模式，在桥接模式中体现了很多面向对象设计原则的思想，包括单一职责原则、开闭原则、合成复用原则、里氏代换原则、依赖倒转原则等。熟悉桥接模式将有助于深入理解这些设计原则，也有助于形成正确的设计思想和培养良好的设计风格。

在使用桥接模式时首先应该识别出一个类所具有的两个独立变化的维度，将它们设计为两个独立的继承等级结构，为两个维度都提供抽象层，并建立抽象耦合。在通常情况下，将具有两个独立变化维度的类的一些普通业务方法和与之关系最密切的维度设计为"抽象类"层次结构（抽象部分），而将另一个维度设计为"实现类"层次结构（实现部分）。例如对于毛笔而言，由于型号是其固有的维度，因此可以设计一个抽象的毛笔类，在该类中声明并部分实现毛笔的业务方法，而将各种型号的毛笔作为其子类；颜色是毛笔的另一个维度，由于它与毛笔之间存在一种"设置"的关系，因此可以提供一个抽象的颜色接口，而将具体的颜色作为实现该接口的子类。在此，型号可认为是毛笔的抽象部分，而颜色是毛笔的实现部分，结构示意图如图 10-4 所示。

在图 10-4 中，如果需要增加一种新型号的毛笔，只需扩展左侧的"抽象部分"，增加一个新的扩充抽象类；如果需要增加一种新的颜色，只需扩展右侧的"实现部分"，增加一个新的具体实现类。扩展非常方便，无须修改已有代码，且不会导致类的数目增长过快。

在具体编码实现时，由于在桥接模式中存在两个独立变化的维度，为了降低两者之间的耦合度，首先需要针对两个不同的维度提取抽象类和实现类接口，并建立一个抽象关联关系。对于"实现部分"维度，典型的实现类接口代码如下：

```
public interface Implementor {
    public void operationImpl();
}
```

图 10-4 毛笔结构示意图

在实现 Implementor 接口的子类 ConcreteImplementor 中实现了在该接口中声明的方法，用于定义与该维度相对应的一些具体方法，代码如下：

```java
public class ConcreteImplementor implements Implementor {
    public void operationImpl() {
        //具体业务方法的实现
    }
}
```

对于另一"抽象部分"维度而言，其典型的抽象类代码如下：

```java
public abstract class Abstraction {
    protected Implementor impl;    //定义实现类接口对象

    public void setImpl(Implementor impl) {
        this.impl = impl;
    }

    public abstract void operation(); //声明抽象业务方法
}
```

在抽象类 Abstraction 中定义了一个实现类接口类型的成员对象 impl，再通过 Setter 方法或者构造方法以注入的方式给该对象赋值，一般将该对象的可见性定义为 protected，以便在其子类中访问 Implementor 的方法，其子类一般称为扩充抽象类或细化抽象类（RefinedAbstraction），典型的 RefinedAbstraction 类代码如下：

```java
public class RefinedAbstraction extends Abstraction {
    public void operation() {
        //业务代码
        impl.operationImpl(); //调用实现类的方法
        //业务代码
    }
}
```

对于客户端而言，可以针对两个维度的抽象层编程，在程序运行时再动态确定两个维度的子类，动态组合对象，将两个独立变化的维度完全解耦，以便能够灵活地扩充任一维度而对另一维度不造成任何影响。

10.3 桥接模式应用实例

下面通过一个应用实例来进一步学习和理解桥接模式。

1. 实例说明

某软件公司要开发一个跨平台图像浏览系统，要求该系统能够显示 BMP、JPG、GIF、PNG 等多种格式的文件，并且能够在 Windows、Linux、UNIX 等多个操作系统上运行。系统首先将各种格式的文件解析为像素矩阵（Matrix），然后将像素矩阵显示在屏幕上，在不同的操作系统中可以调用不同的绘制函数来绘制像素矩阵。系统需具有较好的扩展性，以便在将来支持新的文件格式和操作系统。

试使用桥接模式设计该跨平台图像浏览系统。

2. 实例类图

通过分析，本实例的结构图如图 10-5 所示。

图 10-5 跨平台图像浏览系统结构图

在图 10-5 中，Image 充当抽象类，其子类 JPGImage、PNGImage、BMPImage 和 GIFImage 充当扩充抽象类；ImageImp 充当实现类接口，其子类 WindowsImp、LinuxImp 和 UnixImp 充当具体实现类。

3. 实例代码

（1）Matrix：像素矩阵类，它是一个辅助类，各种格式的图像文件最终都被转化为像素矩阵，不同的操作系统提供不同的方式显示像素矩阵。

```
//designpatterns.bridge.Matrix.java
package designpatterns.bridge;

public class Matrix {
    //代码省略
}
```

(2) ImageImp：抽象操作系统实现类，充当实现类接口。

```java
//designpatterns.bridge.ImageImp.java
package designpatterns.bridge;

public interface ImageImp {
    public void doPaint(Matrix m); //显示像素矩阵 m
}
```

(3) WindowsImp：Windows 操作系统实现类，充当具体实现类。

```java
//designpatterns.bridge.WindowsImp.java
package designpatterns.bridge;

public class WindowsImp implements ImageImp {
    public void doPaint(Matrix m) {
        //调用 Windows 系统的绘制函数绘制像素矩阵
        System.out.print("在 Windows 操作系统中显示图像：");
    }
}
```

(4) LinuxImp：Linux 操作系统实现类，充当具体实现类。

```java
//designpatterns.bridge.LinuxImp.java
package designpatterns.bridge;

public class LinuxImp implements ImageImp {
    public void doPaint(Matrix m) {
        //调用 Linux 系统的绘制函数绘制像素矩阵
        System.out.print("在 Linux 操作系统中显示图像：");
    }
}
```

(5) UnixImp：UNIX 操作系统实现类，充当具体实现类。

```java
//designpatterns.bridge.UnixImp.java
package designpatterns.bridge;

public class UnixImp implements ImageImp {
    public void doPaint(Matrix m) {
        //调用 UNIX 系统的绘制函数绘制像素矩阵
        System.out.print("在 UNIX 操作系统中显示图像：");
    }
}
```

(6) Image：抽象图像类，充当抽象类。

```java
//designpatterns.bridge.Image.java
package designpatterns.bridge;

public abstract class Image {
    protected ImageImp imp;

    //注入实现类接口对象
    public void setImageImp(ImageImp imp) {
        this.imp = imp;
    }
```

```java
        public abstract void parseFile(String fileName);
    }
```

(7) JPGImage：JPG 格式图像类，充当扩充抽象类。

```java
//designpatterns.bridge.JPGImage.java
package designpatterns.bridge;

public class JPGImage extends Image {
    public void parseFile(String fileName) {
        //模拟解析 JPG 文件并获得一个像素矩阵对象 m
        Matrix m = new Matrix();
        imp.doPaint(m);
        System.out.println(fileName + ", 格式为 JPG.");
    }
}
```

(8) PNGImage：PNG 格式图像类，充当扩充抽象类。

```java
//designpatterns.bridge.PNGImage.java
package designpatterns.bridge;

public class PNGImage extends Image {
    public void parseFile(String fileName) {
        //模拟解析 PNG 文件并获得一个像素矩阵对象 m
        Matrix m = new Matrix();
        imp.doPaint(m);
        System.out.println(fileName + ", 格式为 PNG.");
    }
}
```

(9) BMPImage：BMP 格式图像类，充当扩充抽象类。

```java
//designpatterns.bridge.BMPImage.java
package designpatterns.bridge;

public class BMPImage extends Image {
    public void parseFile(String fileName) {
        //模拟解析 BMP 文件并获得一个像素矩阵对象 m
        Matrix m = new Matrix();
        imp.doPaint(m);
        System.out.println(fileName + ", 格式为 BMP.");
    }
}
```

(10) GIFImage：GIF 格式图像类，充当扩充抽象类。

```java
//designpatterns.bridge.GIFImage.java
package designpatterns.bridge;

public class GIFImage extends Image {
    public void parseFile(String fileName) {
        //模拟解析 GIF 文件并获得一个像素矩阵对象 m
        Matrix m = new Matrix();
        imp.doPaint(m);
        System.out.println(fileName + ", 格式为 GIF.");
    }
}
```

(11) 配置文件 config.xml，在配置文件中存储了具体扩充抽象类和具体实现类的类名。

```xml
<?xml version = "1.0"?>
<config>
    <!-- RefinedAbstraction -->
    <className>designpatterns.bridge.JPGImage</className>
    <!-- ConcreteImplementor -->
    <className>designpatterns.bridge.WindowsImp</className>
</config>
```

(12) XMLUtil：工具类。

```java
//designpatterns.bridge.XMLUtil.java
package designpatterns.bridge;
import javax.xml.parsers.* ;
import org.w3c.dom.* ;
import java.io.* ;

public class XMLUtil {
    //该方法用于从 XML 配置文件中提取具体类的类名，并返回一个实例对象
    public static Object getBean(String args) {
        try {
            //创建文档对象
            DocumentBuilderFactory dFactory = DocumentBuilderFactory.newInstance();
            DocumentBuilder builder = dFactory.newDocumentBuilder();
            Document doc;
            doc = builder.parse(new File("src//designpatterns//bridge//config.xml"));
            NodeList nl = null;
            Node classNode = null;
            String cName = null;
            nl = doc.getElementsByTagName("className");

            //获取第一个包含类名的结点，即扩充抽象类
            if(args.equals("image")) {
                classNode = nl.item(0).getFirstChild();
            }

            //获取第二个包含类名的结点，即具体实现类
            else if(args.equals("os")) {
                classNode = nl.item(1).getFirstChild();
            }

            cName = classNode.getNodeValue();
            //通过类名生成实例对象并将其返回
            Class c = Class.forName(cName);
            Object obj = c.newInstance();
            return obj;
        }
        catch(Exception e) {
            e.printStackTrace();
            return null;
        }
    }
}
```

(13) Client：客户端测试类。

```java
//designpatterns.bridge.Client.java
```

```
package designpatterns.bridge;

public class Client {
    public static void main(String args[]) {
        Image image;
        ImageImp imp;
        image = (Image)XMLUtil.getBean("image");
        imp = (ImageImp)XMLUtil.getBean("os");
        image.setImageImp(imp);
        image.parseFile("小龙女");
    }
}
```

4. 结果及分析

编译并运行程序，输出结果如下：

在 Windows 操作系统中显示图像：小龙女，格式为 JPG。

如果需要更换图像文件格式或者更换操作系统，只需修改配置文件即可。例如将配置文件 config.xml 改为：

```xml
<?xml version = "1.0"?>
<config>
    <!-- RefinedAbstraction -->
    <className>designpatterns.bridge.BMPImage</className>
    <!-- ConcreteImplementor -->
    <className>designpatterns.bridge.LinuxImp</className>
</config>
```

再次运行程序，输出结果为：

在 Linux 操作系统中显示图像：小龙女，格式为 BMP。

在实际使用时可以通过分析图像文件格式扩展名来确定具体的文件格式，在程序运行时获取操作系统信息来确定操作系统类型，无须使用配置文件。当增加新的图像文件格式或者操作系统时原有系统源代码无须做任何修改，只需增加一个对应的扩充抽象类或具体实现类即可，系统具有较好的可扩展性，完全符合开闭原则。

10.4 桥接模式与适配器模式的联用

在软件开发中，适配器模式通常与桥接模式联合使用。适配器模式可以解决两个已有接口间不兼容的问题，在这种情况下被适配的类往往是一个黑盒子，有时候不想也不能改变这个被适配的类，也不能控制其扩展。适配器模式通常用于现有系统与第三方产品功能的集成，采用增加适配器的方式将第三方类集成到系统中。桥接模式则不同，用户可以通过接口继承或类继承的方式对系统进行扩展。

桥接模式和适配器模式用于设计的不同阶段，桥接模式用于系统的初步设计，对于存在两个独立变化维度的类可以将其分为抽象化和实现化两个角色，使它们可以分别进行变化；而在初步设计完成之后，当发现系统与已有类无法协同工作时可以采用适配器模式。但有时候在设计初期也需要考虑适配器模式，特别是那些涉及大量第三方应用接口的情况。

下面通过一个实例来说明适配器模式和桥接模式的联合使用：

在某系统的报表处理模块中需要将报表显示和数据输出分开，系统可以有多种报表显示方式也可以有多种数据输出方式，例如可以将数据输出为文本文件，也可以输出为Excel文件，如果需要输出为Excel文件，则需要调用与Excel相关的API，而这个API是现有系统所不具备的，该API由厂商提供。因此可以同时使用适配器模式和桥接模式来设计该模块，如图10-6所示。

图 10-6 桥接模式与适配器模式联用示意图

10.5 桥接模式优缺点与适用环境

桥接模式是设计Java虚拟机和实现JDBC等驱动程序的核心模式之一，应用较为广泛。在软件开发中如果一个类或一个系统有多个变化维度都可以尝试使用桥接模式对其进行设计。桥接模式为多维度变化的系统提供了一套完整的解决方案，并且降低了系统的复杂度。

10.5.1 桥接模式优点

桥接模式的优点主要如下：

（1）分离抽象接口及其实现部分。桥接模式使用"对象间的关联关系"解耦了抽象和实现之间固有的绑定关系，使得抽象和实现可以沿着各自的维度来变化。所谓抽象和实现沿着各自维度的变化，也就是说抽象和实现不在同一个继承层次结构中，而是"子类化"它们，使它们各自具有自己的子类，以便任意组合子类，从而获得多维度组合对象。

（2）在很多情况下，桥接模式可以取代多层继承方案，多层继承方案违背了单一职责原则，复用性较差，并且类的个数非常多，桥接模式是比多层继承方案更好的解决方法，它极大地减少了子类的个数。

（3）桥接模式提高了系统的可扩展性，在两个变化维度中任意扩展一个维度都不需要修改原有系统，符合开闭原则。

10.5.2 桥接模式缺点

桥接模式的缺点主要如下：

（1）桥接模式的使用会增加系统的理解与设计难度，由于关联关系建立在抽象层，要求开发者一开始就针对抽象层进行设计与编程。

（2）桥接模式要求正确地识别出系统中的两个独立变化的维度，因此其使用范围具有一定的局限性，如何正确识别两个独立维度也需要一定的经验积累。

10.5.3 桥接模式适用环境

在以下情况下可以考虑使用桥接模式：

（1）如果一个系统需要在抽象化和具体化之间增加更多的灵活性，避免在两个层次之间建立静态的继承关系，通过桥接模式可以使它们在抽象层建立一个关联关系。

（2）抽象部分和实现部分可以用继承的方式独立扩展而互不影响，在程序运行时可以动态地将一个抽象化子类的对象和一个实现化子类的对象进行组合，即系统需要对抽象化角色和实现化角色进行动态耦合。

（3）一个类存在两个（或多个）独立变化的维度，且这两个（或多个）维度都需要独立进行扩展。

（4）对于那些不希望使用继承或因为多层继承导致系统类的个数急剧增加的系统，桥接模式尤为适用。

10.6 本章小结

桥接模式将抽象部分与它的实现部分解耦，使得两者都能够独立变化。桥接模式是一种对象结构型模式。

桥接模式包含抽象类、扩充抽象类、实现类接口和具体实现类4个角色。其中，抽象类定义了一个实现类接口类型的对象并维护该对象；扩充抽象类扩充由抽象类定义的接口，实现了在抽象类中声明的抽象业务方法；实现类接口声明了一些基本操作，而具体实现交给其子类完成；具体实现类具体实现了实现类接口，在不同的具体实现类中提供基本操作的不同实现。

桥接模式的优点主要在于可以分离抽象接口及其实现部分，它是比多层继承方案更好的解决方法，极大地减少了子类的个数，此外桥接模式提高了系统的可扩展性，在两个变化维度中任意扩展一个维度都不需要修改原有系统，符合开闭原则。其缺点主要在于会增加系统的理解与设计难度，且正确识别出系统中的两个独立变化的维度并不是一件容易的事情。

桥接模式适用于以下环境：需要在抽象化和具体化之间增加更多的灵活性，避免在两个层次之间建立静态的继承关系；抽象部分和实现部分可以用继承的方式独立扩展而互不影响；一个类存在两个（或多个）独立变化的维度，且这两个（或多个）维度都需要独立进行扩展；不希望使用继承或因为多层继承导致系统类的个数急剧增加的系统。

在使用桥接模式进行系统设计时，如果需要重用第三方应用接口，可以与适配器模式一起联用，这样既保证了系统的扩展性，又将第三方类集成到系统中。

10.7 习题

1.（ ① ）设计模式将抽象部分与它的实现部分相分离，使它们都可以独立变化。图 10-7 所示为该设计模式的类图，其中（ ② ）用于定义实现部分的接口。

图 10-7 某设计模式类图

① A. Singleton(单例)　　　　B. Bridge(桥接)

　C. Composite(组合)　　　　D. Facade(外观)

② A. Abstraction　　　　　　B. ConcreteImplementorA

　C. ConcreteImplementorB　　D. Implementor

2. 以下关于桥接模式的叙述错误的是(　　)。

A. 桥接模式的用意是将抽象化与实现化脱耦，使得两者可以独立变化

B. 桥接模式将继承关系转换成关联关系，从而降低系统的耦合度

C. 桥接模式可以动态地给一个对象增加功能，这些功能也可以被动态地撤销

D. 桥接模式可以从接口中分离实现功能，使得设计更具扩展性

3. (　　)不是桥接模式所适用的场景。

A. 一个可以跨平台并支持多种格式的文件编辑器

B. 一个支持多数据源的报表生成工具，可以用不同的图形方式显示报表信息

C. 一个可动态选择排序算法的数据操作工具

D. 一个支持多种编程语言的跨平台开发工具

4. 如果系统中存在两个以上的变化维度，是否可以使用桥接模式进行处理？如果可以，系统该如何设计？

5. 空客(Airbus)、波音(Boeing)和麦道(McDonnell-Douglas)都是飞机制造商，它们都生产载客飞机(Passenger Plane)和载货飞机(Cargo Plane)。现在需要设计一个系统，描述这些飞机制造商以及它们所制造的飞机种类。

6. 某软件公司要开发一个数据转换工具，可以将数据库中的数据转换成多种文件格式，例如 TXT、XML、PDF 等格式，同时该工具需要支持多种不同的数据库。试使用桥接模式对其进行设计并使用 Java 代码编程模拟实现。

第11章

组合模式

本章导学

组合模式关注那些包含叶子构件和容器构件的结构以及它们的组织形式，在叶子构件中不包含成员对象，而容器构件中可以包含成员对象，这些对象通过递归组合可构成一个树形结构。组合模式使用面向对象的方式来处理树形结构，它为叶子构件和容器构件提供了一个公共的抽象构件类，客户端可以针对抽象构件进行处理，而无须关心所操作的是叶子构件还是容器构件。

本章将学习组合模式的定义与结构，通过如何处理树形结构来学习组合模式的实现，结合实例学习如何在软件开发中应用组合模式，还将学习透明组合模式和安全组合模式的结构与区别。

本章知识点

- 组合模式的定义
- 组合模式的结构
- 组合模式的实现
- 组合模式的应用
- 组合模式的优缺点
- 组合模式的适用环境
- 透明组合模式与安全组合模式

11.1 组合模式概述

树形结构在软件中随处可见，例如操作系统中的目录结构、应用软件中的菜单结构、办公系统中的公司组织结构等。在 Windows 操作系统中就存在如图 11-1 所示的目录结构。

图 11-1 可以简化为如图 11-2 所示的树形目录结构。

在图 11-2 中包含文件（灰色结点，例如"小龙女.jpg"和"九阴真经.txt"）和文件夹（白色结点，例如"我的资料"和"图像文件"）两类不同的元素，其中在文件夹中可以包含文件，还可以继续包含子文件夹，但是在文件中不能再包含子文件或者子文件夹。在此可以称文件夹为容器（Container），而不同类型的文件是其成员，又称为叶子（Leaf）。

对于所有与目录结构相类似的树形结构，当容器对象（例如文件夹）的某一个方法被调用时将遍历整个树形结构，寻找也包含这个方法的成员对象（可以是容器对象，也可以是叶子对象，例如子文件夹和文件）并调用执行，牵一而动百，其中使用了递归调用的机制对整个结构进行处理。由于容器对象和叶子对象在功能上的区别，在使用这些对象的代码中必须有区别地对待容器对象和叶子对象，而实际上在大多数情况下客户端希望一致地处理它们，因为对于这些对象的区别对待将会使程序非常复杂。

图 11-1 Windows 目录结构　　　　图 11-2 树形目录结构示意图

组合模式通过一种巧妙的设计方案使得用户可以一致性地处理整个树形结构或者树形结构的一部分，它描述了如何将容器对象和叶子对象进行递归组合，使得用户在使用时无须对它们进行区分，可以一致地对待容器对象和叶子对象，这就是组合模式的模式动机。

组合模式的定义如下：

> **组合模式：**组合多个对象形成树形结构以表示具有部分-整体关系的层次结构。组合模式让客户端可以统一对待单个对象和组合对象。
>
> **Composite Pattern:** Compose objects into tree structures to represent part-whole hierarchies. Composite lets clients treat individual objects and compositions of objects uniformly.

组合模式又称为"部分-整体"（Part-Whole）模式，属于对象结构型模式，它将对象组织到树形结构中，可以用来描述整体与部分的关系。

11.2 组合模式结构与实现

11.2.1 组合模式结构

组合模式的结构图如图 11-3 所示。

由图 11-3 可知，组合模式包含以下 3 个角色。

（1）Component（抽象构件）：它可以是接口或抽象类，为叶子构件和容器构件对象声明接口，在该角色中可以包含所有子类共有行为的声明和实现。在抽象构件中定义了访问及管理它的子构件的方法，如增加子构件、删除子构件、获取子构件等。

（2）Leaf（叶子构件）：它在组合结构中表示叶子结点对象，叶子结点没有子结点，它实现了在抽象构件中定义的行为。对于那些访问及管理子构件的方法，可以通过抛出异常、提示错误等方式进行处理。

图 11-3 组合模式结构图

(3) **Composite(容器构件)**：它在组合结构中表示容器结点对象，容器结点包含子结点，其子结点可以是叶子结点，也可以是容器结点，它提供一个集合用于存储子结点，实现了在抽象构件中定义的行为，包括那些访问及管理子构件的方法，在其业务方法中可以递归调用其子结点的业务方法。

11.2.2 组合模式实现

组合模式的关键在于定义了一个抽象构件类，它既可以代表叶子，又可以代表容器，客户端针对该抽象构件类进行编程，无须知道它到底表示的是叶子还是容器，可以对其进行统一处理。同时容器对象与抽象构件类之间还建立一个聚合关联关系，在容器对象中既可以包含叶子，又可以包含容器，以此实现递归组合，形成一个树形结构。

如果不使用组合模式，客户端代码将过多地依赖于容器对象复杂的内部实现结构，容器对象内部实现结构的变化将引起客户代码的频繁变化，造成代码维护困难，可扩展性差等问题，组合模式的使用将在一定程度上解决这些问题。

下面通过简单的示例代码来分析组合模式的各个角色的用途和实现。

对于组合模式中的抽象构件角色，其典型代码如下：

```
public abstract class Component {
    public abstract void add(Component c);         //增加成员
    public abstract void remove(Component c);      //删除成员
    public abstract Component getChild(int i);     //获取成员
    public abstract void operation();               //业务方法
}
```

一般将抽象构件类设计为接口或抽象类，将所有子类共有方法的声明和实现放在抽象构件类中。对于客户端而言，将针对抽象构件编程，而无须关心其具体子类是容器构件还是叶子构件。

如果继承抽象构件的是叶子构件，其典型代码如下：

```java
public class Leaf extends Component {
    public void add(Component c) {
        //异常处理或错误提示
    }

    public void remove(Component c) {
        //异常处理或错误提示
    }

    public Component getChild(int i) {
        //异常处理或错误提示
        return null;
    }

    public void operation() {
        //叶子构件具体业务方法的实现
    }
}
```

作为抽象构件类的子类，在叶子构件中需要实现在抽象构件类中声明的所有方法，包括业务方法以及管理和访问子构件的方法，但是叶子构件不能再包含子构件，因此在叶子构件中实现子构件管理和访问方法时需要提供异常处理或错误提示。显然，这会给叶子构件的实现带来麻烦。

如果继承抽象构件的是容器构件，其典型代码如下：

```java
import java.util.*;

public class Composite extends Component {
    private ArrayList<Component> list = new ArrayList<Component>();

    public void add(Component c) {
        list.add(c);
    }

    public void remove(Component c) {
        list.remove(c);
    }

    public Component getChild(int i) {
        return (Component)list.get(i);
    }

    public void operation() {
        //容器构件具体业务方法的实现，将递归调用成员构件的业务方法
        for(Object obj:list) {
            ((Component)obj).operation();
        }
    }
}
```

在容器构件中实现了在抽象构件中声明的所有方法，既包括业务方法，也包括用于访问和管理成员子构件的方法，例如add()、remove()和getChild()等方法。需要注意的是在实现具体业务方法时由于容器构件充当的是容器角色，包含成员构件，因此它将调用其成员构件的业务方法。在组合模式结构中，由于容器构件中仍然可以包含容器构件，因此在对容器

构件进行处理时需要使用递归算法，即在容器构件的operation()方法中递归调用其成员构件的operation()方法。

11.3 组合模式应用实例

下面通过一个应用实例来进一步学习和理解组合模式。

1. 实例说明

某软件公司要开发一个杀毒（Antivirus）软件，该软件既可以对某个文件夹（Folder）杀毒，也可以对某个指定的文件（File）杀毒。该杀毒软件还可以根据各类文件的特点为不同类型的文件提供不同的杀毒方式，例如图像文件（ImageFile）和文本文件（TextFile）的杀毒方式就有所差异。现使用组合模式来设计该杀毒软件的整体框架。

2. 实例类图

通过分析，本实例的结构图如图11-4所示。

图11-4 杀毒软件框架设计结构图

在图11-4中，AbstractFile充当抽象构件类，Folder充当容器构件类，ImageFile、TextFile和VideoFile充当叶子构件类。

3. 实例代码

（1）AbstractFile：抽象文件类，充当抽象构件类。

```java
//designpatterns.composite.AbstractFile.java
package designpatterns.composite;

public abstract class AbstractFile {
    public abstract void add(AbstractFile file);
    public abstract void remove(AbstractFile file);
    public abstract AbstractFile getChild(int i);
    public abstract void killVirus();
}
```

(2) ImageFile：图像文件类，充当叶子构件类。

```java
//designpatterns.composite.ImageFile.java
package designpatterns.composite;

public class ImageFile extends AbstractFile {
    private String name;

    public ImageFile(String name) {
        this.name = name;
    }

    public void add(AbstractFile file) {
        System.out.println("对不起，不支持该方法！");
    }

    public void remove(AbstractFile file) {
        System.out.println("对不起，不支持该方法！");
    }

    public AbstractFile getChild(int i) {
        System.out.println("对不起，不支持该方法！");
        return null;
    }

    public void killVirus() {
        //模拟杀毒
        System.out.println(" ---- 对图像文件'" + name + "'进行杀毒");
    }
}
```

(3) TextFile：文本文件类，充当叶子构件类。

```java
//designpatterns.composite.TextFile.java
package designpatterns.composite;

public class TextFile extends AbstractFile {
    private String name;

    public TextFile(String name) {
        this.name = name;
    }

    public void add(AbstractFile file) {
        System.out.println("对不起，不支持该方法！");
    }

    public void remove(AbstractFile file) {
        System.out.println("对不起，不支持该方法！");
    }

    public AbstractFile getChild(int i) {
        System.out.println("对不起，不支持该方法！");
        return null;
    }

    public void killVirus() {
        //模拟杀毒
```

```java
        System.out.println(" ---- 对文本文件'" + name + "'进行杀毒");
    }
}
```

（4）VideoFile：视频文件类，充当叶子构件类。

```java
//designpatterns.composite.VideoFile.java
package designpatterns.composite;

public class VideoFile extends AbstractFile {
    private String name;

    public VideoFile(String name) {
        this.name = name;
    }

    public void add(AbstractFile file) {
        System.out.println("对不起,不支持该方法!");
    }

    public void remove(AbstractFile file) {
        System.out.println("对不起,不支持该方法!");
    }

    public AbstractFile getChild(int i) {
        System.out.println("对不起,不支持该方法!");
        return null;
    }

    public void killVirus() {
        //模拟杀毒
        System.out.println(" ---- 对视频文件'" + name + "'进行杀毒");
    }
}
```

（5）Folder：文件夹类，充当容器构件类。

```java
//designpatterns.composite.Folder.java
package designpatterns.composite;
import java.util.*;

public class Folder extends AbstractFile {
    //定义集合 fileList,用于存储 AbstractFile 类型的成员
    private ArrayList<AbstractFile> fileList = new ArrayList<AbstractFile>();
    private String name;

    public Folder(String name) {
        this.name = name;
    }

    public void add(AbstractFile file) {
        fileList.add(file);
    }

    public void remove(AbstractFile file) {
        fileList.remove(file);
    }
```

```java
    public AbstractFile getChild(int i) {
        return (AbstractFile)fileList.get(i);
    }

    public void killVirus() {
        System.out.println(" **** 对文件夹'" + name + "'进行杀毒"); //模拟杀毒

        //递归调用成员构件的 killVirus()方法
        for(Object obj : fileList) {
            ((AbstractFile)obj).killVirus();
        }
    }
}
```

(6) Client：客户端测试类。

```java
//designpatterns.composite.Client.java
package designpatterns.composite;

public class Client {
    public static void main(String args[]) {
        //针对抽象构件编程
        AbstractFile file1,file2,file3,file4,file5,folder1,folder2,folder3,folder4;

        folder1 = new Folder("Sunny 的资料");
        folder2 = new Folder("图像文件");
        folder3 = new Folder("文本文件");
        folder4 = new Folder("视频文件");

        file1 = new ImageFile("小龙女.jpg");
        file2 = new ImageFile("张无忌.gif");
        file3 = new TextFile("九阴真经.txt");
        file4 = new TextFile("葵花宝典.doc");
        file5 = new VideoFile("笑傲江湖.rmvb");

        folder2.add(file1);
        folder2.add(file2);
        folder3.add(file3);
        folder3.add(file4);
        folder4.add(file5);
        folder1.add(folder2);
        folder1.add(folder3);
        folder1.add(folder4);

        //从"Sunny 的资料"结点开始进行杀毒操作
        folder1.killVirus();
    }
}
```

4. 结果及分析

编译并运行程序，输出结果如下：

```
**** 对文件夹'Sunny 的资料'进行杀毒
**** 对文件夹'图像文件'进行杀毒
---- 对图像文件'小龙女.jpg'进行杀毒
---- 对图像文件'张无忌.gif'进行杀毒
**** 对文件夹'文本文件'进行杀毒
```

```
---- 对文本文件'九阴真经.txt'进行杀毒
---- 对文本文件'葵花宝典.doc'进行杀毒
**** 对文件夹'视频文件'进行杀毒
---- 对视频文件'笑傲江湖.rmvb'进行杀毒
```

在本实例中，抽象构件类声明了所有方法，包括用于管理和访问子构件的方法，例如add()方法和remove()方法等，因此在ImageFile等叶子构件类中实现这些方法时必须进行相应的异常处理或错误提示。在容器构件类Folder的killVirus()方法中将递归调用其成员对象的killVirus()方法，从而实现对整个树形结构的遍历。

如果需要更换操作结点，例如只对文件夹"文本文件"进行杀毒，客户端代码只需修改一行即可，将代码

```
folder1.killVirus();
```

改为

```
folder3.killVirus();
```

输出结果如下：

```
**** 对文件夹'文本文件'进行杀毒
---- 对文本文件'九阴真经.txt'进行杀毒
---- 对文本文件'葵花宝典.doc'进行杀毒
```

在具体实现时可以创建图形化界面让用户来选择所需操作的根结点，无须修改源代码，符合开闭原则，客户端无须关心结点的层次结构，可以对所选结点进行统一处理，提高系统的灵活性。

11.4 透明组合模式与安全组合模式

组合模式根据抽象构件类的定义形式又可以分为透明组合模式和安全组合模式。

1. 透明组合模式

在透明组合模式中，抽象构件Component中声明了所有用于管理成员对象的方法，包括add()、remove()以及getChild()等方法，如图11-5所示，这样做的好处是确保所有的构件类都有相同的接口。在客户端看来，叶子对象与容器对象所提供的方法是一致的，客户端

图 11-5 透明组合模式结构图

可以一致地对待所有的对象。

透明组合模式的缺点是不够安全，因为叶子对象和容器对象在本质上是有区别的。叶子对象不可能有下一个层次的对象，即不可能包含成员对象，因此为其提供add()、remove()以及getChild()等方法是没有意义的，这在编译阶段不会出错，但在运行阶段如果调用这些方法可能会出错（如果没有提供相应的错误处理代码）。

2. 安全组合模式

在安全组合模式中，抽象构件Component中没有声明任何用于管理成员对象的方法，而是在Composite类中声明并实现这些方法。这种做法是安全的，因为根本不向叶子对象提供这些管理成员对象的方法，对于叶子对象，客户端不可能调用到这些方法，如图11-6所示。

图 11-6 安全组合模式结构图

安全组合模式的缺点是不够透明，因为叶子构件和容器构件具有不同的方法，且容器构件中那些用于管理成员对象的方法没有在抽象构件类中定义，因此客户端不能完全针对抽象编程，必须有区别地对待叶子构件和容器构件。在实际应用中，安全组合模式的使用频率也非常高。

11.5 组合模式优缺点与适用环境

组合模式使用面向对象的思想来实现树形结构的构建与处理，描述了如何将容器对象和叶子对象进行递归组合，实现简单、灵活性好。由于在软件开发中存在大量的树形结构，因此组合模式是一种使用频率较高的结构型设计模式。

Java SE中的AWT和Swing包的设计就基于组合模式，在这些界面包中为用户提供了大量的容器构件（如Container）和成员构件（如Checkbox、Button和TextComponent等），其结构图如图11-7所示。

图 11-7 AWT 组合模式结构图

在图 11-7 中，Component 类是抽象构件，Checkbox、Button 和 TextComponent 是叶子构件，而 Container 是容器构件。在 AWT 中包含的叶子构件还有很多，因为篇幅限制没有在图中一一列出。在一个容器构件中可以包含叶子构件，也可以继续包含容器构件，这些叶子构件和容器构件一起组成了复杂的 GUI 界面。

11.5.1 组合模式优点

组合模式的优点主要如下：

（1）可以清楚地定义分层次的复杂对象，表示对象的全部或部分层次，它让客户端忽略了层次的差异，方便对整个层次结构进行控制。

（2）客户端可以一致地使用一个组合结构或其中单个对象，不必关心处理的是单个对象还是整个组合结构，简化了客户端代码。

（3）在组合模式中增加新的容器构件和叶子构件都很方便，无须对现有类库进行任何修改，符合开闭原则。

（4）为树形结构的面向对象实现提供了一种灵活的解决方案，通过叶子对象和容器对象的递归组合可以形成复杂的树形结构，但对树形结构的控制却非常简单。

11.5.2 组合模式缺点

组合模式的缺点主要如下：

在增加新构件时很难对容器中的构件类型进行限制。有时候希望一个容器中只能有某些特定类型的对象，例如在某个文件夹中只能包含文本文件，在使用组合模式时不能依赖类型系统来施加这些约束，因为它们都来自于相同的抽象层，在这种情况下必须通过在运行时进行类型检查来实现，这个实现过程较为复杂。

11.5.3 组合模式适用环境

在以下情况下可以考虑使用组合模式：

（1）在具有整体和部分的层次结构中希望通过一种方式忽略整体与部分的差异，客户端可以一致地对待它们。

（2）在一个使用面向对象语言开发的系统中需要处理一个树形结构。

（3）在一个系统中能够分离出叶子对象和容器对象，而且它们的类型不固定，需要增加一些新的类型。

11.6 本章小结

组合模式用于组合多个对象形成树形结构以表示具有部分-整体关系的层次结构。组合模式让客户端可以统一对待单个对象和组合对象。组合模式又可以称为"部分-整体"模式，是一种对象结构型模式。

组合模式包含抽象构件、叶子构件和容器构件 3 个角色。其中，抽象构件为叶子构件和容器构件对象声明接口，在该角色中可以包含所有子类共有行为的声明和实现；叶子构件在组合结构中表示叶子结点对象，叶子结点没有子结点；容器构件在组合结构中表示容器结点对象，容器结点包含子结点，其子结点可以是叶子结点，也可以是容器结点，它提供一个集合用于存储子结点，实现了在抽象构件中定义的行为。

组合模式的优点主要在于可以清楚地定义分层次的复杂对象，表示对象的全部或部分层次，它让客户端忽略了层次的差异，方便对整个层次结构进行控制；客户端可以一致地使用一个组合结构或其中单个对象，不必关心处理的是单个对象还是整个组合结构，简化了客户端代码；增加新的容器构件和叶子构件都很方便。其缺点主要是在增加新构件时很难对容器中的构件类型进行限制。

组合模式适用于以下环境：在具有整体和部分的层次结构中希望通过一种方式忽略整体与部分的差异，客户端可以同等对待它们；在一个使用面向对象语言开发的系统中需要处理一个树形结构；在一个系统中能够分离出叶子对象和容器对象，而且它们的类型不固定，需要增加一些新的类型。

组合模式根据抽象构件类的定义形式又可以分为透明组合模式和安全组合模式。

11.7 习题

1. 一个树形文件系统体现了（　　）模式。

A. Decorator(装饰)　　　　B. Composite(组合)

C. Bridge(桥接)　　　　　　D. Proxy(代理)

2. 以下关于组合模式的叙述错误的是（　　）。

A. 组合模式对叶子对象和组合对象的使用具有一致性

B. 组合模式可以很方便地保证在一个容器中只能有某些特定的构件

C. 组合模式将对象组织到树形结构中，可以用来描述整体与部分的关系

D. 组合模式使得可以很方便地在组合体中加入新的对象构件，客户端不需要因为加入新的对象构件而更改类库代码

3. 现需要开发一个XML文档处理软件，可以根据关键字查询指定内容，用户可以在XML中任意选取某一结点作为查询的初始结点，无须关心该结点所处的层次结构。针对该需求可以使用（　　）模式进行设计。

A. Abstract Factory(抽象工厂)　　B. Flyweight(享元)

C. Composite(组合)　　　　　　　D. Strategy(策略)

4. 在组合模式结构图中，如果聚合关联关系不是从Composite到Component，而是从Composite到Leaf，如图11-8所示，会产生怎样的结果？

5. 某教育机构组织结构图如图11-9所示。

在该教育机构的OA系统中可以给各级办公室下发公文，现采用组合模式设计该机构的组织结构，绘制相应的类图并使用Java语言编程模拟实现，在客户端代码中模拟下发公文。

图 11-8 组合模式习题4结构图

6. 某软件公司要开发一个界面控件库，界面控件分为两大类：一类是单元控件，例如按钮、文本框等；另一类是容器控件，例如窗体、中间面

板等，试用组合模式设计该界面控件库。

图 11-9 某教育机构组织结构图

第12章

装 饰 模 式

本章导学

装饰模式是一种用于替代继承的技术，它通过一种无须定义子类的方式来给对象动态增加职责，使用对象之间的关联关系取代类之间的继承关系。装饰模式降低了系统的耦合度，可以动态增加或删除对象的职责，并使需要装饰的具体构件类和用于装饰的具体装饰类都可以独立变化，增加新的具体构件类和具体装饰类都非常方便，符合开闭原则。

本章将学习装饰模式的定义与结构，通过实例学习装饰模式的使用，并学习透明装饰模式和半透明装饰模式的区别与实现。

本章知识点

- 装饰模式的定义
- 装饰模式的结构
- 装饰模式的实现
- 装饰模式的应用
- 装饰模式的优缺点
- 装饰模式的适用环境
- 透明装饰模式与半透明装饰模式

12.1 装饰模式概述

对新房进行装修并没有改变房屋用于居住的本质，但它可以让房子变得更漂亮、更温馨、更实用、更能满足居家的需求。在软件设计中也有一种类似新房装修的技术可以对已有对象（新房）的功能进行扩展（装修），以获得更加符合用户需求的对象，使得对象具有更加强大的功能，这种技术在设计模式中被称为装饰模式。

图 12-1 装饰模式示意图

装饰模式可以在不改变一个对象本身功能的基础上给对象增加额外的新行为，在现实生活中这种情况也到处存在，例如一张照片，可以不用改变照片本身，给它增加一个相框，使它具有防潮的功能。用户可以根据需要给它增加不同类型的相框，甚至可以在一个小相框的外面再套一个大相框，如图 12-1 所示。

在软件设计中，装饰模式是一种用于替代继承的技术，它通过一种无须定义子类的方式给对象动态增加职责，使用对象之间的关联关系取代类之间的继承关系。在装饰模式中引入了装饰类，在装饰类中既可以调用待装饰的原有类的方法，还可以增加新的方法，以扩充原有类的功能。

装饰模式的定义如下：

> **装饰模式**：动态地给一个对象增加一些额外的职责。就扩展功能而言，装饰模式提供了一种比使用子类更加灵活的替代方案。
>
> **Decorator Pattern**: Attach additional responsibilities to an object dynamically. Decorators provide a flexible alternative to subclassing for extending functionality.

装饰模式是一种对象结构型模式，它以对客户透明的方式动态地给一个对象附加上更多的责任，可以在不需要创建更多子类的情况下让对象的功能得以扩展。

12.2 装饰模式结构与实现

12.2.1 装饰模式结构

装饰模式的结构图如图 12-2 所示。

图 12-2 装饰模式结构图

由图 12-2 可知，装饰模式包含以下 4 个角色。

（1）**Component（抽象构件）**：它是具体构件和抽象装饰类的共同父类，声明了在具体构件中实现的业务方法，它的引入可以使客户端以一致的方式处理未被装饰的对象以及装饰之后的对象，实现客户端的透明操作。

（2）**ConcreteComponent（具体构件）**：它是抽象构件类的子类，用于定义具体的构件对象，实现了在抽象构件中声明的方法，装饰类可以给它增加额外的职责（方法）。

(3) Decorator(抽象装饰类)：它也是抽象构件类的子类，用于给具体构件增加职责，但是具体职责在其子类中实现。它维护一个指向抽象构件对象的引用，通过该引用可以调用装饰之前构件对象的方法，并通过其子类扩展该方法，以达到装饰的目的。

(4) **ConcreteDecorator(具体装饰类)**：它是抽象装饰类的子类，负责向构件添加新的职责。每一个具体装饰类都定义了一些新的行为，它可以调用在抽象装饰类中定义的方法，并可以增加新的方法用于扩充对象的行为。

12.2.2 装饰模式实现

在装饰模式中，抽象构件类一般设计为抽象类或者接口，在其中声明了抽象业务方法，当然也可以在抽象构件类中实现一些所有具体构件类都共有的业务方法。抽象构件类的典型代码如下：

```
public abstract class Component {
    public abstract void operation();
}
```

具体构件类作为抽象构件类的子类实现了在抽象构件类中声明的业务方法，通常在具体构件类中只提供基本功能的实现，一些复杂的功能需通过装饰类进行扩展。其典型代码如下：

```
public class ConcreteComponent extends Component {
    public void operation()
        //基本功能的实现
    }
}
```

装饰模式的核心在于抽象装饰类的设计，其典型代码如下：

```
public class Decorator extends Component {
    private Component component; //维持一个对抽象构件对象的引用

    //注入一个抽象构件类型的对象
    public Decorator(Component component) {
        this.component = component;
    }

    public void operation() {
        component.operation(); //调用原有业务方法
    }
}
```

在抽象装饰类Decorator中定义了一个Component类型的对象component，维持一个对抽象构件对象的引用，并可以通过构造方法或Setter方法将一个Component类型的对象注入进来，同时由于Decorator类实现了抽象构件Component接口，因此需要实现在其中声明的业务方法operation()。值得注意的是，在Decorator中并未真正实现operation()方法，只是调用原有component对象的operation()方法，它没有真正实施装饰，而是提供一个统一的接口，将具体装饰过程交给子类完成。

在Decorator的子类（即具体装饰类）中将继承operation()方法并根据需要进行扩展，典型的具体装饰类代码如下：

```java
public class ConcreteDecorator extends Decorator {
    public ConcreteDecorator(Component component) {
        super(component);
    }

    public void operation() {
        super.operation();  //调用原有业务方法
        addedBehavior();    //调用新增业务方法
    }

    //新增业务方法
    public void addedBehavior() {
        ...
    }
}
```

在具体装饰类中可以调用到抽象装饰类的 operation() 方法，同时可以定义新的业务方法，例如 addedBehavior()。如果该方法不希望客户端单独调用，可以将其可见性设为私有(private)。

由于在抽象装饰类 Decorator 中注入的是 Component 类型的对象，因此可以将一个具体构件对象注入其中，再通过具体装饰类进行装饰；此外，还可以将一个已经装饰过的 Decorator 子类的对象再注入其中进行多次装饰，从而实现对原有功能的多次扩展。

12.3 装饰模式应用实例

下面通过一个应用实例来进一步学习和理解装饰模式。

1. 实例说明

某软件公司基于面向对象技术开发了一套图形界面构件库 VisualComponent，该构件库提供了大量的基本构件，如窗体、文本框、列表框等，由于在使用该构件库时用户经常要求定制一些特殊的显示效果，如带滚动条的窗体、带黑色边框的文本框、既带滚动条又带黑色边框的列表框等，因此经常需要对该构件库进行扩展以增强其功能。

现使用装饰模式来设计该图形界面构件库。

2. 实例类图

通过分析，本实例的结构图如图 12-3 所示。

图 12-3 图形界面构件库结构图

在图 12-3 中，Component 充当抽象构件类，其子类 Window、TextBox、ListBox 充当具体构件类，Component 类的另一个子类 ComponentDecorator 充当抽象装饰类，ComponentDecorator 的子类 ScrollBarDecorator 和 BlackBorderDecorator 充当具体装饰类。

3. 实例代码

（1）Component：抽象界面构件类，充当抽象构件类。为了突出与模式相关的核心代码，在本实例中对控件代码进行了大量的简化。

```java
//designpatterns.decorator.Component.java
package designpatterns.decorator;

public abstract class Component {
    public abstract void display();
}
```

（2）Window：窗体类，充当具体构件类。

```java
//designpatterns.decorator.Window.java
package designpatterns.decorator;

public class Window extends Component {
    public void display() {
        System.out.println("显示窗体!");
    }
}
```

（3）TextBox：文本框类，充当具体构件类。

```java
//designpatterns.decorator.TextBox.java
package designpatterns.decorator;

public class TextBox extends Component {
    public void display() {
        System.out.println("显示文本框!");
    }
}
```

（4）ListBox：列表框类，充当具体构件类。

```java
//designpatterns.decorator.ListBox.java
package designpatterns.decorator;

public class ListBox extends Component {
    public void display()
    {
        System.out.println("显示列表框!");
    }
}
```

（5）ComponentDecorator：构件装饰类，充当抽象装饰类。

```java
//designpatterns.decorator.ComponentDecorator.java
package designpatterns.decorator;

public class ComponentDecorator extends Component {
    private Component component; //维持对抽象构件类型对象的引用
```

```java
    //注入抽象构件类型的对象
    public ComponentDecorator(Component component) {
        this.component = component;
    }

    public void display() {
        component.display();
    }
}
```

(6) ScrollBarDecorator：滚动条装饰类，充当具体装饰类。

```java
//designpatterns.decorator.ScrollBarDecorator.java
package designpatterns.decorator;

public class ScrollBarDecorator extends ComponentDecorator {
    public ScrollBarDecorator(Component component) {
        super(component);
    }

    public void display() {
        this.setScrollBar();
        super.display();
    }

    public void setScrollBar() {
        System.out.println("为构件增加滚动条!");
    }
}
```

(7) BlackBorderDecorator：黑色边框装饰类，充当具体装饰类。

```java
//designpatterns.decorator.BlackBorderDecorator.java
package designpatterns.decorator;

public class BlackBorderDecorator extends ComponentDecorator {
    public BlackBorderDecorator(Component component) {
        super(component);
    }

    public void display() {
        this.setBlackBorder();
        super.display();
    }

    public void setBlackBorder() {
        System.out.println("为构件增加黑色边框!");
    }
}
```

(8) Client：客户端测试类。

```java
//designpatterns.decorator.Client.java
package designpatterns.decorator;

public class Client {
    public static void main(String args[]) {
```

```java
        Component component, componentSB;          //使用抽象构件定义对象
        component = new Window();                   //创建具体构件对象
        componentSB = new ScrollBarDecorator(component);  //创建装饰后的构件对象
        componentSB.display();
    }
}
```

4. 结果及分析

编译并运行程序，输出结果如下：

```
为构件增加滚动条！
显示窗体！
```

在客户端代码中先创建一个 Window 类型的具体构件对象 component，然后将 component 作为构造函数的参数注入具体装饰类 ScrollBarDecorator 中，得到一个装饰之后的对象 componentSB，在调用 componentSB 的 display() 方法后将得到一个有滚动条的窗体。如果希望得到一个既有滚动条又有黑色边框的窗体，不需要对原有类库进行任何修改，只需将客户端代码修改如下：

```java
//designpatterns.decorator.Client.java
package designpatterns.decorator;

public class Client {
    public static void main(String args[]) {
        Component component, componentSB, componentBB;    //使用抽象构件定义全部对象
        component = new Window();                          //创建具体构件对象
        componentSB = new ScrollBarDecorator(component);   //创建装饰后的构件对象
        componentBB = new BlackBorderDecorator(componentSB);
                                                //将装饰了一次的对象注入另一个
                                                //装饰类中，进行第二次装饰
        componentBB.display();
    }
}
```

再次编译并运行程序，输出结果如下：

```
为构件增加黑色边框！
为构件增加滚动条！
显示窗体！
```

在上述客户端代码中将装饰了一次之后的 componentSB 对象再注入另一个装饰类 BlackBorderDecorator 中实现第二次装饰，得到一个经过两次装饰的对象 componentBB，再调用 componentBB 的 display() 方法即可得到一个既有滚动条又有黑色边框的窗体。

如果需要在原有系统中增加一个新的具体构件类或者新的具体装饰类，无须修改现有类库代码，只需将它们分别作为抽象构件类或者抽象装饰类的子类即可。

12.4 透明装饰模式与半透明装饰模式

在装饰模式中，具体装饰类通过新增成员变量或者成员方法来扩充具体构件类的功能。在标准的装饰模式中，新增行为需在原有业务方法中调用，无论是具体构件对象还是装饰过

的构件对象，对于客户端而言都是透明的，这种装饰模式被称为透明(Transparent)装饰模式。但是在某些情况下，有些新增行为可能需要单独被调用，此时客户端不能再一致性地处理装饰之前的对象和装饰之后的对象，这种装饰模式被称为半透明(Semi-transparent)装饰模式。下面将对这两种装饰模式进行较为详细的介绍。

1. 透明装饰模式

在透明装饰模式中要求客户端完全针对抽象编程，装饰模式的透明性要求客户端程序不应该将对象声明为具体构件类型或具体装饰类型，而应该全部声明为抽象构件类型。对于客户端而言，具体构件对象和具体装饰对象没有任何区别。也就是应该使用以下代码：

```
Component component_o,component_d; //使用抽象构件类型定义对象
component_o = new ConcreteComponent();
component_d = new ConcreteDecorator (component_o);
component_d.operation();
```

而不应该使用以下代码：

```
ConcreteComponent component_o; //使用具体构件类型定义对象
component_o = new ConcreteComponent();
```

或

```
ConcreteDecorator component_d; //使用具体装饰类型定义对象
component_d = new ConcreteDecorator(component_o);
```

对于多次装饰而言，在客户端中存在以下代码片段：

```
...
Component component_o,component_d1,component_d2; //全部使用抽象构件定义
component_o = new ConcreteComponent();
component_d1 = new ConcreteDecorator1(component_o);
component_d2 = new ConcreteDecorator2(component_d1);
component_d2.operation();
//无法单独调用 component_d2 的 addedBehavior()方法
...
```

使用抽象构件类型 Component 定义全部具体构件对象和具体装饰对象，客户端可以完全使用这些对象，因此符合透明装饰模式的要求。

透明装饰模式可以让客户端透明地使用装饰之前的对象和装饰之后的对象，无须关心它们的区别，此外还可以对一个已装饰过的对象进行多次装饰，得到更加复杂、功能更加强大的对象。在实现透明装饰模式时要求具体装饰类的 operation() 方法覆盖抽象装饰类的 operation() 方法，除了调用原有对象的 operation() 外还需要调用新增的 addedBehavior() 方法来增加新行为。但是由于在抽象构件中并没有声明 addedBehavior() 方法，因此无法在客户端单独调用该方法，在本章 12.3 节图形界面构件库的设计方案中使用的就是透明装饰模式。

2. 半透明装饰模式

透明装饰模式的设计难度较大，而且有时需要单独调用新增的业务方法。为了能够调用到新增方法，不得不用具体装饰类型来定义装饰之后的对象，而具体构件类型仍然可以使用抽象构件类型来定义，这种装饰模式即为半透明装饰模式。也就是说，对于客户端而言，具体构件类型无须关心，是透明的；但是具体装饰类型必须指定，这是不透明的。客户端代

码片段如下：

```
...
Component component_o;      //使用抽象构件类型定义
component_o = new ConcreteComponent();
component_o.operation();
ConcreteDecorator component_d; //使用具体装饰类型定义
component_d = new ConcreteDecorator(component_o);
component_d.operation();
component_d.addedBehavior();   //单独调用新增业务方法
...
```

半透明装饰模式可以给系统带来更多的灵活性，设计相对简单，使用起来也非常方便；但是其最大的缺点在于不能实现对同一个对象的多次装饰，而且客户端需要有区别地对待装饰之前的对象和装饰之后的对象。在实现半透明的装饰模式时只需在具体装饰类中增加一个独立的addedBehavior()方法来封装相应的业务处理，由于客户端使用具体装饰类型来定义装饰后的对象，因此可以单独调用addedBehavior()方法。

12.5 装饰模式优缺点与适用环境

装饰模式降低了系统的耦合度，可以动态增加或删除对象的职责，并使需要装饰的具体构件类和具体装饰类可以独立变化，以便增加新的具体构件类和具体装饰类。使用装饰模式将大大减少子类的个数，让系统扩展起来更加方便，而且更容易维护，是取代继承复用的有效方式之一。在软件开发中装饰模式的应用较为广泛，例如在Java I/O中的输入流和输出流的设计，javax.swing包中一些图形界面构件功能的增强等地方都运用了装饰模式。

12.5.1 装饰模式优点

装饰模式的优点主要如下：

（1）对于扩展一个对象的功能，装饰模式比继承更加灵活，不会导致类的个数急剧增加。

（2）可以通过一种动态的方式来扩展一个对象的功能，通过配置文件可以在运行时选择不同的具体装饰类，从而实现不同的行为。

（3）可以对一个对象进行多次装饰，通过使用不同的具体装饰类以及这些装饰类的排列组合可以创造出很多不同行为的组合，得到功能更加强大的对象。

（4）具体构件类与具体装饰类可以独立变化，用户可以根据需要增加新的具体构件类和具体装饰类，原有类库代码无须改变，符合开闭原则。

12.5.2 装饰模式缺点

装饰模式的缺点主要如下：

（1）在使用装饰模式进行系统设计时将产生很多小对象，这些对象的区别在于它们之间相互连接的方式有所不同，而不是它们的类或者属性值有所不同，大量小对象的产生势必会占用更多的系统资源，在一定程度上影响程序的性能。

（2）装饰模式提供了一种比继承更加灵活、机动的解决方案，但同时也意味着比继承更加易于出错，排错也更困难，对于多次装饰的对象，在调试时寻找错误可能需要逐级排查，较为烦琐。

12.5.3 装饰模式适用环境

在以下情况下可以考虑使用装饰模式：

(1) 在不影响其他对象的情况下以动态、透明的方式给单个对象添加职责。

(2) 当不能采用继承的方式对系统进行扩展或者采用继承不利于系统扩展和维护时可以使用装饰模式。不能采用继承的情况主要有两类：第一类是系统中存在大量独立的扩展，为支持每一种扩展或者扩展之间的组合将产生大量的子类，使得子类数目呈爆炸性增长；第二类是因为类已定义为不能被继承（例如在Java语言中使用final关键字修饰的类）。

12.6 本章小结

装饰模式用于动态地给一个对象增加一些额外的职责。就扩展功能而言，装饰模式提供了一种比使用子类更加灵活的替代方案，它是一种对象结构型模式。

装饰模式包含抽象构件、具体构件、抽象装饰类和具体装饰类4个角色。其中，抽象构件是具体构件类和抽象装饰类的共同父类，声明了在具体构件中实现的业务方法；具体构件实现了在抽象构件中声明的方法，装饰类可以给它增加额外的职责（方法）；抽象装饰类用于给具体构件增加职责，但是具体职责在其子类中实现；具体装饰类负责向构件添加新的职责。

装饰模式的优点主要是在扩展功能时比继承更加灵活，不会导致类的个数急剧增加；它通过一种动态的方式来扩展一个对象的功能，可以对一个对象进行多次装饰，还通过使用不同的具体装饰类以及这些装饰类的排列组合创造出很多不同行为的组合，得到功能更加强大的对象；具体构件类与具体装饰类可以独立变化，用户可以根据需要增加新的具体构件类和具体装饰类，原有类库代码无须改变，符合开闭原则。其缺点主要是使用装饰模式进行系统设计时将产生很多小对象；此外，装饰模式比继承更加易于出错，排错也更困难，对于多次装饰的对象，在调试时寻找错误可能需要逐级排查，较为烦琐。

装饰模式适用于以下环境：在不影响其他对象的情况下以动态、透明的方式给单个对象添加职责；当不能采用继承的方式对系统进行扩展或者采用继承不利于系统扩展和维护时也可以使用装饰模式。

装饰模式可分为透明装饰模式和半透明装饰模式：在透明装饰模式中要求客户端完全针对抽象编程，装饰模式的透明性要求客户端程序不应该将对象声明为具体构件类型或具体装饰类型，而应该全部声明为抽象构件类型；半透明装饰模式允许用户在客户端声明具体装饰类型的对象，从而可以单独调用在具体装饰者中新增的方法。

12.7 习题

自测题

1. 当不能采用生成子类的方法进行扩充时可采用(　　)设计模式动态地给一个对象添加一些额外的职责。

A. Facade(外观)　　　　B. Singleton(单例)

C. Participant(参与者)　　D. Decorator(装饰)

2. 以下（　　）不是装饰模式的适用条件。

A. 要扩展一个类的功能或给一个类增加附加责任

B. 要动态地给一个对象增加功能，这些功能还可以动态撤销

C. 要动态地组合多于一个的抽象化角色和实现化角色

D. 要通过一些基本功能的组合产生复杂功能，而不使用继承关系

3. 半透明装饰模式能否实现对同一个对象的多次装饰？为什么？

4. 最简单的手机（SimplePhone）在接收到来电的时候会发出声音提醒主人，现在需要为该手机添加一项功能，在接收来电的时候除了有声音还能产生振动（JarPhone）；还可以得到更加高级的手机（ComplexPhone），来电时它不仅能够发声，产生振动，而且有灯光闪烁提示。现用装饰模式来模拟手机功能的升级过程，要求绘制类图并使用Java语言编程模拟实现。

5. 某咖啡店在卖咖啡时可以根据顾客的要求在其中加入各种配料，咖啡店会根据所加入的配料来计算总费用。咖啡店所供应的咖啡及配料的种类和价格如表12-1所示。

表 12-1 咖啡及配料的种类和价格表

咖　啡	价格/杯（¥）	配料	价格/份（¥）
浓缩咖啡（Espresso）	25	摩卡（Mocha）	10
混合咖啡（House Blend）	30	奶泡（Whip）	8
重烘焙咖啡（Dark Roast）	20	牛奶（Milk）	6

现使用装饰模式为该咖啡店设计一个程序以实现计算费用的功能，输出每种饮料的详细描述及花费。

输出结果示例如下：

浓缩咖啡,摩卡,牛奶 ¥41

饮料类Beverage的代码如下：

```
public abstract class Beverage {
    public abstract String getDescription();
    public abstract int getCost();
}
```

要求画出对应的类图，并使用Java语言编程实现。

6. 某软件公司要开发一个数据加密模块，可以对字符串进行加密。最简单的加密算法通过对字母进行移位来实现，同时提供了稍复杂的逆向输出加密，还提供了更加高级的求模加密。用户先使用最简单的加密算法对字符串进行加密，如果觉得还不够可以对加密之后的结果使用其他加密算法进行二次加密，当然也可以进行第三次加密。试使用装饰模式设计该多重加密系统。

第13章

外观模式

本章导学

外观模式是一种使用频率非常高的结构型设计模式，它通过引入一个外观角色来简化客户端与子系统之间的交互，为复杂的子系统调用提供一个统一的入口，使子系统与客户端的耦合度降低，且客户端调用非常方便。

本章将学习外观模式的定义与结构，结合实例学习如何使用外观模式并分析外观模式的优缺点。

本章知识点

- 外观模式的定义
- 外观模式的结构
- 外观模式的实现
- 外观模式的应用
- 外观模式的优缺点
- 外观模式的适用环境
- 抽象外观类

13.1 外观模式概述

不知道大家有没有比较过自己泡茶和去茶馆喝茶的区别，如果是自己泡茶需要自行准备茶叶、茶具和开水，如图13-1(a)所示，而去茶馆喝茶，最简单的方式就是跟茶馆服务员说想要一杯什么样的茶，是铁观音、碧螺春还是西湖龙井？正因为茶馆有服务员，顾客无须直接和茶叶、茶具、开水等交互，整个泡茶过程由服务员来完成，顾客只需要与服务员交互即可，整个过程非常简单、省事，如图13-1(b)所示。

图 13-1 两种喝茶方式示意图

在软件开发中有时候为了完成一项较为复杂的功能，一个客户类需要和多个业务类交互，而这些需要交互的业务类经常会作为一个整体出现，由于涉及的类比较多，导致使用时代码较为复杂，此时特别需要一个类似服务员的角色，由它来负责和多个业务类进行交互，而客户类只需要与该类交互。外观模式通过引入一个新的外观类(Facade)来实现该功能，外观类充当了软件系统中的"服务员"，它为多个业务类的调用提供了一个统一的入口，简化了类与类之间的交互。在外观模式中，那些需要交互的业务类被称为子系统(Subsystem)。如果没有外观类，那么每个客户类需要和多个子系统之间进行复杂的交互，系统的耦合度将很大，如图13-2(a)所示；而引入外观类之后，客户类只需要直接与外观类交互，客户类与子系统之间原有的复杂引用关系由外观类来实现，从而降低了系统的耦合度，如图13-2(b)所示。

图 13-2 外观模式示意图

在外观模式中，一个子系统的外部与其内部的通信通过一个统一的外观类进行，外观类将客户类与子系统的内部复杂性分隔开，使得客户类只需要与外观角色打交道，而不需要与子系统内部的很多对象打交道。

外观模式的定义如下：

> **外观模式：** 为子系统中的一组接口提供一个统一的入口。外观模式定义了一个高层接口，这个接口使得这一子系统更加容易使用。
>
> Facade Pattern: Provide a unified interface to a set of interfaces in a subsystem. Facade defines a higher-level interface that makes the subsystem easier to use.

外观模式又称为门面模式，它是一种对象结构型模式。外观模式是迪米特法则的一种具体实现，通过引入一个新的外观角色可以降低原有系统的复杂度，同时降低客户类与子系统的耦合度。

13.2 外观模式结构与实现

13.2.1 外观模式结构

外观模式没有一个一般化的类图描述，通常使用如图13-2(b)所示的示意图表示外观模式。图13-3所示的类图也可以作为描述外观模式的结构图。

由图13-3可知，外观模式包含以下两个角色。

图 13-3 外观模式结构图

（1）Facade（外观角色）：在客户端可以调用它的方法，在外观角色中可以知道相关的（一个或者多个）子系统的功能和责任；在正常情况下，它将所有从客户端发来的请求委派到相应的子系统，传递给相应的子系统对象处理。

（2）SubSystem（子系统角色）：在软件系统中可以有一个或者多个子系统角色，每个子系统可以不是一个单独的类，而是一个类的集合，它实现子系统的功能；每个子系统都可以被客户端直接调用，或者被外观角色调用，它处理由外观类传过来的请求；子系统并不知道外观的存在，对于子系统而言，外观角色仅仅是另外一个客户端而已。

13.2.2 外观模式实现

外观模式的主要目的在于降低系统的复杂程度，在面向对象软件系统中，类与类之间的关系越多，不能表示系统设计得越好，反而表示系统中类之间的耦合度太大，这样的系统在维护和修改时都缺乏灵活性，因为一个类的改动会导致多个类发生变化，而外观模式的引入在很大程度上降低了类与类之间的耦合关系。在引入外观模式之后，增加新的子系统或者移除子系统都非常方便，客户类无须进行修改（或者极少的修改），只需要在外观类中增加或移除对子系统的引用即可。从这一点来说，外观模式在一定程度上并不符合开闭原则，增加新的子系统需要对原有系统进行一定的修改，虽然这个修改工作量不大。

外观模式中所指的子系统是一个广义的概念，它可以是一个类、一个功能模块、系统的一个组成部分或者一个完整的系统。子系统类通常是一些业务类，实现了一些具体的、独立的业务功能，其典型代码如下：

```
public class SubSystemA {
    public void methodA() {
        //业务实现代码
    }
}

public class SubSystemB {
    public void methodB() {
        //业务实现代码
```

```
    }
}

public class SubSystemC {
    public void methodC() {
        //业务实现代码
    }
}
```

在引入外观类之后，与子系统业务类之间的交互统一由外观类来完成，在外观类中通常存在如下代码：

```
public class Facade {
    private SubSystemA obj1 = new SubSystemA();
    private SubSystemB obj2 = new SubSystemB();
    private SubSystemC obj3 = new SubSystemC();

    public void method() {
        obj1.methodA();
        obj2.methodB();
        obj3.methodC();
    }
}
```

由于在外观类中维持了对子系统对象的引用，客户端可以通过外观类来间接调用子系统对象的业务方法，而无须与子系统对象直接交互。在引入外观类后，客户端代码变得非常简单，典型代码如下：

```
public class Client {
    public static void main(String args[]) {
        Facade facade = new Facade();
        facade.method();
    }
}
```

13.3 外观模式应用实例

下面通过一个应用实例来进一步学习和理解外观模式。

1. 实例说明

某软件公司要开发一个可应用于多个软件的文件加密模块，该模块可以对文件中的数据进行加密并将加密之后的数据存储在一个新文件中，具体的流程包括三部分，分别是读取源文件、加密、保存加密之后的文件，其中读取文件和保存文件使用流来实现，加密操作通过求模运算实现。这3个操作相对独立，为了实现代码的独立重用，让设计更符合单一职责原则，这3个操作的业务代码封装在3个不同的类中。

现使用外观模式设计该文件加密模块。

2. 实例类图

通过分析，本实例的结构图如图 13-4 所示。

在图 13-4 中，EncryptFacade 充当外观类，FileReader、CipherMachine 和 FileWriter 充

当子系统类。

图 13-4 文件加密模块结构图

3. 实例代码

（1）FileReader：文件读取类，充当子系统类。

```java
//designpatterns.facade.FileReader.java
package designpatterns.facade;
import java.io.FileInputStream;
import java.io.FileNotFoundException;
import java.io.IOException;

public class FileReader {
    public String read(String fileNameSrc) {
        System.out.print("读取文件，获取明文：");
        StringBuffer sb = new StringBuffer();
        try{
            FileInputStream inFS = new FileInputStream(fileNameSrc);
            int data;
            while((data = inFS.read())!= -1) {
                sb = sb.append((char)data);
            }
            inFS.close();
            System.out.println(sb.toString());
        }
        catch(FileNotFoundException e) {
            System.out.println("文件不存在！");
        }
        catch(IOException e) {
            System.out.println("文件操作错误！");
        }
        return sb.toString();
    }
}
```

（2）CipherMachine：数据加密类，充当子系统类。

```java
//designpatterns.facade.CipherMachine.java
package designpatterns.facade;
```

```java
public class CipherMachine {
    public String encrypt(String plainText) {
        System.out.print("数据加密,将明文转换为密文: ");
        String es = "";
        for(int i = 0; i < plainText.length(); i++) {
            String c = String.valueOf(plainText.charAt(i) % 7);
            es += c;
        }
        System.out.println(es);
        return es;
    }
}
```

(3) FileWriter：文件保存类，充当子系统类。

```java
//designpatterns.facade.FileWriter.java
package designpatterns.facade;
import java.io.FileOutputStream;
import java.io.FileNotFoundException;
import java.io.IOException;

public class FileWriter {
    public void write(String encryptStr,String fileNameDes) {
        System.out.println("保存密文,写入文件.");
        try{
            FileOutputStream outFS = new FileOutputStream(fileNameDes);
            outFS.write(encryptStr.getBytes());
            outFS.close();
        }
        catch(FileNotFoundException e) {
            System.out.println("文件不存在!");
        }
        catch(IOException e) {
            System.out.println("文件操作错误!");
        }
    }
}
```

(4) EncryptFacade：加密外观类，充当外观类。

```java
//designpatterns.facade.EncryptFacade.java
package designpatterns.facade;

public class EncryptFacade {
    //维持对子系统对象的引用
    private FileReader reader;
    private CipherMachine cipher;
    private FileWriter writer;

    public EncryptFacade() {
        reader = new FileReader();
        cipher = new CipherMachine();
        writer = new FileWriter();
    }

    //调用子系统对象的业务方法
    public void fileEncrypt(String fileNameSrc,String fileNameDes) {
```

```
        String plainStr = reader.read(fileNameSrc);
        String encryptStr = cipher.encrypt(plainStr);
        writer.write(encryptStr,fileNameDes);
    }
}
```

(5) Client：客户端测试类。

```
//designpatterns.facade.Client.java
package designpatterns.facade;

public class Client {
    public static void main(String args[]) {
        EncryptFacade ef = new EncryptFacade();
        ef.fileEncrypt("src//designpatterns//facade//src.txt","src//designpatterns//
facade// des.txt");
    }
}
```

4. 结果及分析

编译并运行程序，输出结果如下：

```
读取文件，获取明文：Hello world!
数据加密，将明文转换为密文：233364062325
保存密文，写人文件。
```

在本实例中，对文件 src.txt 中的数据进行加密，该文件内容为"Hello world!"，加密之后将密文保存到另一个文件 des.txt 中，程序运行后保存在文件中的密文为"233364062325"。在加密类 CipherMachine 中采用求模运算对明文进行加密，将明文中的每个字符除以一个整数（本例中为 7，可以由用户进行设置）后取余数作为密文。

13.4 抽象外观类

在标准的外观模式结构图中，如果需要增加、删除或更换与外观类交互的子系统类，必须修改外观类或客户端的源代码，这将违背开闭原则，因此可以通过引入抽象外观类对系统进行改进，这在一定程度上可以解决该问题。在引入抽象外观类之后，客户端可以针对抽象外观类进行编程，对于新的业务需求，不需要修改原有外观类，而对应增加一个新的具体外观类，由新的具体外观类来关联新的子系统对象，同时通过修改配置文件来达到不修改任何源代码并更换外观类的目的。

下面通过一个具体实例来学习如何使用抽象外观类：

如果在本章 13.3 节的应用实例"文件加密模块"中需要更换一个加密类，不再使用原有的基于求模运算的加密类 CipherMachine，而改为基于移位运算的新加密类 NewCipherMachine，其代码如下：

```
//designpatterns.facade.NewCipherMachine.java
package designpatterns.facade;

public class NewCipherMachine {
```

Java设计模式(第2版)

```java
public String encrypt(String plainText) {
    System.out.print("数据加密,将明文转换为密文: ");
    String es = "";
    int key = 10; //设置密钥,移位数为 10
    for (int i = 0; i < plainText.length(); i++) {
        char c = plainText.charAt(i);
        //小写字母移位
        if (c >= 'a' && c <= 'z') {
            c += key % 26;
            if (c > 'z') c -= 26;
            if (c < 'a') c += 26;
        }
        //大写字母移位
        if (c >= 'A' && c <= 'Z') {
            c += key % 26;
            if (c > 'Z') c -= 26;
            if (c < 'A') c += 26;
        }
        es += c;
    }
    System.out.println(es);
    return es;
}
```

如果不增加新的外观类，只能通过修改原有外观类 EncryptFacade 的源代码来实现加密类的更换，将原有的对 CipherMachine 类型对象的引用改为对 NewCipherMachine 类型对象的引用，这违背了开闭原则，因此需要通过增加新的外观类来实现对子系统对象引用的改变。

如果增加一个新的外观类 NewEncryptFacade 与 FileReader 类、FileWriter 类以及新增加的 NewCipherMachine 类进行交互，虽然原有系统类库无须做任何修改，但是因为客户端代码中原来针对 EncryptFacade 类进行编程，现在需要改为 NewEncryptFacade 类，所以需要修改客户端源代码。

如何在不修改客户端代码的前提下使用新的外观类呢？解决方法之一是引入一个抽象外观类，客户端针对抽象外观类编程，而在运行时再确定具体外观类，引入抽象外观类之后的文件加密模块结构图如图 13-5 所示。

在图 13-5 中，客户类 Client 针对抽象外观类 AbstractEncryptFacade 进行编程，AbstractEncryptFacade 的代码如下：

```java
//designpatterns.facade.AbstractEncryptFacade.java
package designpatterns.facade;

public abstract class AbstractEncryptFacade {
    public abstract void fileEncrypt(String fileNameSrc,String fileNameDes);
}
```

新增具体加密外观类 NewEncryptFacade 的代码如下：

```java
//designpatterns.facade.NewEncryptFacade.java
package designpatterns.facade;

public class NewEncryptFacade extends AbstractEncryptFacade {
    private FileReader reader;
    private NewCipherMachine cipher;
```

图 13-5 引入抽象外观类之后的文件加密模块结构图

```java
private FileWriter writer;

public NewEncryptFacade() {
    reader = new FileReader();
    cipher = new NewCipherMachine();
    writer = new FileWriter();
}

public void fileEncrypt(String fileNameSrc, String fileNameDes) {
    String plainStr = reader.read(fileNameSrc);
    String encryptStr = cipher.encrypt(plainStr);
    writer.write(encryptStr,fileNameDes);
}
}
```

配置文件 config.xml 中存储了具体外观类的类名，代码如下：

```xml
<?xml version = "1.0"?>
<config>
    <className>designpatterns.facade.NewEncryptFacade</className>
</config>
```

通过工具类 XMLUtil 读取配置文件 config.xml 并反射生成对象，XMLUtil 类的代码如下：

```java
//designpatterns.facade.XMLUtil.java
package designpatterns.facade;

import javax.xml.parsers.*;
import org.w3c.dom.*;
```

```java
import java.io.*;

public class XMLUtil {
    //该方法用于从XML配置文件中提取具体类的类名,并返回一个实例对象
    public static Object getBean() {
        try {
            //创建DOM文档对象
            DocumentBuilderFactory dFactory = DocumentBuilderFactory.newInstance();
            DocumentBuilder builder = dFactory.newDocumentBuilder();
            Document doc;
            doc = builder.parse(new File("src//designpatterns//facade//config.xml"));

            //获取包含类名的文本结点
            NodeList nl = doc.getElementsByTagName("className");
            Node classNode = nl.item(0).getFirstChild();
            String cName = classNode.getNodeValue();

            //通过类名生成实例对象并将其返回
            Class c = Class.forName(cName);
            Object obj = c.newInstance();
            return obj;
        }
        catch(Exception e) {
            e.printStackTrace();
            return null;
        }
    }
}
```

客户端测试代码修改如下：

```java
// designpatterns.facade.Client.java
package designpatterns.facade;

public class Client {
    public static void main(String args[]) {
        AbstractEncryptFacade ef; //针对抽象外观类编程
        //读取配置文件,反射生成对象
        ef = (AbstractEncryptFacade)XMLUtil.getBean();
        ef.fileEncrypt("src//designpatterns//facade//src.txt","src//designpatterns//facade//des.txt");
    }
}
```

编译并运行程序，输出结果如下：

```
读取文件,获取明文: Hello world!
数据加密,将明文转换为密文: Rovvy gybvn!
保存密文,写人文件。
```

原有外观类 EncryptFacade 也需要作为抽象外观类 AbstractEncryptFacade 的子类，在更换具体外观时只需修改配置文件，无须修改源代码，符合开闭原则。

13.5 外观模式优缺点与适用环境

外观模式是一种使用频率非常高的设计模式，它通过引入一个外观角色来简化客户端与子系统之间的交互，为复杂的子系统调用提供一个统一的入口，使子系统与客户端的耦合

度降低，且客户端调用非常方便。外观模式并不给系统增加任何新功能，它仅仅是简化调用接口。在几乎所有的软件中都能够找到外观模式的应用，例如绝大多数 B/S 系统都有一个首页或者导航页面，大部分 C/S 系统都提供了菜单或者工具栏，在这里首页和导航页面就是 B/S 系统的外观角色，而菜单和工具栏就是 C/S 系统的外观角色，通过它们用户可以快速访问子系统，降低了系统的复杂程度。所有涉及与多个业务对象交互的场景都可以考虑使用外观模式进行重构，例如 Java EE 中的 Session 外观模式。

13.5.1 外观模式优点

外观模式的优点主要如下：

（1）它对客户端屏蔽了子系统组件，减少了客户端所需处理的对象数目，并使子系统使用起来更加容易。通过引入外观模式，客户端代码将变得很简单，与之关联的对象也很少。

（2）它实现了子系统与客户端之间的松耦合关系，这使得子系统的变化不会影响到调用它的客户端，只需要调整外观类即可。

（3）一个子系统的修改对其他子系统没有任何影响，而且子系统内部变化也不会影响到外观对象。

13.5.2 外观模式缺点

外观模式的缺点主要如下：

（1）不能很好地限制客户端直接使用子系统类，如果对客户端访问子系统类做太多的限制则减少了可变性和灵活性。

（2）如果设计不当，增加新的子系统可能需要修改外观类的源代码，违背了开闭原则。

13.5.3 外观模式适用环境

在以下情况下可以考虑使用外观模式：

（1）当要为访问一系列复杂的子系统提供一个简单入口时可以使用外观模式。

（2）客户端程序与多个子系统之间存在很大的依赖性。引入外观类可以将子系统与客户端解耦，从而提高子系统的独立性和可移植性。

（3）在层次化结构中可以使用外观模式定义系统中每一层的入口，层与层之间不直接产生联系，而通过外观类建立联系，降低层之间的耦合度。

13.6 本章小结

外观模式为子系统中的一组接口提供一个统一的入口。外观模式定义了一个高层接口，这个接口使得这一子系统更加容易使用。外观模式又称为门面模式，它是一种对象结构型模式。

外观模式包含外观和子系统两个角色。其中，在外观角色中知道相关的（一个或者多个）子系统的功能和责任，客户端通过外观角色来间接访问子系统；在软件系统中可以有一个或者多个子系统角色，每个子系统可以不是一个单独的类，而是一个类的集合，它实现子系统的功能，每个子系统都可以被客户端直接调用，或者被外观角色调用，它处理由外观类传过来的请求。

外观模式的优点主要是对客户端屏蔽了子系统组件，减少了客户端所需处理的对象数目，并使子系统使用起来更加容易。其缺点主要是不能很好地限制客户端直接使用子系统类，如果对客户端访问子系统类做太多的限制则减少了可变性和灵活性；如果设计不当，增加新的子系统可能需要修改外观类的源代码，违背了开闭原则。

外观模式适用于以下环境：要为访问一系列复杂的子系统提供一个简单入口；客户端程序与多个子系统之间存在很大的依赖性；在层次化结构中可以使用外观模式定义系统中每一层的入口，层与层之间不直接产生联系，而通过外观类建立联系，降低层之间的耦合度。

可以通过抽象外观类对系统进行改进，在引入抽象外观类之后，客户端针对抽象外观类进行编程，对于新的业务需求，不需要修改原有外观类，而只需对应增加一个新的具体外观类，由新的具体外观类来关联新的子系统对象，同时通过修改配置文件达到不修改任何源代码并更换外观类的目的。

13.7 习题

1. 已知某子系统为外界提供功能服务，但该子系统中存在很多粒度十分小的类，不便被外界系统直接使用，采用(　　)设计模式可以定义一个高层接口，这个接口使得这一子系统更加容易使用。

A. Facade(外观)　　　　B. Singleton(单例)

C. Participant(参与者)　　D. Decorator(装饰)

2. 图 13-6 是(　　)模式实例的结构图。

图 13-6 某设计模式实例结构图

A. 桥接(Bridge)　　　　B. 工厂方法(Factory Method)

C. 模板方法(Template Method)　　D. 外观(Facade)

3. 以下关于外观模式的叙述错误的是(　　)。

A. 在外观模式中，一个子系统的外部与其内部的通信可以通过一个统一的外观对象进行

B. 在增加外观对象之后，客户类只需要直接和外观对象交互即可，与子系统类之间的复杂引用关系由外观对象来实现，降低了系统的耦合度

C. 外观模式可以很好地限制客户类使用子系统类，对客户类访问子系统类做限制可以提高系统的灵活性

D. 可以为一个系统提供多个外观类

4. 某信息系统需要提供一个数据处理和报表显示模块，该模块可以读取不同类型的文件中的数据并将数据转换成 XML 格式，然后对数据进行统计分析，最后以报表方式来显示数据。由于该过程需要涉及多个类，试使用外观模式设计该数据处理和报表显示模块。考虑到有些文件本身已经是 XML 格式，无须进行格式转换，为了让系统具有更好的扩展性，在系统设计中可以引入抽象外观类。

5. 在电脑主机（Mainframe）中只需要按下主机的开机按钮（on()），即可调用其他硬件设备和软件的启动方法，如内存（Memory）的自检（check()）、CPU 的运行（run()）、硬盘（HardDisk）的读取（read()）、操作系统（OS）的载入（load()）等，如果某一过程发生错误则电脑启动失败。使用外观模式模拟该过程，绘制类图并使用 Java 语言编程模拟实现。

6. 某软件公司为新开发的智能手机控制与管理软件提供了一键备份功能，通过该功能可以将原本存储在手机中的通信录、短信、照片、歌曲等资料一次性全部复制到移动存储介质（例如 MMC 卡或 SD 卡）中。在实现过程中需要与多个已有的类进行交互，例如通讯录管理类、短信管理类等，为了降低系统的耦合度，试使用外观模式来设计并使用 Java 语言编程模拟实现该一键备份功能。

第14章

享 元 模 式

扫一扫

视频讲解

本章导学

当系统中存在大量相同或者相似的对象时，享元模式是一种值得考虑的解决方案，它通过共享技术实现相同或相似的细粒度对象的复用，从而节约了内存空间、提高了系统性能。在享元模式中提供了一个享元池用于存储已经创建好的享元对象，并通过享元工厂类将享元对象提供给客户端使用。

本章将学习享元模式的定义与结构，学习如何创建享元池和享元工厂类，并结合实例学习如何实现无外部状态的享元模式以及有外部状态的享元模式。

本章知识点

- 享元模式的定义
- 享元模式的结构
- 享元模式的实现
- 享元模式的应用
- 享元模式的优缺点
- 享元模式的适用环境
- 有外部状态的享元模式
- 单纯享元模式与复合享元模式

14.1 享元模式概述

如果一个软件系统在运行时所创建的相同或相似对象数量太多，将导致运行代价过高，带来系统资源浪费、性能下降等问题。例如在一个文本字符串中存在很多重复的字符，如果每一个字符都用一个单独的对象来表示，将会占用较多的内存空间，那么如何避免系统中出现大量相同或相似的对象，同时又不影响客户端程序通过面向对象的方式对这些对象进行操作？享元模式正是为解决这一类问题而诞生。享元模式通过共享技术实现相同或相似对象的重用，在逻辑上每一个出现的字符都有一个对象与之对应，然而在物理上它们却共享同一个享元对象，这个对象可以出现在一个字符串的不同地方，相同的字符对象都指向同一个实例，在享元模式中存储这些共享实例对象的地方称为享元池(Flyweight Pool)。可以针对每一个不同的字符创建一个享元对象，将其放在享元池中，当需要时再从享元池取出，如图14-1所示。

图 14-1 字符享元对象示意图

享元模式以共享的方式高效地支持大量细粒度对象的重用，享元对象能做到共享的关键是区分了内部状态(Intrinsic State)和外部状态(Extrinsic State)。下面将对享元的内部状态和外部状态进行简单的介绍。

(1) 内部状态是存储在享元对象内部并且不会随环境改变而改变的状态，内部状态可以共享。例如字符的内容不会随外部环境的变化而变化，无论在任何环境下字符"a"始终是"a"，都不会变成"b"。

(2) 外部状态是随环境改变而改变的、不可以共享的状态。享元对象的外部状态通常由客户端保存，并在享元对象被创建之后需要使用的时候再传入到享元对象内部。一个外部状态与另一个外部状态之间是相互独立的。例如字符的颜色，可以在不同的地方有不同的颜色，例如有的"a"是红色的，有的"a"是绿色的，字符的大小也是如此，有的"a"是五号字，有的"a"是四号字。而且字符的颜色和大小是两个独立的外部状态，它们可以独立变化，相互之间没有影响，客户端可以在使用时将外部状态注入享元对象中。

正因为区分了内部状态和外部状态，可以将具有相同内部状态的对象存储在享元池中，享元池中的对象是可以实现共享的，当需要的时候就将对象从享元池中取出，实现对象的复用。通过向取出的对象注入不同的外部状态可以得到一系列相似的对象，而这些对象在内存中实际上只存储一份。

享元模式的定义如下：

享元模式：运用共享技术有效地支持大量细粒度对象的复用。

Flyweight Pattern: Use sharing to support large numbers of fine-grained objects efficiently.

享元模式要求能够被共享的对象必须是细粒度对象，它又称为轻量级模式，享元模式是一种对象结构型模式。

14.2 享元模式结构与实现

14.2.1 享元模式结构

享元模式的结构较为复杂，通常结合工厂模式一起使用，在它的结构图中包含了一个享元工厂类，其结构图如图 14-2 所示。

图 14-2 享元模式结构图

由图 14-2 可知，享元模式包含以下 4 个角色。

（1）**Flyweight（抽象享元类）**：抽象享元类通常是一个接口或抽象类，在抽象享元类中声明了具体享元类公共的方法，这些方法可以向外界提供享元对象的内部数据（内部状态），同时也可以通过这些方法来设置外部数据（外部状态）。

（2）**ConcreteFlyweight（具体享元类）**：具体享元类实现了抽象享元类，其实例称为享元对象；在具体享元类中为内部状态提供了存储空间。通常可以结合单例模式来设计具体享元类，为每一个具体享元类提供唯一的享元对象。

（3）**UnsharedConcreteFlyweight（非共享具体享元类）**：并不是所有的抽象享元类的子类都需要被共享，不能被共享的子类可设计为非共享具体享元类；当需要一个非共享具体享元类的对象时可以直接通过实例化创建。

（4）**FlyweightFactory（享元工厂类）**：享元工厂类用于创建并管理享元对象，它针对抽象享元类编程，将各种类型的具体享元对象存储在一个享元池中，享元池一般设计为一个存储"键值对"的集合（也可以是其他类型的集合），可以结合工厂模式进行设计；当用户请求一个具体享元对象时，享元工厂提供一个存储在享元池中已创建的实例或者创建一个新的实例（如果不存在），返回新创建的实例并将其存储在享元池中。

14.2.2 享元模式实现

享元类 Flyweight 的设计是享元模式的要点之一，为了提高系统的可扩展性，通常会定义一个抽象享元类作为所有具体享元类的公共父类，典型的抽象享元类代码如下：

```
public abstract class Flyweight {
    public abstract void operation(String extrinsicState);
}
```

在具体享元类 ConcreteFlyweight 中要将内部状态和外部状态分开处理，通常将内部状态作为具体享元类的成员变量，而外部状态通过注入的方式添加到具体享元类中。典型的具体享元类代码如下：

```
public class ConcreteFlyweight extends Flyweight {
    //内部状态 intrinsicState 作为成员变量，同一个享元对象的内部状态是一致的
    private String intrinsicState;

    public ConcreteFlyweight(String intrinsicState) {
        this.intrinsicState = intrinsicState;
    }

    //外部状态 extrinsicState 在使用时由外部设置，不保存在享元对象中，即使是同一个对象，
    //在每一次调用时可以传入不同的外部状态
    public void operation(String extrinsicState) {
        //实现业务方法
    }
}
```

除了可以共享的具体享元类以外，在使用享元模式时有时候还需要处理那些不需要共享的抽象享元类 Flyweight 的子类，这些子类被定义为非共享具体享元类 UnsharedConcreteFlyweight，其典型代码如下：

```java
public class UnsharedConcreteFlyweight extends Flyweight {
    public void operation(String extrinsicState) {
        //实现业务方法
    }
}
```

在享元模式中引入了享元工厂类 FlyweightFactory，享元工厂类的作用是提供一个用于存储享元对象的享元池，当用户需要对象时首先从享元池中获取，如果享元池中不存在，则创建一个新的享元对象返回给用户，并在享元池中保存该新增对象。典型的享元工厂类的代码如下：

```java
public class FlyweightFactory {
    //定义一个 HashMap 用于存储享元对象，实现享元池
    private HashMap flyweights = new HashMap();

    public Flyweight getFlyweight(String key) {
        //如果对象存在，则直接从享元池获取
        if (flyweights.containsKey(key)) {
            return (Flyweight)flyweights.get(key);
        }
        //如果对象不存在，先创建一个新的对象添加到享元池中，然后返回
        else {
            Flyweight fw = new ConcreteFlyweight();
            flyweights.put(key, fw);
            return fw;
        }
    }
}
```

14.3 享元模式应用实例

下面通过一个应用实例来进一步学习和理解享元模式。

1. 实例说明

某软件公司要开发一个围棋软件，其界面效果如图 14-3 所示。

该软件公司的开发人员通过对围棋软件进行分析发现，在围棋棋盘中包含大量的黑子和白子，它们的形状、大小一模一样，只是出现的位置不同而已。如果将每一个棋子作为一个独立的对象存储在内存中，将导致该围棋软件在运行时所需的内存空间较大，那么如何降低运行代价、提高系统性能是需要解决的一个问题。

为了解决该问题，现使用享元模式来设计该围棋软件的棋子对象。

图 14-3 围棋软件界面效果图

2. 实例类图

通过分析，本实例的结构图如图 14-4 所示。

在图 14-4 中，IgoChessman 充当抽象享元类，BlackIgoChessman 和 WhiteIgoChessman

充当具体享元类，IgoChessmanFactory 充当享元工厂类。

图 14-4 围棋棋子结构图

3. 实例代码

（1）IgoChessman：围棋棋子类，充当抽象享元类。

```java
//designpatterns.flyweight.simple.IgoChessman.java
package designpatterns.flyweight.simple;

public abstract class IgoChessman {
    public abstract String getColor();

    public void display() {
        System.out.println("棋子颜色：" + this.getColor());
    }
}
```

（2）BlackIgoChessman：黑色棋子类，充当具体享元类。

```java
//designpatterns.flyweight.simple.BlackIgoChessman.java
package designpatterns.flyweight.simple;

public class BlackIgoChessman extends IgoChessman {
    public String getColor() {
        return "黑色";
    }
}
```

（3）WhiteIgoChessman：白色棋子类，充当具体享元类。

```java
//designpatterns.flyweight.simple.WhiteIgoChessman.java
package designpatterns.flyweight.simple;

public class WhiteIgoChessman extends IgoChessman {
    public String getColor() {
        return "白色";
    }
}
```

（4）IgoChessmanFactory：围棋棋子工厂类，充当享元工厂类，使用单例模式对其进行设计。

```
//designpatterns.flyweight.simple.IgoChessmanFactory.java
```

```java
package designpatterns.flyweight.simple;
import java.util.*;

public class IgoChessmanFactory {
    private static IgoChessmanFactory instance = new IgoChessmanFactory();
    private static Hashtable ht; //使用 Hashtable 来存储享元对象，充当享元池

    private IgoChessmanFactory() {
        ht = new Hashtable();
        IgoChessman black,white;
        black = new BlackIgoChessman();
        ht.put("b",black);
        white = new WhiteIgoChessman();
        ht.put("w",white);
    }

    //返回享元工厂类的唯一实例
    public static IgoChessmanFactory getInstance() {
        return instance;
    }

    //通过 key 获取存储在 Hashtable 中的享元对象
    public static IgoChessman getIgoChessman(String color) {
        return (IgoChessman)ht.get(color);
    }
}
```

(5) Client：客户端测试类。

```java
//designpatterns.flyweight.simple.Client.java
package designpatterns.flyweight.simple;

public class Client {
    public static void main(String args[]) {
        IgoChessman black1,black2,black3,white1,white2;
        IgoChessmanFactory factory;

        //获取享元工厂对象
        factory = IgoChessmanFactory.getInstance();

        //通过享元工厂获取 3 颗黑子
        black1 = factory.getIgoChessman("b");
        black2 = factory.getIgoChessman("b");
        black3 = factory.getIgoChessman("b");
        System.out.println("判断两颗黑子是否相同：" + (black1 == black2));

        //通过享元工厂获取两颗白子
        white1 = factory.getIgoChessman("w");
        white2 = factory.getIgoChessman("w");
        System.out.println("判断两颗白子是否相同：" + (white1 == white2));

        //显示棋子
        black1.display();
        black2.display();
        black3.display();
        white1.display();
        white2.display();
    }
}
```

4. 结果及分析

编译并运行程序，输出结果如下：

```
判断两颗黑子是否相同：true
判断两颗白子是否相同：true
棋子颜色：黑色
棋子颜色：黑色
棋子颜色：黑色
棋子颜色：白色
棋子颜色：白色
```

从输出结果可以看出，虽然在客户端代码中获取了3个黑子对象和两个白子对象，但是它们的内存地址相同，也就是说它们实际上是同一个对象。在实现享元工厂类时使用了单例模式和简单工厂模式，确保了享元工厂对象的唯一性，并提供工厂方法向客户端返回享元对象。

14.4 有外部状态的享元模式

对14.3节的应用实例中的围棋棋子进行进一步分析，不难发现虽然黑色棋子和白色棋子可以共享，但是它们将显示在棋盘的不同位置，如何让相同的黑子或者白子能够多次重复显示且位于一个棋盘的不同地方？解决方法之一就是将棋子的位置定义为棋子的一个外部状态，在需要时再进行设置。因此，在图14-4的基础上增加了一个新的类Coordinates(坐标类)，用于存储每一个棋子的位置，修改之后的结构图如图14-5所示。

图 14-5 引入外部状态之后的围棋棋子结构图

在图14-5中除了增加一个坐标类Coordinates以外，抽象享元类IgoChessman中的display()方法也将对应增加一个Coordinates类型的参数，用于在显示棋子时指定其坐标。Coordinates类的代码如下：

```
//designpatterns.flyweight.extend.Coordinates.java
```

```java
package designpatterns.flyweight.extend;

public class Coordinates {
    private int x;
    private int y;

    public Coordinates(int x, int y) {
        this.x = x;
        this.y = y;
    }

    public int getX() {
        return this.x;
    }

    public void setX(int x) {
        this.x = x;
    }

    public int getY() {
        return this.y;
    }

    public void setY(int y) {
        this.y = y;
    }
}
```

修改之后的 IgoChessman 类代码如下：

```java
//designpatterns.flyweight.extend.IgoChessman.java
package designpatterns.flyweight.extend;

public abstract class IgoChessman {
    public abstract String getColor();

    public void display(Coordinates coord){
        System.out.println("棋子颜色：" + this.getColor() + ",棋子位置：" + coord.getX() + "," + coord.getY() );
    }
}
```

将客户端测试代码修改如下：

```java
//designpatterns.flyweight.extend.Client.java
package designpatterns.flyweight.extend;

public class Client {
    public static void main(String args[]) {
        IgoChessman black1,black2,black3,white1,white2;
        IgoChessmanFactory factory;

        //获取享元工厂对象
        factory = IgoChessmanFactory.getInstance();

        //通过享元工厂获取3颗黑子
        black1 = factory.getIgoChessman("b");
```

```java
        black2 = factory.getIgoChessman("b");
        black3 = factory.getIgoChessman("b");
        System.out.println("判断两颗黑子是否相同：" + (black1 == black2));

        //通过享元工厂获取两颗白子
        white1 = factory.getIgoChessman("w");
        white2 = factory.getIgoChessman("w");
        System.out.println("判断两颗白子是否相同：" + (white1 == white2));

        //显示棋子，同时设置棋子的坐标位置
        black1.display(new Coordinates(1,2));
        black2.display(new Coordinates(3,4));
        black3.display(new Coordinates(1,3));
        white1.display(new Coordinates(2,5));
        white2.display(new Coordinates(2,4));
    }
}
```

编译并运行程序，输出结果如下：

```
判断两颗黑子是否相同：true
判断两颗白子是否相同：true
棋子颜色：黑色，棋子位置：1,2
棋子颜色：黑色，棋子位置：3,4
棋子颜色：黑色，棋子位置：1,3
棋子颜色：白色，棋子位置：2,5
棋子颜色：白色，棋子位置：2,4
```

从输出结果可以看到，在每次调用 display() 方法时都设置了不同的外部状态——坐标值，因此相同的棋子对象虽然具有相同的颜色，但是它们的坐标值不同，将显示在棋盘的不同位置。

14.5 单纯享元模式与复合享元模式

在标准的享元模式结构图中既包含可以共享的具体享元类，也包含不可以共享的非共享具体享元类。但是在实际使用过程中有时候会用到两种特殊的享元模式——单纯享元模式和复合享元模式，下面将对这两种特殊的享元模式进行简单的介绍。

1. 单纯享元模式

在单纯享元模式中所有的具体享元类都是可以共享的，不存在非共享具体享元类。单纯享元模式的结构图如图 14-6 所示。

图 14-6 单纯享元模式结构图

2. 复合享元模式

将一些单纯享元对象使用组合模式加以组合还可以形成复合享元对象，这样的复合享元对象本身不能共享，但是它们可以分解成单纯享元对象，而后者则可以共享。复合享元模式的结构图如图 14-7 所示。

图 14-7 复合享元模式结构图

通过使用复合享元模式可以让复合享元类 CompositeConcreteFlyweight 中所包含的每个单纯享元类 ConcreteFlyweight 都具有相同的外部状态，而这些单纯享元的内部状态往往可以不同。如果希望为多个内部状态不同的享元对象设置相同的外部状态，可以考虑使用复合享元模式。

14.6 享元模式与 String 类

JDK 类库中的 String 类使用了享元模式，可以通过以下代码加以说明：

```
public class Demo {
    public static void main(String args[]) {
        String str1 = "abcd";
        String str2 = "abcd";
        String str3 = "ab" + "cd";
        String str4 = "ab";
        str4 += "cd";

        System.out.println(str1 == str2);
        System.out.println(str1 == str3);
        System.out.println(str1 == str4);

        str2 += "e";
        System.out.println(str1 == str2);
    }
}
```

在 Java 语言中，如果每次执行类似 String str1 = "abcd"的操作时都创建一个新的字符串对象将导致内存开销很大，因此如果第一次创建了内容为"abcd"的字符串对象 str1，下一次再创建内容相同的字符串对象 str2 时会将它的引用指向"abcd"，不会重新分配内存空间，从而实现了"abcd"在内存中的共享。上述代码的输出结果如下：

true
true

```
false
false
```

可以看出，前两个输出语句均为 true，说明 str1、str2、str3 在内存中引用了相同的对象；如果有一个字符串 str4，其初值为"ab"，再对它进行操作 str4 += "cd"，此时虽然 str4 的内容与 str1 相同，但是由于 str4 的初始值不同，在创建 str4 时重新分配了内存，所以第 3 个输出语句结果为 false；最后一个输出语句结果也为 false，说明当对 str2 进行修改时将创建一个新的对象，修改工作在新对象上完成，而原来引用的对象并没有发生任何改变，str1 仍然引用原有对象，而 str2 引用新对象，str1 与 str2 引用了两个完全不同的对象。

Java String 类这种在修改享元对象时先将原有对象复制一份，然后在新对象上实施修改操作的机制称为"Copy On Write"，读者可以自行查询相关资料来进一步了解和学习"Copy On Write"机制，在此不作详细说明。

14.7 享元模式优缺点与适用环境

当系统中存在大量相同或者相似的对象时享元模式是一种较好的解决方案，它通过共享技术实现相同或相似的细粒度对象的复用，从而节约了内存空间，提高了系统性能。相比其他结构型设计模式，享元模式的使用频率并不算太高，但是作为一种以"节约内存，提高性能"为出发点的设计模式，它在软件开发中还是得到了一定程度的应用。

14.7.1 享元模式优点

享元模式的优点主要如下：

(1) 享元模式可以减少内存中对象的数量，使得相同或者相似对象在内存中只保存一份，从而可以节约系统资源，提高系统性能。

(2) 享元模式的外部状态相对独立，而且不会影响其内部状态，从而使享元对象可以在不同的环境中被共享。

14.7.2 享元模式缺点

享元模式的缺点主要如下：

(1) 享元模式使系统变得复杂，需要分离出内部状态和外部状态，这使得程序的逻辑复杂化。

(2) 为了使对象可以共享，享元模式需要将享元对象的部分状态外部化，而读取外部状态将使运行时间变长。

14.7.3 享元模式适用环境

在以下情况下可以考虑使用享元模式：

(1) 一个系统有大量相同或者相似的对象，造成内存的大量耗费。

(2) 对象的大部分状态都可以外部化，可以将这些外部状态传入对象中。

(3) 在使用享元模式时需要维护一个存储享元对象的享元池，而这需要耗费一定的系统资源，因此应当在需要多次重复使用享元对象时才使用享元模式。

14.8 本章小结

享元模式运用共享技术有效地支持大量细粒度对象的复用。通过使用享元模式系统只需使用少量的对象，而这些对象都很相似，状态变化很小，因此可以实现对象的多次复用。享元模式是一种对象结构型模式。

享元模式包含抽象享元类、具体享元类、非共享具体享元类和享元工厂类4个角色。其中，在抽象享元类中声明了具体享元类公共的方法；具体享元类实现了抽象享元接口，为内部状态提供了存储空间；非共享具体享元类是不能被共享的抽象享元类的子类；享元工厂类用于创建并管理享元对象，它针对抽象享元类编程，将各种类型的具体享元对象存储在一个享元池中。

享元模式的优点主要是可以极大地减少内存中对象的数量，使得相同或相似对象在内存中只保存一份，从而可以节约系统资源，提高系统性能。其缺点主要是使系统变得复杂，需要分离出内部状态和外部状态，这使得程序的逻辑复杂化；此外，享元模式需要将享元对象的部分状态外部化，而读取外部状态将使得运行时间变长。

享元模式适用于以下环境：一个系统有大量相同或者相似的对象，造成内存的大量耗费；对象的大部分状态都可以外部化，可以将这些外部状态传入对象中；需要多次重复使用享元对象。

享元模式以共享的方式高效地支持大量细粒度对象的重用，享元对象能做到共享的关键是区分了内部状态和外部状态。内部状态是存储在享元对象内部并且不会随环境改变而改变的状态，内部状态可以共享；外部状态是随环境改变而改变的、不可以共享的状态。

在单纯享元模式中所有的具体享元类都是可以共享的，不存在非共享具体享元类。将一些单纯享元对象使用组合模式加以组合还可以形成复合享元对象。

14.9 习题

1. 当应用程序由于使用大量的对象造成很大的存储开销时，可以采用（　　）设计模式运用共享技术来有效地支持大量细粒度对象的重用。

A. Facade(外观)　　　　B. Composite(组合)

C. Flyweight(享元)　　　D. Adapter(适配器)

2. 在享元模式中，外部状态是指（　　）。

A. 享元对象可共享的所有状态

B. 享元对象可共享的部分状态

C. 由享元对象自己保存和维护的状态

D. 由客户端保存和维护的状态

3. 以下关于享元模式的叙述错误的是（　　）。

A. 享元模式运用共享技术有效地支持大量细粒度对象的复用

B. 在享元模式中可以多次使用某个对象，通过引入外部状态使得这些对象可以有所差异

C. 享元对象能够做到共享的关键是引入了享元池，在享元池中通过克隆方法向客户端返回所需对象

D. 在享元模式中，外部状态是随环境改变而改变、不可以共享的状态，内部状态是不随环境改变而改变、可以共享的状态

4. 很多网络设备都是支持共享的，如交换机、集线器等，多台终端计算机可以连接同一台网络设备，并通过该网络设备进行数据转发，试使用享元模式模拟共享网络设备的设计原理，绘制类图并使用Java语言模拟实现。

虽然网络设备可以共享，但是分配给每一个终端计算机的端口(Port)是不同的，因此多台计算机虽然可以共享同一个网络设备，但必须使用不同的端口，可以将端口从网络设备中抽取出来作为外部状态，在需要时再进行设置，试对之前的设计方案进行改进，绘制改进之后的类图并使用Java语言模拟实现这个带有外部状态的享元模式实例。

5. 在屏幕中显示一个文本文档，其中相同的字符串"Java"共享同一个对象，而这些字符串的颜色和大小可以不同。现使用享元模式设计一个方案实现字符串对象的共享，要求绘制类图并使用Java语言编程实现。

6. 某软件公司要开发一个多功能文档编辑器，在文本文档中可以插入图片、动画、视频等多媒体资料。为了节约系统资源，相同的图片、动画和视频在同一个文档中只需保存一份，但是可以多次重复出现，而且它们每次出现时位置和大小均可不同。试使用享元模式设计该文档编辑器。

第15章

代理模式

本章导学

代理模式是常用的结构型设计模式之一，当无法直接访问某个对象或访问某个对象存在困难时可以通过一个代理对象来间接访问，为了保证客户端使用的透明性，所访问的真实对象与代理对象需要实现相同的接口。根据代理模式的使用目的不同，代理模式又可以分为多种类型，例如保护代理、远程代理、虚拟代理、缓冲代理等，它们应用于不同的场合，满足用户的不同需求。

本章将学习代理模式的定义与结构，学习几种常见的代理模式的类型及其适用环境，学会如何实现简单的代理模式并理解远程代理、虚拟代理、缓冲代理、保护代理和智能引用代理的作用与实现原理。

本章知识点

- 代理模式的定义
- 代理模式的结构
- 代理模式的实现
- 代理模式的应用
- 远程代理
- 虚拟代理
- 动态代理
- 代理模式的优缺点
- 代理模式的适用环境

15.1 代理模式概述

近年来，代购已逐渐成为电子商务的一个重要分支。何谓代购，简单来说就是找人帮忙购买所需要的商品，当然可能需要向实施代购的人支付一定的费用。代购通常分为两种类型：一种是因为在当地买不到某件商品，又或者是因为当地这件商品的价格比其他地区的贵，所以托人在其他地区甚至国外购买该商品，然后通过快递发货或者直接携带回来；还有一种代购，由于消费者对想要购买的商品相关信息缺乏，自己无法确定其实际价值而又不想被商家"宰"，只好委托中介机构帮其讲价或为其代买。代购网站为此应运而生，它为消费者提供在线代购服务，如果看中某国外购物网站上的商品，可以登录代购网站填写代购单并付款，代购网站会帮助进行购买然后通过快递公司将商品发送给消费者。商品代购过程如图15-1所示。

在软件开发中也有一种设计模式可以提供与代购网站类似的功能。由于某些原因，客户端不想或不能直接访问一个对象，此时可以通过一个称为"代理"的第三者来实现间接访问，该方案对应的设计模式被称为代理模式。

图 15-1 商品代购示意图

代理模式是一种应用很广泛的结构型设计模式，而且变化形式非常多，常见的代理形式有远程代理、保护代理、虚拟代理、缓冲代理、智能引用代理等，在后面将学习这些不同的代理形式。

代理模式的定义如下：

> 代理模式：给某一个对象提供一个代理或占位符，并由代理对象来控制对原对象的访问。
>
> Proxy Pattern: Provide a surrogate or placeholder for another object to control access to it.

代理模式是一种对象结构型模式。在代理模式中引入了一个新的代理对象，代理对象在客户端对象和目标对象之间起到中介的作用，它去掉客户不能看到的内容和服务或者增添客户需要的额外的新服务。

15.2 代理模式结构与实现

15.2.1 代理模式结构

代理模式的结构比较简单，其核心是代理类。为了让客户端能够一致性地对待真实对象和代理对象，在代理模式中引入了抽象层。代理模式的结构图如图 15-2 所示。

图 15-2 代理模式的结构图

由图 15-2 可知，代理模式包含以下 3 个角色。

(1) **Subject(抽象主题角色)**：它声明了真实主题和代理主题的共同接口，这样一来在任何使用真实主题的地方都可以使用代理主题，客户端通常需要针对抽象主题角色进行编程。

(2) **Proxy(代理主题角色)**：它包含了对真实主题的引用，从而可以在任何时候操作真实主题对象；在代理主题角色中提供了一个与真实主题角色相同的接口，以便在任何时候都可以替代真实主题；代理主题角色还可以控制对真实主题的使用，负责在需要的时候创建和删除真实主题对象，并对真实主题对象的使用加以约束。通常，在代理主题角色中客户端在调用所引用的真实主题操作之前或之后还需要执行其他操作，而不仅仅是单纯调用真实主题对象中的操作。

(3) **RealSubject(真实主题角色)**：它定义了代理角色所代表的真实对象，在真实主题角色中实现了真实的业务操作，客户端可以通过代理主题角色间接调用真实主题角色中定义的操作。

15.2.2 代理模式实现

代理模式的结构图比较简单，但是在真实的使用和实现过程中要复杂很多，特别是代理类的设计和实现。

抽象主题类声明了真实主题类和代理类的公共方法，它可以是接口、抽象类或具体类，客户端针对抽象主题类编程，一致性地对待真实主题和代理主题。典型的抽象主题类代码如下：

```
public abstract class Subject {
    public abstract void request();
}
```

真实主题类继承了抽象主题类，提供了业务方法的具体实现，其典型代码如下：

```
public class RealSubject extends Subject {
    public void request() {
        //业务方法的具体实现代码
    }
}
```

代理类也是抽象主题类的子类，它维持一个对真实主题对象的引用，调用在真实主题中实现的业务方法，在调用时可以在原有业务方法的基础上附加一些新的方法对功能进行扩充或约束。最简单的代理类实现代码如下：

```
public class Proxy extends Subject {
    private RealSubject realSubject = new RealSubject(); //维持一个对真实主题对象的引用

    public void preRequest() {
        ...
    }

    public void request() {
        preRequest();
        realSubject.request();                //调用真实主题对象的方法
        postRequest();
    }

    public void postRequest() {
        ...
    }
}
```

在实际开发过程中，代理类的实现比上述代码要复杂很多，代理模式根据其目的和实现方式不同可分为很多种类，对其中常用的几种代理模式简要说明如下。

(1) 远程代理(Remote Proxy)：为一个位于不同地址空间的对象提供一个本地的代理对象，这个不同的地址空间可以在同一台主机中，也可以在另一台主机中，远程代理又称为大使(Ambassador)。

(2) 虚拟代理(Virtual Proxy)：如果需要创建一个资源消耗较大的对象，先创建一个消耗相对较小的对象来表示，真实对象只在需要时才会被真正创建。

(3) 保护代理(Protect Proxy)：控制对一个对象的访问，可以给不同的用户提供不同级别的使用权限。

(4) 缓冲代理(Cache Proxy)：为某一个目标操作的结果提供临时的存储空间，以便多个客户端可以共享这些结果。

(5) 智能引用代理(Smart Reference Proxy)：当一个对象被引用时提供一些额外的操作，例如将对象被调用的次数记录下来等。

在这些常用的代理模式中有些代理类的设计非常复杂，例如远程代理类，它封装了底层网络通信和对远程对象的调用，其实现较为复杂。

15.3 代理模式应用实例

下面通过一个应用实例来进一步学习和理解代理模式。

1. 实例说明

某软件公司承接了某信息咨询公司的收费商务信息查询系统的开发任务，该系统的基本需求如下：

(1) 在进行商务信息查询之前用户需要通过身份验证，只有合法用户才能够使用该查询系统。

(2) 在进行商务信息查询时系统需要记录查询日志，以便根据查询次数收取查询费用。

该软件公司的开发人员已完成了商务信息查询模块的开发任务，现希望能够以一种松耦合的方式向原有系统增加身份验证和日志记录功能，客户端代码可以无区别地对待原始的商务信息查询模块和增加新功能之后的商务信息查询模块，而且可能在将来还要在该信息查询模块中增加一些新的功能。

试使用代理模式设计并实现该收费商务信息查询系统。

2. 实例类图

通过分析，可以采用一种间接访问的方式来实现该商务信息查询系统的设计，在客户端对象和信息查询对象之间增加一个代理对象，让代理对象实现身份验证和日志记录等功能，而无须直接对原有的商务信息查询对象进行修改，如图 15-3 所示。

图 15-3 商务信息查询系统设计方案示意图

在图 15-3 中，客户端对象通过代理对象间接访问具有商务信息查询功能的真实对象，在代理对象中除了调用真实对象的商务信息查询功能外，还增加了身份验证和日志记录等功能。使用代理模式设计该商务信息查询系统，结构图如图 15-4 所示。

图 15-4 商务信息查询系统结构图

在图 15-4 中，业务类 AccessValidator 用于验证用户身份，业务类 Logger 用于记录用户查询日志，Searcher 充当抽象主题角色，RealSearcher 充当真实主题角色，ProxySearcher 充当代理主题角色。

3. 实例代码

(1) AccessValidator：身份验证类（业务类），它提供 validate() 方法来实现身份验证。

```java
//designpatterns.proxy.AccessValidator.java
package designpatterns.proxy;

public class AccessValidator {
    //模拟实现登录验证
    public boolean validate(String userId) {
        System.out.println("在数据库中验证用户'" + userId + "'是否为合法用户?");
        if (userId.equalsIgnoreCase("杨过")) {
            System.out.println("'" + userId + "'登录成功!");
            return true;
        }
        else {
            System.out.println("'" + userId + "'登录失败!");
            return false;
        }
    }
}
```

(2) Logger：日志记录类（业务类），它提供 log() 方法来保存日志。

```java
//designpatterns.proxy.Logger.java
package designpatterns.proxy;

public class Logger {
    //模拟实现日志记录
    public void log(String userId) {
        System.out.println("更新数据库，用户'" + userId + "'查询次数加 1!");
    }
}
```

(3) Searcher：抽象查询类，充当抽象主题角色，它声明了 doSearch()方法。

```java
//designpatterns.proxy.Searcher.java
package designpatterns.proxy;

public interface Searcher {
    public String doSearch(String userId,String keyword);
}
```

(4) RealSearcher：具体查询类，充当真实主题角色，它实现查询功能，提供 doSearch() 方法来查询信息。

```java
//designpatterns.proxy.RealSearcher.java
package designpatterns.proxy;

public class RealSearcher implements Searcher {
    //模拟查询商务信息
    public String doSearch(String userId,String keyword) {
        System.out.println("用户'" + userId + "'使用关键词'" + keyword + "'查询商务信息!");
        return "返回具体内容";
    }
}
```

(5) ProxySearcher：代理查询类，充当代理主题角色，它是查询代理，维持了对 RealSearcher 对象、AccessValidator 对象和 Logger 对象的引用。

```java
//designpatterns.proxy.ProxySearcher.java
package designpatterns.proxy;

public class ProxySearcher implements Searcher {
    private RealSearcher searcher = new RealSearcher();  //维持一个对真实主题的引用
    private AccessValidator validator;
    private Logger logger;

    public String doSearch(String userId,String keyword) {
        //如果身份验证成功，则执行查询
        if (this.validate(userId)) {
            String result = searcher.doSearch(userId,keyword);
                                            //调用真实主题对象的查询方法
            this.log(userId);               //记录查询日志
            return result;                  //返回查询结果
        }
        else {
            return null;
        }
    }

    //创建访问验证对象并调用其 validate()方法实现身份验证
    public boolean validate(String userId) {
        validator = new AccessValidator();
        return validator.validate(userId);
    }

    //创建日志记录对象并调用其 log()方法实现日志记录
    public void log(String userId) {
        logger = new Logger();
        logger.log(userId);
```

```
    }
}
```

（6）配置文件 config.xml，在配置文件中存储了代理主题类的类名。

```xml
<?xml version = "1.0"?>
<config>
    <className>designpatterns.proxy.ProxySearcher</className>
</config>
```

（7）XMLUtil：工具类。

```java
//designpatterns.proxy.XMLUtil.java
package designpatterns.proxy;

import javax.xml.parsers.*;
import org.w3c.dom.*;
import java.io.*;

public class XMLUtil {
    //该方法用于从 XML 配置文件中提取具体类的类名，并返回一个实例对象
    public static Object getBean() {
        try {
            //创建 DOM 文档对象
            DocumentBuilderFactory dFactory = DocumentBuilderFactory.newInstance();
            DocumentBuilder builder = dFactory.newDocumentBuilder();
            Document doc;
            doc = builder.parse(new File("src//designpatterns//proxy//config.xml"));

            //获取包含类名的文本结点
            NodeList nl = doc.getElementsByTagName("className");
            Node classNode = nl.item(0).getFirstChild();
            String cName = classNode.getNodeValue();

            //通过类名生成实例对象并将其返回
            Class c = Class.forName(cName);
            Object obj = c.newInstance();
            return obj;
        }
        catch(Exception e) {
            e.printStackTrace();
            return null;
        }
    }
}
```

（8）Client：客户端测试类。

```java
//designpatterns.proxy.Client.java
package designpatterns.proxy;

public class Client {
    public static void main(String args[]) {
        Searcher searcher; //针对抽象编程，客户端无须分辨真实主题类和代理类
        searcher = (Searcher)XMLUtil.getBean();
        String result = searcher.doSearch("杨过","玉女心经");
    }
}
```

4. 结果及分析

编译并运行程序，输出结果如下：

```
在数据库中验证用户'杨过'是否为合法用户？
'杨过'登录成功！
用户'杨过'使用关键词'玉女心经'查询商务信息！
更新数据库，用户'杨过'查询次数加 1！
```

本实例是保护代理和智能引用代理的应用实例，在代理类 ProxySearcher 中实现对真实主题类的权限控制和引用计数，如果需要在访问真实主题时增加新的访问控制机制和新功能，只需增加一个新的代理类，再修改配置文件，在客户端代码中使用新增代理类即可，源代码无须修改，符合开闭原则。

15.4 远程代理

远程代理(Remote Proxy)是一种常用的代理模式，它使得客户端程序可以访问在远程主机上的对象，远程主机可能具有更好的计算性能与处理速度，可以快速响应并处理客户端的请求。远程代理可以将网络的细节隐藏起来，使得客户端不必考虑网络的存在。客户端完全可以认为被代理的远程业务对象是在本地而不是在远程，而远程代理对象承担了大部分的网络通信工作，并负责对远程业务方法的调用。

远程代理示意图如图 15-5 所示，客户端对象不能直接访问远程主机中的业务对象，只能采取间接访问的方式。远程业务对象在本地主机中有一个代理对象，该代理对象负责对远程业务对象的访问和网络通信，它对于客户端对象而言是透明的。客户端无须关心实现具体业务的是谁，只需要按照服务接口所定义的方式直接与本地主机中的代理对象交互即可。

图 15-5 远程代理示意图

在 Java 语言中可以通过一种名为 RMI(Remote Method Invocation，远程方法调用)的机制来实现远程代理，它能够实现一个 Java 虚拟机中的对象调用另一个 Java 虚拟机中对象的方法。在 RMI 中，客户端对象可以通过一个桩(Stub)对象与远程主机上的业务对象进行通信，由于桩对象和远程业务对象接口一致，因此对于客户端而言操作远程对象和本地桩对象没有任何区别，桩对象就是远程业务对象在本地主机的代理对象。

在 RMI 实现的过程中，远程主机端有一个 Skeleton(骨架)对象负责与 Stub 对象通信，RMI 的基本实现步骤如下：

(1) 客户端发起请求，将请求转交至 RMI 客户端的 Stub 类。

(2) Stub 类将请求的接口、方法、参数等信息进行序列化。

(3) 将序列化后的流使用 Socket 传输至服务器端。

(4) 服务器端接收到流后将其转发至相应的 Skeleton 类。

(5) Skeleton 类将请求信息反序列化后调用实际的业务处理类。

(6) 业务处理类处理完毕后将结果返回给 Skeleton 类。

(7) Skeleton 类将结果序列化，再次通过 Socket 将流传送给客户端的 Stub。

(8) Stub 在接收到流后进行反序列化，将反序列化后得到的 Java Object 对象返回给客户端调用者。

至此，一次完整的远程方法调用得以完成。

除了 RMI 之外，在 Java 语言中还可以通过很多其他方式来实现远程通信和远程方法调用，例如 XML-RPC、Binary-RPC、JBoss-Remoting、Spring-Remoting、Hessian 等，读者可以自行查阅相关资料进行扩展学习。

15.5 虚拟代理

虚拟代理(Virtual Proxy)也是一种常用的代理模式，对于一些占用系统资源较多或者加载时间较长的对象，可以给这些对象提供一个虚拟代理。在真实对象创建成功之前虚拟代理扮演真实对象的替身，而当真实对象创建之后虚拟代理将用户的请求转发给真实对象。

通常在以下两种情况下可以考虑使用虚拟代理：

(1) 由于对象本身的复杂性或者网络等原因导致一个对象需要较长的加载时间，此时可以用一个加载时间相对较短的代理对象来代表真实对象。通常在实现时可以结合多线程技术，一个线程用于显示代理对象，其他线程用于加载真实对象。这种虚拟代理模式可以应用在程序启动的时候，由于创建代理对象在时间和处理复杂度上要少于创建真实对象，因此在程序启动时可以用代理对象代替真实对象初始化，大大加速了系统的启动时间。当需要使用真实对象时再通过代理对象来引用，而此时真实对象可能已经成功加载完毕，可以缩短用户的等待时间。

(2) 当一个对象的加载十分耗费系统资源的时候也非常适合使用虚拟代理。虚拟代理可以让那些占用大量内存或处理起来非常复杂的对象推迟到使用它们的时候才创建，而在此之前用一个相对来说占用资源较少的代理对象来代表真实对象，再通过代理对象来引用真实对象。为了节省内存，在第一次引用真实对象时再创建对象，并且该对象可以被多次重用，在以后每次访问时需要检测所需对象是否已经被创建，因此在访问该对象时需要进行存在性检测，这需要消耗一定的系统时间，但是可以节省内存空间，这是一种用时间换取空间的做法。

无论是以上哪种情况，虚拟代理都是用一个"虚假"的代理对象来代表真实对象，通过代理对象来间接引用真实对象，可以在一定程度上提高系统的性能。

15.6 动态代理

在传统的代理模式中客户端通过 Proxy 类调用 RealSubject 类的 request()方法，同时还可以在代理类中封装其他方法(例如 preRequest()和 postRequest()等)。如果按照这种方法使用代理模式，那么代理类和真实主题类都应该是事先已经存在的，代理类的接口和所代理方法都已明确指定。每一个代理类在编译之后都会生成一个class文件，代理类所实现的接口和所代理的方法都被固定，这种代理被称为静态代理(Static Proxy)。如果需要为不同的真实主题类提供代理类或者代理一个真实主题类中的不同方法，都需要增加新的代理类，这将导致系统中的类个数急剧增加，因此需要想办法减少系统中类的个数。

动态代理(Dynamic Proxy)可以让系统在运行时根据实际需要来动态创建代理类，让同一个代理类能够代理多个不同的真实主题类而且可以代理不同的方法。动态代理是一种较为高级的代理模式，它在事务管理、AOP(Aspect-Oriented Programming，面向方面编程)等领域都发挥了重要的作用。

从JDK 1.3开始，Java语言提供了对动态代理的支持，Java语言实现动态代理时需要用到位于java.lang.reflect包中的一些类，现简要说明如下：

1. Proxy类

Proxy类提供了用于创建动态代理类和实例对象的方法，它是所创建的动态代理类的父类，它最常用的方法如下。

(1) public static Class<?> getProxyClass(ClassLoader loader, Class<?>... interfaces)；该方法用于返回一个Class类型的代理类，在参数中需要提供类加载器并需要指定代理的接口数组(与真实主题类的接口列表一致)。

(2) public static Object newProxyInstance(ClassLoader loader, Class<?>[] interfaces, InvocationHandler h)；该方法用于返回一个动态创建的代理类的实例，方法中的第一个参数loader表示代理类的类加载器，第二个参数interfaces表示代理类所实现的接口列表(与真实主题类的接口列表一致)，第三个参数h表示所指派的调用处理程序类。

2. InvocationHandler接口

InvocationHandler接口是代理处理程序类的实现接口，该接口作为代理实例的调用处理者的公共父类，每一个代理类的实例都可以提供一个相关的具体调用处理者(InvocationHandler接口的子类)。在该接口中声明了如下方法：

public Object invoke(Object proxy, Method method, Object[] args)

该方法用于处理对代理类实例的方法调用并返回相应的结果，当一个代理实例中的业务方法被调用时将自动调用该方法。invoke()方法包含3个参数，其中第一个参数proxy表示代理类的实例，第二个参数method表示需要代理的方法，第三个参数args表示代理方法的参数数组。

动态代理类需要在运行时指定所代理真实主题类的接口，客户端在调用动态代理对象的方法时调用请求会将请求自动转发给InvocationHandler对象的invoke()方法，由invoke()方法来实现对请求的统一处理。

下面通过一个简单实例来学习如何使用动态代理模式：

> 某软件公司要为公司OA系统数据访问层DAO增加方法调用日志，记录每一个方法被调用的时间和调用结果，现使用动态代理进行设计和实现。

本实例的完整代码如下。

(1) AbstractUserDAO：抽象用户DAO类，抽象主题角色。

```
//designpatterns.proxy.dynamic.AbstractUserDAO.java
```

```java
package designpatterns.proxy.dynamic;

public interface AbstractUserDAO {
    public Boolean findUserById(String userId);
}
```

（2）AbstractDocumentDAO：抽象文档 DAO 类，抽象主题角色。

```java
//designpatterns.proxy.dynamic.AbstractDocumentDAO.java
package designpatterns.proxy.dynamic;

public interface AbstractDocumentDAO {
    public Boolean deleteDocumentById(String documentId);
}
```

（3）UserDAO：用户 DAO 类，具体主题角色。

```java
//designpatterns.proxy.dynamic.UserDAO.java
package designpatterns.proxy.dynamic;

public class UserDAO implements AbstractUserDAO {
    public Boolean findUserById(String userId) {
        if (userId.equalsIgnoreCase("张无忌")) {
            System.out.println("查询 ID 为" + userId + "的用户信息成功!");
            return true;
        }
        else {
            System.out.println("查询 ID 为" + userId + "的用户信息失败!");
            return false;
        }
    }
}
```

（4）DocumentDAO：文档 DAO 类，具体主题角色。

```java
//designpatterns.proxy.dynamic.DocumentDAO.java
package designpatterns.proxy.dynamic;

public class DocumentDAO implements AbstractDocumentDAO {
    public Boolean deleteDocumentById(String documentId) {
        if (documentId.equalsIgnoreCase("D001")) {
            System.out.println("删除 ID 为" + documentId + "的文档信息成功!");
            return true;
        }
        else {
            System.out.println("删除 ID 为" + documentId + "的文档信息失败!");
            return false;
        }
    }
}
```

（5）DAOLogHandler：自定义请求处理程序类。

```java
//designpatterns.proxy.dynamic.DAOLogHandler.java
package designpatterns.proxy.dynamic;

import java.lang.reflect.InvocationHandler;
```

```java
import java.lang.reflect.Method;
import java.util.Calendar;
import java.util.GregorianCalendar;

public class DAOLogHandler implements InvocationHandler {
    private Calendar calendar;
    private Object object;

    public DAOLogHandler() {
    }

    //自定义有参构造函数,用于注入一个需要提供代理的真实主题对象
    public DAOLogHandler(Object object) {
        this.object = object;
    }

    //实现 invoke()方法,调用在真实主题类中定义的方法
    public Object invoke(Object proxy, Method method, Object[] args) throws Throwable {
        beforeInvoke();
        Object result = method.invoke(object, args); //转发调用
        afterInvoke();
        return result;
    }

    //记录方法调用时间
    public void beforeInvoke(){
        calendar = new GregorianCalendar();
        int hour = calendar.get(Calendar.HOUR_OF_DAY);
        int minute = calendar.get(Calendar.MINUTE);
        int second = calendar.get(Calendar.SECOND);
        String time = hour + ":" + minute + ":" + second;
        System.out.println("调用时间：" + time);
    }

    public void afterInvoke(){
        System.out.println("方法调用结束！");
    }
}
```

(6) Client：客户端测试类。

```java
//designpatterns.proxy.dynamic.Client.java
package designpatterns.proxy.dynamic;

import java.lang.reflect.Proxy;
import java.lang.reflect.InvocationHandler;

public class Client {
    public static void main(String args[]) {
        InvocationHandler handler = null;
        AbstractUserDAO userDAO = new UserDAO();
        handler = new DAOLogHandler(userDAO);
        AbstractUserDAO proxy = null;

        //动态创建代理对象,用于代理一个 AbstractUserDAO 类型的真实主题对象
        proxy = (AbstractUserDAO)Proxy.newProxyInstance(AbstractUserDAO.class.getClassLoader(),
new Class[]{AbstractUserDAO.class}, handler);
```

```java
        proxy.findUserById("张无忌");       //调用代理对象的业务方法

        System.out.println("------------------------------");

        AbstractDocumentDAO docDAO = new DocumentDAO();
        handler = new DAOLogHandler(docDAO);
        AbstractDocumentDAO proxy_new = null;

        //动态创建代理对象，用于代理一个 AbstractDocumentDAO 类型的真实主题对象
        proxy_new = (AbstractDocumentDAO) Proxy. newProxyInstance (AbstractDocumentDAO.
class.getClassLoader(),new Class[]{AbstractDocumentDAO.class},handler);
        proxy_new.deleteDocumentById("D002"); //调用代理对象的业务方法
    }
}
```

编译并运行程序，输出结果如下：

```
调用时间：16:36:47
查询 ID 为张无忌的用户信息成功！
方法调用结束！
------------------------------
调用时间：16:36:47
删除 ID 为 D002 的文档信息失败！
方法调用结束！
```

通过使用动态代理可以实现对多个真实主题类的统一代理和集中控制。

JDK 中提供的动态代理只能代理一个或多个接口，如果需要动态代理具体类或抽象类，可以使用 CGLib (Code Generation Library) 等工具。CGLib 是一个功能较为强大、性能和质量也较好的代码生成包，在许多 AOP 框架中得到了广泛应用，读者可以查阅相关资料来学习 CGLib。

15.7 代理模式优缺点与适用环境

代理模式是常用的结构型设计模式之一，它为对象的间接访问提供了一个解决方案，可以对对象的访问进行控制。代理模式的类型较多，其中远程代理、虚拟代理、保护代理等在软件开发中的应用非常广泛。在 Java RMI, EJB, Web Service, Spring AOP 等技术和框架中都使用了代理模式。

15.7.1 代理模式优点

代理模式的共同优点如下：

(1) 能够协调调用者和被调用者，在一定程度上降低了系统的耦合度。

(2) 客户端可以针对抽象主题角色进行编程，增加和更换代理类无须修改源代码，符合开闭原则，系统具有较好的灵活性和可扩展性。

此外，不同类型的代理模式具有独特的优点，例如：

(1) 远程代理为位于两个不同地址空间的对象的访问提供了一种实现机制，可以将一些消耗资源较多的对象和操作移至性能更好的计算机上，提高了系统的整体运行效率。

(2) 虚拟代理通过一个消耗资源较少的对象来代表一个消耗资源较多的对象，可以在

一定程度上节省系统的运行开销。

（3）缓冲代理为某一个操作的结果提供临时的缓存存储空间，以便在后续使用中能够共享这些结果，优化系统性能，缩短执行时间。

（4）保护代理可以控制对一个对象的访问权限，为不同用户提供不同级别的使用权限。

15.7.2 代理模式缺点

代理模式的缺点主要如下：

（1）由于在客户端和真实主题之间增加了代理对象，因此有些类型的代理模式可能会造成请求的处理速度变慢，例如保护代理。

（2）实现代理模式需要额外的工作，而且有些代理模式的实现过程较为复杂，例如远程代理。

15.7.3 代理模式适用环境

代理模式的类型较多，不同类型的代理模式有不同的优缺点，它们应用于不同的场合：

（1）当客户端对象需要访问远程主机中的对象时可以使用远程代理。

（2）当需要用一个消耗资源较少的对象来代表一个消耗资源较多的对象，从而降低系统开销、缩短运行时间时可以使用虚拟代理，例如一个对象需要很长时间才能完成加载时。

（3）当需要为某一个被频繁访问的操作结果提供一个临时存储空间，以供多个客户端共享访问这些结果时可以使用缓冲代理。通过使用缓冲代理，系统无须在客户端每一次访问时都重新执行操作，只需直接从临时缓冲区获取操作结果即可。

（4）当需要控制对一个对象的访问为不同用户提供不同级别的访问权限时可以使用保护代理。

（5）当需要为一个对象的访问（引用）提供一些额外的操作时可以使用智能引用代理。

15.8 本章小结

代理模式给某一个对象提供一个代理或占位符，并由代理对象来控制对原对象的访问。代理模式是一种对象结构型模式。

代理模式包含抽象主题角色、代理主题角色和真实主题角色3个角色。其中，抽象主题角色声明了真实主题和代理主题的共同接口；代理主题角色包含了对真实主题的引用，可以在任何时候操作真实主题对象；真实主题角色实现了真实的业务操作。

当客户端对象需要访问远程主机中的对象时可以使用远程代理。远程代理为位于两个不同地址空间对象的访问提供了一种实现机制，可以将一些消耗资源较多的对象和操作移至性能更好的计算机上，从而提高系统的整体运行效率。

当需要用一个消耗资源较少的对象来代表一个消耗资源较多的对象，从而降低系统开销、缩短运行时间时可以使用虚拟代理。虚拟代理可以在一定程度上节省系统的运行开销。

当需要为某一个被频繁访问的操作结果提供一个临时存储空间，以供多个客户端共享访问这些结果时可以使用缓冲代理。缓冲代理为某一个操作的结果提供临时的缓存存储空间，以便在后续使用中能够共享这些结果，优化系统性能，缩短执行时间。

当需要控制对一个对象的访问为不同用户提供不同级别的访问权限时可以使用保护代理。

当需要为一个对象的访问(引用)提供一些额外的操作时可以使用智能引用代理。

代理模式的优点主要是能够协调调用者和被调用者，在一定程度上降低了系统的耦合度；系统具有较好的灵活性和可扩展性，客户端可以针对抽象主题角色进行编程，增加和更换代理类无须修改源代码，符合开闭原则。其缺点主要是有些类型的代理模式可能会造成请求的处理速度变慢；实现代理模式需要一些额外的工作，而且有些代理模式的实现过程较为复杂。

自测题

15.9 习题

1. Windows 操作系统中的应用程序快捷方式是(　　)模式的应用实例。
   A. 代理(Proxy)
   B. 组合(Composite)
   C. 装饰(Decorator)
   D. 外观(Facade)

2. 以下关于代理模式的叙述错误的是(　　)。
   A. 代理模式能够协调调用者和被调用者，从而在一定程度上降低系统的耦合度
   B. 控制对一个对象的访问，给不同的用户提供不同级别的使用权限时可以考虑使用远程代理
   C. 代理模式的缺点是请求的处理速度会变慢，并且实现代理模式需要额外的工作
   D. 代理模式给某一个对象提供一个代理，并由代理对象控制对原对象的引用

3. 代理模式有多种类型，其中智能引用代理是指(　　)。
   A. 为某一个目标操作的结果提供临时的存储空间，以便多个客户端可以共享这些结果
   B. 保护目标不让恶意用户接近
   C. 使几个用户能够同时使用一个对象而没有冲突
   D. 当一个对象被引用时提供一些额外的操作，例如将此对象被调用的次数记录下来

4. 毕业生通过职业介绍所找工作，请问该过程蕴含了哪种设计模式，绘制相应的类图。

5. 在某应用软件中需要记录业务方法的调用日志，在不修改现有业务类的基础上为每个类提供一个日志记录代理类，在代理类中输出日志，例如在业务方法 method() 调用之前输出"方法 method() 被调用，调用时间为 2024-11-5 10:10:10"，调用之后如果没有抛异常则输出"方法 method() 调用成功"，否则输出"方法 method() 调用失败"。在代理类中调用真实业务类的业务方法，使用代理模式设计该日志记录模块的结构，绘制类图并使用 Java 语言编程模拟实现。

6. 在一个论坛中已注册用户和游客的权限不同，已注册的用户拥有发帖、修改自己的注册信息、修改自己的帖子等功能；而游客只能看到别人发的帖子，没有其他权限。试使用保护代理来设计该权限管理模块。

7. 某软件公司要开发一款基于 C/S 的网络图片查看器，具体功能描述如下：用户只需在图片查看器中输入网页 URL，程序会自动将该网页中的所有图片下载到本地，考虑到有

些网页图片比较多，而且某些图片文件比较大，因此先以图标的方式显示图片，不同类型的图片使用不同的图标，并且在图标下面标注该图片的文件名，用户单击图标后可查看真正的图片，界面效果如图 15-6 所示。试使用虚拟代理模式设计并实现该图片查看器。（注：可以结合多线程机制，使用一个线程显示小图标，同时启动另一个线程在后台加载原图。）

图 15-6 图片查看器界面效果图

8. 使用 Java RMI 技术开发一个简单的程序，在远程服务器上实现加、减、乘、除等运算，然后在本地调用这些运算。

第四部分

第16章

职责链模式

视频讲解

本章导学

行为型模式关注系统中对象之间的交互,研究系统在运行时对象之间的相互通信与协作,进一步明确对象的职责。在GoF设计模式中包含11种行为型设计模式,它们适用于不同的场合,用于解决软件设计中面临的不同问题。

在系统中如果存在多个对象可以处理同一请求,则可以通过职责链模式将这些处理请求的对象连成一条链,让请求沿着该链进行传递。如果链上的对象可以处理该请求则进行处理,否则将请求转发给下家来处理。职责链模式可以将请求的发送者和接收者解耦,客户端无须关心请求的处理细节和传递过程,只需要将请求提交给职责链即可。

本章将对11种行为型模式进行简要的介绍,并学习职责链模式的定义和结构,通过实例来学习职责链模式的实现以及如何在软件开发中应用职责链模式。

本章知识点

- 行为型模式
- 职责链模式的定义
- 职责链模式的结构
- 职责链模式的实现
- 职责链模式的应用
- 纯与不纯的职责链模式
- 职责链模式的优缺点
- 职责链模式的适用环境

16.1 行为型模式

在软件系统运行时对象并不是孤立存在的,它们可以通过相互通信协作完成某些功能,一个对象在运行时也将影响到其他对象的运行。行为型模式(Behavioral Pattern)关注系统中对象之间的交互,研究系统在运行时对象之间的相互通信与协作,进一步明确对象的职责。行为型模式不仅关注类和对象本身,还重点关注它们之间的相互作用和职责划分。

行为型模式分为类行为型模式和对象行为型模式两种,其中类行为型模式使用继承关系在几个类之间分配行为,主要通过多态等方式来分配父类与子类的职责;而对象行为型模式则使用对象的关联关系来分配行为,主要通过对象关联等方式来分配两个或多个类的职责。根据合成复用原则,在系统中复用功能时要尽量使用关联关系来取代继承关系,因此大部分行为型设计模式都属于对象行为型设计模式。

在GoF设计模式中包含11种行为型模式，它们的名称、定义、学习难度和使用频率如表16-1所示。

表16-1 行为型模式一览表

模式名称	定义	学习难度	使用频率
职责链模式（Chain of Responsibility Pattern）	避免将一个请求的发送者与接收者耦合在一起，让多个对象都有机会处理请求。将接收请求的对象连接成一条链，并且沿着这条链传递请求，直到有一个对象能够处理它为止	★★★☆☆	★★☆☆☆
命令模式（Command Pattern）	将一个请求封装为一个对象，从而可用不同的请求对客户进行参数化，对请求排队或者记录请求日志，以及支持可撤销的操作	★★★☆☆	★★★★☆
解释器模式（Interpreter Pattern）	给定一个语言，定义它的文法的一种表示，并定义一个解释器，这个解释器使用该表示来解释语言中的句子	★★★★★	★☆☆☆☆
迭代器模式（Iterator Pattern）	提供一种方法顺序访问一个聚合对象中的各个元素，而又不用暴露该对象的内部表示	★★★☆☆	★★★★★
中介者模式（Mediator Pattern）	定义一个对象来封装一系列对象的交互。中介者模式使各对象之间不需要显式地相互引用，从而使其耦合松散，而且可以独立地改变它们之间的交互	★★★☆☆	★★☆☆☆
备忘录模式（Memento Pattern）	在不破坏封装的前提下捕获一个对象的内部状态，并在该对象之外保存这个状态，这样可以在以后将对象恢复到原先保存的状态	★★☆☆☆	★★☆☆☆
观察者模式（Observer Pattern）	定义对象之间的一种一对多依赖关系，使得每当一个对象状态发生改变时其相关依赖对象皆得到通知并被自动更新	★★★☆☆	★★★★★
状态模式（State Pattern）	允许一个对象在其内部状态改变时改变它的行为。对象看起来似乎修改了它的类	★★★☆☆	★★★☆☆
策略模式（Strategy Pattern）	定义一系列算法，将每一个算法封装起来，并让它们可以相互替换，策略模式让算法可以独立于使用它的客户而变化	★☆☆☆☆	★★★★☆
模板方法模式（Template Method Pattern）	定义一个操作中算法的框架，而将一些步骤延迟到子类中。模板方法模式使得子类可以不改变一个算法的结构即可重定义该算法的某些特定步骤	★★☆☆☆	★★★☆☆
访问者模式（Visitor Pattern）	表示一个作用于某对象结构中的各个元素的操作。访问者模式让用户可以在不改变各元素的类的前提下定义作用于这些元素的新操作	★★★★☆	★☆☆☆☆

16.2 职责链模式概述

在很多情况下可以处理某个请求的对象并不止一个，例如大学里的奖学金审批，学生在向辅导员提交审批表之后首先是辅导员签字审批，然后交给系主任签字审批，接着是院长审批，最后可能是校长来审批，在这个过程中奖学金申请表可以看成一个请求对象，而不同级别的审批者都可以处理该请求对象，除了辅导员之外，学生不需要——与其他审批者交互，只需要等待结果即可。在审批过程中如果某一个审批者认为不符合条件，则请求中止；否则将请求递交给下一个审批者，最后由校长来确定能否授予奖学金。该过程可以用如图 16-1 所示的示意图来表示。

图 16-1 奖学金审批示意图

在图 16-1 中，辅导员、系主任、院长、校长都可以处理奖学金申请表，他们构成一个处理申请表的链式结构，申请表沿着这条链进行传递，这条链就称为职责链。

职责链可以是一条直线、一个环或者一个树形结构，最常见的职责链是直线型，即沿着一条单向的链来传递请求。链上的每一个对象都是请求处理者，职责链模式可以将请求的处理者组织成一条链，并让请求沿着链传递，由链上的处理者对请求进行相应的处理，客户端无须关心请求的处理细节以及请求的传递，只需将请求发送到链上即可，将请求的发送者和请求的处理者解耦。这就是职责链模式的模式动机。

职责链模式的定义如下：

> **职责链模式**：避免将一个请求的发送者与接收者耦合在一起，让多个对象都有机会处理请求。将接收请求的对象连接成一条链，并且沿着这条链传递请求，直到有一个对象能够处理它为止。
>
> **Chain of Responsibility Pattern**: Avoid coupling the sender of a request to its receiver by giving more than one object a chance to handle the request. Chain the receiving objects and pass the request along the chain until an object handles it.

由于英文翻译的不同，职责链模式又称为责任链模式，它是一种对象行为型模式。

16.3 职责链模式结构与实现

16.3.1 职责链模式结构

职责链模式结构的核心在于引入了一个抽象处理者，其结构图如图 16-2 所示。

由图 16-2 可知，职责链模式包含以下两个角色。

（1）**Handler(抽象处理者)**：它定义了一个处理请求的接口，一般设计为抽象类，由于不同的具体处理者处理请求的方式不同，因此在其中定义了抽象请求处理方法。每一个处理者的下家还是一个处理者，故在抽象处理者中定义了一个抽象处理者类型的对象（如结构图中的 successor）作为其对下家的引用，通过该引用处理者可以连成一条链。

（2）**ConcreteHandler(具体处理者)**：它是抽象处理者的子类，可以处理用户请求，在具体处理者类中实现了抽象处理者中定义的抽象请求处理方法，在处理请求之前需要进行判断，看是否有相应的处理权限，如果可以处理请求就处理它，否则将请求转发给后继者；在具体处理者中可以访问链中的下一个对象，以便请求的转发。

图 16-2 职责链模式结构图

16.3.2 职责链模式实现

在职责链模式中很多对象由每一个对象对其下家的引用连接起来形成一条链。请求在这个链上传递，直到链上的某一个对象决定处理此请求。发出这个请求的客户端并不知道链上的哪一个对象最终处理这个请求，这使得系统可以在不影响客户端的情况下动态地重新组织链和分配责任。

职责链模式的核心在于抽象处理者类的设计，抽象处理者的典型代码如下：

```
public abstract class Handler {
    //维持对下家的引用
    protected Handler successor;

    public void setSuccessor(Handler successor) {
        this.successor = successor;
    }

    public abstract void handleRequest(String request);
}
```

在上述代码中，抽象处理者类定义了对下家的引用对象，以便将请求转发给下家，该对象的访问符可设为 protected，在其子类中可以使用。在抽象处理者类中声明了抽象的请求处理方法，具体实现交由子类完成。

具体处理者是抽象处理者的子类，它有两个作用：一是处理请求，不同的具体处理者以不同的形式实现抽象请求处理方法 handleRequest()；二是转发请求，如果该请求超出了当前处理者类的权限，可以将该请求转发给下家。具体处理者类的典型代码如下：

```
public class ConcreteHandler extends Handler {
    public void handleRequest(String request) {
        if (请求满足条件) {
            //处理请求
        }
        else {
```

```
            this.successor.handleRequest(request); //转发请求
        }
    }
}
```

在具体处理类中通过对请求进行判断可以做出相应的处理。

需要注意的是，职责链模式并不负责创建职责链，职责链的创建工作必须由系统的其他部分来完成，一般是在使用该职责链的客户端中创建职责链。职责链模式降低了请求的发送端和接收端之间的耦合，使多个对象都有机会处理这个请求。典型的客户端代码片段如下：

```
...
Handler handler1, handler2, handler3;
handler1 = new ConcreteHandlerA();
handler2 = new ConcreteHandlerB();
handler3 = new ConcreteHandlerC();
//创建职责链
handler1.setSuccessor(handler2);
handler2.setSuccessor(handler3);
//发送请求,请求对象通常为自定义类型
handler1.handleRequest("请求对象");
...
```

16.4 职责链模式应用实例

下面通过一个应用实例来进一步学习和理解职责链模式。

1. 实例说明

某企业的SCM(Supply Chain Management，供应链管理)系统中包含一个采购审批子系统。该企业的采购审批是分级进行的，即根据采购金额的不同由不同层次的主管人员来审批，主任可以审批5万元以下（不包括5万元）的采购单，副董事长可以审批5万元至10万元（不包括10万元）的采购单，董事长可以审批10万元至50万元（不包括50万元）的采购单，50万元及以上的采购单则需要开董事会讨论决定，如图16-3所示。

图 16-3 采购单分级审批示意图

现使用职责链模式设计并实现该系统。

2. 实例类图

通过分析，本实例的结构图如图16-4所示。

在图16-4中，抽象类Approver充当抽象处理者（抽象传递者），Director、VicePresident、President和Congress充当具体处理者（具体传递者），PurchaseRequest充当请求类。

图 16-4 采购单分级审批结构图

3. 实例代码

（1）PurchaseRequest：采购单类，充当请求类。

```java
//designpatterns.cor.PurchaseRequest.java
package designpatterns.cor;

public class PurchaseRequest {
    private double amount;    //采购金额
    private int number;       //采购单编号
    private String purpose;   //采购目的

    public PurchaseRequest(double amount,int number,String purpose) {
        this.amount = amount;
        this.number = number;
        this.purpose = purpose;
    }

    public void setAmount(double amount) {
        this.amount = amount;
    }

    public double getAmount() {
        return this.amount;
    }

    public void setNumber(int number) {
        this.number = number;
    }

    public int getNumber() {
        return this.number;
    }

    public void setPurpose(String purpose) {
        this.purpose = purpose;
    }

    public String getPurpose() {
```

```
        return this.purpose;
    }
}
```

(2) Approver：审批者类，充当抽象处理者。

```
//designpatterns.cor.Approver.java
package designpatterns.cor;

public abstract class Approver {
    protected Approver successor; //定义后继对象
    protected String name;        //审批者姓名

    public Approver(String name) {
        this.name = name;
    }

    //设置后继者
    public void setSuccessor(Approver successor) {
        this.successor = successor;
    }

    //抽象请求处理方法
    public abstract void processRequest(PurchaseRequest request);

}
```

(3) Director：主任类，充当具体处理者。

```
//designpatterns.cor.Director.java
package designpatterns.cor;

public class Director extends Approver {
    public Director(String name) {
        super(name);
    }

    //具体请求处理方法
    public void processRequest(PurchaseRequest request) {
        if (request.getAmount() < 50000) {
            System.out.println("主任" + this.name + "审批采购单: " + request.getNumber() + ",金
额: " + request.getAmount() + "元,采购目的: " + request.getPurpose() + ".");
                                    //处理请求
        }
        else {
            this.successor.processRequest(request); //转发请求
        }
    }
}
```

(4) VicePresident：副董事长类，充当具体处理者。

```
//designpatterns.cor.VicePresident.java
package designpatterns.cor;

public class VicePresident extends Approver {
    public VicePresident(String name) {
        super(name);
```

```java
    }

    //具体请求处理方法
    public void processRequest(PurchaseRequest request) {
        if (request.getAmount() < 100000) {
            System.out.println("副董事长" + this.name + "审批采购单：" + request.getNumber() + ",
金额：" + request.getAmount() + "元,采购目的：" + request.getPurpose() + ".");
                            //处理请求
        }
        else {
            this.successor.processRequest(request); //转发请求
        }
    }
}
```

（5）President：董事长类，充当具体处理者。

```java
//designpatterns.cor.President.java
package designpatterns.cor;

public class President extends Approver {
    public President(String name) {
        super(name);
    }

    //具体请求处理方法
    public void processRequest(PurchaseRequest request) {
        if (request.getAmount() < 500000) {
            System.out.println("董事长" + this.name + "审批采购单：" + request.getNumber() + ",
金额：" + request.getAmount() + "元,采购目的：" + request.getPurpose() + ".");
                            //处理请求
        }
        else {
            this.successor.processRequest(request); //转发请求
        }
    }
}
```

（6）Congress：董事会类，充当具体处理者。

```java
//designpatterns.cor.Congress.java
package designpatterns.cor;

public class Congress extends Approver {
    public Congress(String name) {
        super(name);
    }

    //具体请求处理方法
    public void processRequest(PurchaseRequest request) {
        System.out.println("召开董事会审批采购单：" + request.getNumber() + ",金额：" +
request.getAmount() + "元,采购目的：" + request.getPurpose() + ".");    //处理请求
    }
}
```

（7）Client：客户端测试类。

```java
//designpatterns.cor.Client.java
package designpatterns.cor;
```

```java
public class Client {
    public static void main(String[] args) {
        Approver wjzhang, gyang, jguo, meeting;
        wjzhang = new Director("张无忌");
        gyang = new VicePresident("杨过");
        jguo = new President("郭靖");
        meeting = new Congress("董事会");

        //创建职责链
        wjzhang.setSuccessor(gyang);
        gyang.setSuccessor(jguo);
        jguo.setSuccessor(meeting);

        //创建采购单
        PurchaseRequest pr1 = new PurchaseRequest(45000,10001,"购买倚天剑");
        wjzhang.processRequest(pr1);

        PurchaseRequest pr2 = new PurchaseRequest(60000,10002,"购买《葵花宝典》");
        wjzhang.processRequest(pr2);

        PurchaseRequest pr3 = new PurchaseRequest(160000,10003,"购买《金刚经》");
        wjzhang.processRequest(pr3);

        PurchaseRequest pr4 = new PurchaseRequest(800000,10004,"购买桃花岛");
        wjzhang.processRequest(pr4);
    }
}
```

4. 结果及分析

编译并运行程序，输出结果如下：

主任张无忌审批采购单：10001,金额：45000.0元,采购目的：购买倚天剑。
副董事长杨过审批采购单：10002,金额：60000.0元,采购目的：购买《葵花宝典》。
董事长郭靖审批采购单：10003,金额：160000.0元,采购目的：购买《金刚经》。
召开董事会审批采购单：10004,金额：800000.0元,采购目的：购买桃花岛。

如果需要在系统中增加一个新的具体处理者，例如增加一个经理(Manager)角色可以审批5万元至8万元(不包括8万元)的采购单，需要编写一个新的具体处理者类 Manager 作为抽象处理者类 Approver 的子类，实现在 Approver 类中定义的抽象处理方法，如果采购金额大于或等于8万元，则将请求转发给下家。其代码如下：

```java
//designpatterns.cor.Manager.java
package designpatterns.cor;

public class Manager extends Approver {
    public Manager(String name) {
        super(name);
    }

    //具体请求处理方法
    public void processRequest(PurchaseRequest request) {
        if (request.getAmount() < 80000) {
            System.out.println("经理" + this.name + "审批采购单：" + request.getNumber() + ",金额：" + request.getAmount() + "元,采购目的：" + request.getPurpose() + ".");
                                //处理请求
```

```
    }
    else {
        this.successor.processRequest(request); //转发请求
    }
  }
}
```

由于链的创建过程由客户端负责，因此增加新的具体处理者类对原有类库无任何影响，无须修改已有类的源代码，符合开闭原则。

在客户端代码中，如果要将新的具体请求处理者应用在系统中，需要创建新的具体处理者对象，然后将该对象加入职责链中。在客户端测试代码中增加以下代码：

```
Approver rhuang;
rhuang = new Manager("黄蓉");
```

将建链代码改为：

```
//创建职责链
wjzhang.setSuccessor(rhuang);    //将"黄蓉"作为"张无忌"的下家
rhuang.setSuccessor(gyang);      //将"杨过"作为"黄蓉"的下家
gyang.setSuccessor(jguo);
jguo.setSuccessor(meeting);
```

重新编译并运行程序，输出结果如下：

主任张无忌审批采购单：10001，金额：45000.0元，采购目的：购买倚天剑。
经理黄蓉审批采购单：10002，金额：60000.0元，采购目的：购买《葵花宝典》。
董事长郭靖审批采购单：10003，金额：160000.0元，采购目的：购买《金刚经》。
召开董事会审批采购单：10004，金额：800000.0元，采购目的：购买桃花岛。

16.5 纯与不纯的职责链模式

职责链模式可分为纯的职责链模式和不纯的职责链模式两种。

1. 纯的职责链模式

一个纯的职责链模式要求一个具体处理者对象只能在两个行为中选择一个，要么承担全部责任，要么将责任推给下家，不允许出现某一个具体处理者对象在承担了一部分或全部责任后又将责任向下传递的情况。而且在纯的职责链模式中要求一个请求必须被某一个处理者对象所接收，不能出现某个请求未被任何一个处理者对象处理的情况。在16.4节的采购单审批实例中应用的是纯的职责链模式。

2. 不纯的职责链模式

在一个不纯的职责链模式中允许某个请求被一个具体处理者部分处理后再向下传递，或者一个具体处理者处理完某请求后其后继处理者可以继续处理该请求，而且一个请求可以最终不被任何处理者对象所接收并处理。

Java AWT 1.0中的事件处理模型应用的是不纯的职责链模式，其基本原理如下：由于窗口组件（如按钮、文本框等）一般位于容器组件中，因此当事件发生在某一个组件上时先通过组件对象的handleEvent()方法将事件传递给相应的事件处理方法，该事件处理方法将处理此事件，然后决定是否将该事件向上一级容器组件传播；上级容器组件在接到事件之后可以继续处理此事件并决定是否继续向上级容器组件传播，如此反复，直到事件到达顶层容器组件为止；如果一直传到最顶层容器仍没有处理方法，则该事件不予处理。每一级组件在接收到事件时都可以处理此事件，而不论此事件是否在上一级已得到处理，还存在事件未被处理的情况。显然，这就是不纯的职责链模式，早期的 Java AWT 事件模型（JDK 1.0 及更早）中的这种事件处理机制又叫事件浮升（Event Bubbling）机制。从 Java 1.1 以后，JDK 使用观察者模式代替职责链模式来处理事件。目前，在 JavaScript 中仍然可以使用这种事件浮升机制来进行事件处理。

16.6 职责链模式优缺点与适用环境

职责链模式通过建立一条链来组织请求的处理者，请求将沿着链进行传递，请求发送者无须知道请求在何时、何处以及如何被处理，实现了请求发送者与处理者的解耦。在软件开发中，如果遇到有多个对象可以处理同一请求可以应用职责链模式，例如在 Web 应用开发中创建多个过滤器（Filter）链来对请求数据进行过滤，在工作流系统中实现公文的分级审批等，使用职责链模式可以较好地解决此类问题。Java 语言中的异常处理（Exception Handlers）机制也是职责链模式的典型应用之一，不同的 catch 子句可以处理不同类型的异常，这些 catch 子句构成了一条处理异常对象的职责链。

16.6.1 职责链模式优点

职责链模式的优点主要如下：

（1）职责链模式使得一个对象无须知道是其他哪一个对象处理其请求，对象仅需知道该请求会被处理即可，接收者和发送者都没有对方的明确信息，并且链中的对象不需要知道链的结构，由客户端负责链的创建，降低了系统的耦合度。

（2）请求处理对象仅需维持一个指向其后继者的引用，而不需要维持它对所有的候选处理者的引用，可简化对象之间的相互连接。

（3）在给对象分派职责时，职责链可以带来更多的灵活性，可以通过在运行时对该链进行动态的增加或修改来增加或改变处理一个请求的职责。

（4）在系统中增加一个新的具体请求处理者时无须修改原有系统的代码，只需要在客户端重新建链即可，从这一点来看是符合开闭原则的。

16.6.2 职责链模式缺点

职责链模式的缺点主要如下：

（1）由于一个请求没有明确的接收者，那么就不能保证它一定会被处理，该请求可能一直到链的末端都得不到处理；一个请求也可能因职责链没有被正确配置而得不到处理。

（2）对于比较长的职责链，请求的处理可能涉及多个处理对象，系统性能将受到一定的影响，而且在进行代码调试时不太方便。

（3）如果建链不当，可能会造成循环调用，将导致系统陷入死循环。

16.6.3 职责链模式适用环境

在以下情况下可以考虑使用职责链模式：

（1）有多个对象可以处理同一个请求，具体哪个对象处理该请求待运行时刻再确定，客户端只需将请求提交到链上，而无须关心请求的处理对象是谁以及它是如何处理的。

（2）在不明确指定接收者的情况下向多个对象中的一个提交一个请求。

（3）可动态指定一组对象处理请求，客户端可以动态创建职责链来处理请求，也可以改变链中处理者之间的先后次序。

16.7 本章小结

行为型模式关注系统中对象之间的交互，研究系统在运行时对象之间的相互通信与协作，进一步明确对象的职责。在 GoF 设计模式中一共包含 11 种行为型模式。

在职责链模式中为了避免将一个请求的发送者与接收者耦合在一起，让多个对象都有机会处理请求，将接收请求的对象连接成一条链，并且沿着这条链传递请求，直到有一个对象能够处理它为止。职责链模式是一种对象行为型模式。

职责链模式包含抽象处理者和具体处理者两个角色。其中，抽象处理者定义了一个处理请求的接口，它定义了一个抽象处理者类型的对象，作为其对下家的引用，通过该引用处理者可以连成一条链；具体处理者是抽象处理者的子类，可以处理用户请求，在处理请求之前需要进行判断，看是否有相应的处理权限，如果可以处理请求就处理它，否则将请求转发给后继者进行处理。

职责链模式可分为纯的职责链模式和不纯的职责链模式。其中，一个纯的职责链模式要求一个具体处理者对象要么承担全部责任，要么将责任推给下家，一个请求必须被某一个处理者对象所接收；在一个不纯的职责链模式中，允许某个请求被一个具体处理者部分处理后再向下传递，或者一个具体处理者处理完某请求后其后继处理者可以继续处理该请求，而且一个请求可以最终不被任何处理者对象所接收并处理。

职责链模式的优点主要是使一个对象无须知道是其他哪一个对象处理其请求，降低了系统的耦合度，简化了对象之间的相互连接，给对象职责的分派带来更多的灵活性，同时增加一个新的具体请求处理者较为方便。职责链模式的缺点主要在于不能保证请求一定会被处理；对于比较长的职责链，系统性能将受到一定的影响；如果建链不当，可能会造成循环调用，将导致系统陷入死循环。

职责链模式适用于以下环境：有多个对象可以处理同一个请求，具体哪个对象处理该请求待运行时刻再确定；在不明确指定接收者的情况下，向多个对象中的一个提交一个请求；可动态指定一组对象处理请求，客户端可以动态创建职责链来处理请求，也可以改变链中处理者之间的先后次序。

16.8 习题

扫一扫 自测题

1. 图 16-5 描述了一种设计模式，该设计模式不可以（　　）。
   A. 动态决定由一组对象中的某个对象处理该请求
   B. 动态指定处理一个请求的对象集合，并高效地处理一个请求
   C. 使多个对象都有机会处理请求，避免请求的发送者和接收者间的耦合关系

图 16-5 某设计模式结构图

D. 将对象连成一条链，并沿着该链传递请求

2. 接力赛跑体现了（ ）设计模式。

A. 职责链（Chain of Responsibility） B. 命令（Command）

C. 备忘录（Memento） D. 工厂方法（Factory Method）

3. Java 语言中的异常处理机制是职责链模式的一个应用实例，编写一个包含多个 catch 子句的程序，理解异常处理的实现过程，并判断此处使用的是纯的职责链模式还是不纯的职责链模式。

4. 在军队中一般根据战争规模的大小和重要性由不同级别的长官（Officer）来下达作战命令，情报人员向上级递交军情（包括敌人的人数等信息），作战命令需要上级批准，如果直接上级不具备下达命令的权力，则又传给他的上级，直到有人可以决定为止。现使用职责链模式来模拟该过程，客户类模拟情报人员，首先向级别最低的班长（Banzhang）递交任务书（Mission），即军情，如果超出班长的权力范围，则传递给排长（Paizhang），如果排长不能处理则传递给营长（Yingzhang），如果营长不能处理则需要开会讨论。设置这几级长官的权力范围分别如下：

（1）敌人数量＜10，班长下达作战命令；

（2）$10 \leqslant$ 敌人数量＜50，排长下达作战命令；

（3）$50 \leqslant$ 敌人数量＜200，营长下达作战命令；

（4）敌人数量 $\geqslant 200$，需要开会讨论再下达作战命令。

要求绘制相应的类图并使用 Java 语言编程模拟实现。

5. 某公司要开发一个软件系统的在线文档帮助系统，用户可以在任何一个查询上下文中输入查询关键字，如果当前查询环境下没有相关内容，则系统会将查询按照一定的顺序转发给其他查询环境。基于上述需求，试采用职责链模式对该系统进行设计。

6. 某 OA 系统需要提供一个假条审批模块：如果员工请假天数小于 3 天，主任可以审批该假条；如果员工请假天数大于或等于 3 天，小于 10 天，经理可以审批；如果员工请假天数大于或等于 10 天，小于 30 天，总经理可以审批；如果超过 30 天，总经理也不能审批，提示相应的拒绝信息。试使用职责链模式设计该假条审批模块，要求绘制相应的类图并使用 Java 语言编程实现。

第17章

命令模式

本章导学

命令模式是常用的行为型设计模式之一，它将请求发送者与请求接收者解耦，请求发送者通过命令对象来间接引用接收者，使得系统具有更好的灵活性，可以在不修改现有系统源代码的情况下让相同的发送者对应不同的接收者。

本章将学习命令模式的定义与结构，结合实例学习如何实现命令模式，并理解命令队列、请求日志、撤销操作和宏命令的实现原理。

本章知识点

- 命令模式的定义
- 命令模式的结构
- 命令模式的实现
- 命令模式的应用
- 实现命令队列
- 记录请求日志
- 实现撤销操作
- 宏命令
- 命令模式的优缺点
- 命令模式的适用环境

17.1 命令模式概述

在现实生活中，人们通过使用开关来控制一些电器的打开和关闭，例如电灯或者排气扇。在购买开关时，人们并不知道它将来到底用于控制什么电器，也就是说开关与电灯、排气扇并无直接关系，一个开关在安装之后可能用来控制电灯，也可能用来控制排气扇或者其他电器设备。开关与电器之间通过电线建立连接，如果开关打开，则电线通电，电器工作；反之，开关关闭，电线断电，电器停止工作。相同的开关可以通过不同的电线来控制不同的电器，如图17-1所示。

在图17-1中可以将开关理解成一个请求的发送者，用户通过它来发送一个"开灯"请求，而电灯是"开灯"请求的最终接收者和处理者，开关和电灯之间并不

图17-1 开关与电灯、排气扇示意图

存在直接耦合关系，它们通过电线连接在一起，使用不同的电线可以连接不同的请求接收者，只需更换一根电线，相同的发送者（开关）即可对应不同的接收者（电器）。

在软件开发中也存在很多与开关和电器类似的请求发送者和接收者对象，例如一个按钮，它可能是一个"关闭窗口"请求的发送者，而按钮单击事件处理类则是该请求的接收者。为了降低系统的耦合度，将请求的发送者和接收者解耦，可以使用一种被称为命令模式的设计模式来设计系统，在命令模式中发送者与接收者之间引入了新的命令对象（类似图17-1中的电线），将发送者的请求封装在命令对象中，再通过命令对象来调用接收者的方法。

命令模式可以将请求发送者和接收者完全解耦，发送者与接收者之间没有直接引用关系，发送请求的对象只需要知道如何发送请求，而不必知道如何完成请求。

命令模式的定义如下：

命令模式：将一个请求封装为一个对象，从而可用不同的请求对客户进行参数化，对请求排队或者记录请求日志，以及支持可撤销的操作。

Command Pattern: Encapsulate a request as an object, thereby letting you parameterize clients with different requests, queue or log requests, and support undoable operations.

命令模式是一种对象行为型模式，其别名为动作（Action）模式或事务（Transaction）模式。命令模式的定义比较复杂，提到了很多术语，例如"用不同的请求对客户进行参数化""对请求排队""记录请求日志""支持可撤销操作"等，在后面将对这些术语进行逐一讲解。

17.2 命令模式结构与实现

17.2.1 命令模式结构

命令模式的核心在于引入了抽象命令类和具体命令类，通过命令类来降低发送者和接收者的耦合度，请求发送者只需指定一个命令对象，再通过命令对象来调用请求接收者的处理方法，其结构图如图17-2所示。

图17-2 命令模式结构图

由图17-2可知，命令模式包含以下4个角色。

（1）**Command（抽象命令类）**：抽象命令类一般是一个抽象类或接口，在其中声明了用于执行请求的 execute() 等方法，通过这些方法可以调用请求接收者的相关操作。

(2) **ConcreteCommand(具体命令类)**：具体命令类是抽象命令类的子类，实现了在抽象命令类中声明的方法，它对应具体的接收者对象，将接收者对象的动作绑定其中。具体命令类在实现 execute() 方法时将调用接收者对象的相关操作(Action)。

(3) **Invoker(调用者)**：调用者即请求发送者，它通过命令对象来执行请求。一个调用者并不需要在设计时确定其接收者，因此它只与抽象命令类之间存在关联关系。在程序运行时可以将一个具体命令对象注入其中，再调用具体命令对象的 execute() 方法，从而实现间接调用请求接收者的相关操作。

(4) **Receiver(接收者)**：接收者执行与请求相关的操作，具体实现对请求的业务处理。

17.2.2 命令模式实现

命令模式的本质是对请求进行封装，一个请求对应于一个命令，将发出命令的责任和执行命令的责任分割开。每一个命令都是一个操作：请求的一方发出请求要求执行一个操作；接收的一方收到请求并执行相应的操作。命令模式允许请求的一方和接收的一方独立开来，使得请求的一方不必知道接收请求的一方的接口，更不必知道请求如何被接收、操作是否被执行、何时被执行，以及是怎么被执行的。

命令模式的关键在于引入了抽象命令类，请求发送者针对抽象命令类编程，只有实现了抽象命令类的具体命令才与请求接收者相关联。在最简单的抽象命令类中只包含了一个抽象的 execute() 方法，每个具体命令类将一个 Receiver 类型的对象作为一个实例变量进行存储，从而具体指定一个请求的接收者，不同的具体命令类提供了 execute() 方法的不同实现，并调用不同接收者的请求处理方法。

典型的抽象命令类代码如下：

对于请求发送者(即调用者)而言，将针对抽象命令类进行编程，可以通过构造函数或者 Setter 方法在运行时注入具体命令类对象，并在业务方法中调用命令对象的 execute() 方法，其典型代码如下：

```
command.execute();
    }
}
```

具体命令类继承了抽象命令类，它与请求接收者相关联，实现了在抽象命令类中声明的 execute() 方法，并在实现时调用接收者的请求响应方法 action()，其典型代码如下：

```
public class ConcreteCommand extends Command {
    private Receiver receiver;  //维持一个对请求接收者对象的引用

    public void execute() {
        receiver.action();      //调用请求接收者的业务处理方法 action()
    }
}
```

请求接收者 Receiver 具体实现对请求的业务处理，它拥有 action() 方法，用于执行与请求相关的操作，其典型代码如下：

```
public class Receiver {
    public void action() {
        //具体操作
    }
}
```

17.3 命令模式应用实例

下面通过一个应用实例来进一步学习和理解命令模式。

1. 实例说明

为了用户使用方便，某系统提供了一系列功能键，用户可以自定义功能键的功能，例如功能键 FunctionButton 可以用于退出系统（由 SystemExitClass 类来实现），也可以用于显示帮助文档（由 DisplayHelpClass 类来实现）。

用户可以通过修改配置文件改变功能键的用途，现使用命令模式设计该系统，使得功能键类与功能类之间解耦，可为同一个功能键设置不同的功能。

2. 实例类图

通过分析，本实例的结构图如图 17-3 所示。

图 17-3 功能键设置结构图

在图 17-3 中，FunctionButton 充当请求调用者，SystemExitClass 和 DisplayHelpClass 充当请求接收者，Command 是抽象命令类，ExitCommand 和 HelpCommand 充当具体命令类。

3. 实例代码

（1）FunctionButton：功能键类，充当请求调用者（请求发送者）。

```java
//designpatterns.command.FunctionButton.java
package designpatterns.command;

public class FunctionButton {
    private Command command; //维持一个抽象命令对象的引用

    //为功能键注入命令
    public void setCommand(Command command) {
        this.command = command;
    }

    //发送请求的方法
    public void click() {
        System.out.print("单击功能键：");
        command.execute();
    }
}
```

（2）Command：抽象命令类。

```java
//designpatterns.command.Command.java
package designpatterns.command;

public abstract class Command {
    public abstract void execute();
}
```

（3）ExitCommand：退出命令类，充当具体命令类。

```java
//designpatterns.command.ExitCommand.java
package designpatterns.command;

public class ExitCommand extends Command{
    private SystemExitClass seObj; //维持对请求接收者的引用

    public ExitCommand() {
        seObj = new SystemExitClass();
    }

    //命令执行方法,将调用请求接收者的业务方法
    public void execute() {
        seObj.exit();
    }
}
```

（4）HelpCommand：帮助命令类，充当具体命令类。

```java
//designpatterns.command.HelpCommand.java
package designpatterns.command;

public class HelpCommand extends Command{
    private DisplayHelpClass hcObj;    //维持对请求接收者的引用
```

```java
        public HelpCommand() {
            hcObj = new DisplayHelpClass();
        }

        //命令执行方法，将调用请求接收者的业务方法
        public void execute() {
            hcObj.display();
        }
    }
```

(5) SystemExitClass：退出系统模拟实现类，充当请求接收者。

```java
//designpatterns.command.SystemExitClass.java
package designpatterns.command;

public class SystemExitClass {
    public void exit() {
        System.out.println("退出系统!");
    }
}
```

(6) DisplayHelpClass：显示帮助文档模拟实现类，充当请求接收者。

```java
//designpatterns.command.DisplayHelpClass.java
package designpatterns.command;

public class DisplayHelpClass {
    public void display() {
        System.out.println("显示帮助文档!");
    }
}
```

(7) 配置文件 config.xml，在配置文件中存储了具体命令类的类名。

```xml
<?xml version = "1.0"?>
<config>
    <className>designpatterns.command.ExitCommand</className>
</config>
```

(8) XMLUtil：工具类。

```java
//designpatterns.command.XMLUtil.java
package designpatterns.command;

import javax.xml.parsers.*;
import org.w3c.dom.*;
import java.io.*;

public class XMLUtil {
    //该方法用于从 XML 配置文件中提取具体类的类名，并返回一个实例对象
    public static Object getBean() {
        try {
            //创建 DOM 文档对象
            DocumentBuilderFactory dFactory = DocumentBuilderFactory.newInstance();
            DocumentBuilder builder = dFactory.newDocumentBuilder();
            Document doc;
            doc = builder.parse(new File("src//designpatterns//command//config.xml"));
```

```java
            //获取包含类名的文本结点
            NodeList nl = doc.getElementsByTagName("className");
            Node classNode = nl.item(0).getFirstChild();
            String cName = classNode.getNodeValue();

            //通过类名生成实例对象并将其返回
            Class c = Class.forName(cName);
            Object obj = c.newInstance();
            return obj;
        }
        catch(Exception e) {
            e.printStackTrace();
            return null;
        }
    }
}
```

(9) Client：客户端测试类。

```java
//designpatterns.command.Client.java
package designpatterns.command;

public class Client {
    public static void main(String args[]) {
        FunctionButton fb = new FunctionButton();
        Command command;                            //定义命令对象
        command = (Command)XMLUtil.getBean();       //读取配置文件,反射生成对象

        fb.setCommand(command);                     //将命令对象注入功能键
        fb.click();                                 //调用功能键的业务方法
    }
}
```

4. 结果及分析

编译并运行程序，输出结果如下：

单击功能键：退出系统！

如果需要更换具体命令类，无须修改源代码，只需修改配置文件，例如将退出命令改为帮助命令，只需将存储在配置文件中的具体命令类的类名 ExitCommand 改为 HelpCommand，代码如下：

```xml
<?xml version = "1.0"?>
<config>
    <className>designpatterns.command.HelpCommand</className>
</config>
```

重新运行客户端程序，输出结果如下：

单击功能键：显示帮助文档！

如果在系统中增加了新的功能，功能键需要与新功能对应，只需要对应增加一个新的具体命令类，在新的具体命令类中调用新功能类的业务方法，然后将该具体命令类的对象通过配置文件注入功能键即可，原有代码无须修改，符合开闭原则。

在命令模式中每一个具体命令类对应一个请求的处理者（接收者），通过向请求发送者

注入不同的具体命令对象可以使相同的发送者对应不同的接收者，从而实现"将一个请求封装为一个对象，用不同的请求对客户进行参数化"，客户端只需要将具体命令对象作为参数注入请求发送者，无须直接操作请求的接收者。

17.4 实现命令队列

有时候，当一个请求发送者发送一个请求时有不止一个请求接收者产生响应，这些请求接收者将逐个执行业务方法，完成对请求的处理，此时可以通过命令队列来实现。

命令队列的实现方法有多种形式，其中最常用、灵活性最好的一种方式是增加一个CommandQueue类，由该类负责存储多个命令对象，而不同的命令对象可以对应不同的请求接收者。CommandQueue类的典型代码如下：

```
import java.util.*;

public class CommandQueue {
    //定义一个ArrayList来存储命令队列
    private ArrayList<Command> commands = new ArrayList<Command>();

    public void addCommand(Command command) {
        commands.add(command);
    }

    public void removeCommand(Command command) {
        commands.remove(command);
    }

    //循环调用每一个命令对象的execute()方法
    public void execute() {
        for (Object command : commands) {
            ((Command)command).execute();
        }
    }
}
```

在增加了命令队列类CommandQueue以后，请求发送者类Invoker将针对CommandQueue编程，其代码修改如下：

```
public class Invoker {
    private CommandQueue commandQueue; //维持一个CommandQueue对象的引用

    //构造注入
    public Invoker(CommandQueue commandQueue) {
        this.commandQueue = commandQueue;
    }

    //设值注入
    public void setCommandQueue(CommandQueue commandQueue) {
        this.commandQueue = commandQueue;
    }

    //调用CommandQueue类的execute()方法
    public void call() {
```

```
commandQueue.execute();
        }
    }
```

命令队列与人们常说的"批处理"有点类似。批处理，顾名思义，可以对一组命令对象进行批量处理，当一个发送者发送请求后将有一系列接收者对请求作出响应。命令队列可以用于设计批处理应用程序，如果请求接收者的接收次序没有严格的先后次序，还可以使用多线程技术来并发调用命令对象的 execute() 方法，从而提高程序的执行效率。

17.5 记录请求日志

请求日志就是将请求的历史记录保存下来，通常以日志文件（Log File）的形式永久存储在计算机中。很多系统都提供了日志文件，例如 Windows 日志文件、Oracle 日志文件等，日志文件可以记录用户对系统的一些操作（例如对数据的更改）。请求日志文件可以实现很多功能，常用功能如下：

（1）一旦系统发生故障，日志文件可以为系统提供一种恢复机制，在请求日志文件中可以记录用户对系统的每一步操作，从而让系统能够顺利恢复到某一个特定的状态。

（2）请求日志也可以用于实现批处理，在一个请求日志文件中可以存储一系列命令对象，例如一个命令队列。

（3）可以将命令队列中的所有命令对象都存储在一个日志文件中，每执行一个命令则从日志文件中删除一个对应的命令对象，防止因为断电或者系统重启等原因造成请求丢失，而且可以避免重新发送全部请求时造成某些命令的重复执行，只需读取请求日志文件，再继续执行文件中剩余的命令即可。

在实现请求日志时可以将发送请求的命令对象通过序列化写到日志文件中，此时命令类必须实现 java.io.Serializable 接口。

17.6 实现撤销操作

在命令模式中可以通过对命令类进行修改使得系统支持撤销（undo）操作和恢复（redo）操作，下面通过一个简单实例来学习如何在命令模式中实现撤销操作。

> 设计一个简易计算器，该计算器可以实现简单的数学运算，还可以对运算实施撤销操作。

现使用命令模式设计可得到如图 17-4 所示的结构图，其中计算器界面类 CalculatorForm 充

图 17-4 简易计算器结构图

当请求发送者，实现了数据求和功能的加法类 Adder 充当请求接收者，界面类可间接调用加法类中的 add() 方法实现加法运算，并且提供了可撤销加法运算的 undo() 方法。

在本实例中，加法类 Adder 充当请求接收者，其代码如下：

```java
//designpatterns.command.calculator.Adder.java
package designpatterns.command.calculator;

public class Adder {
    private int num = 0; //定义初始值为 0

    //加法操作，每次将传入的值与 num 作加法运算，再将结果返回
    public int add(int value) {
        num += value;
        return num;
    }
}
```

AbstractCommand 充当抽象命令类，声明了 execute() 方法和撤销方法 undo()，其代码如下：

```java
//designpatterns.command.calculator.AbstractCommand.java
package designpatterns.command.calculator;

public abstract class AbstractCommand {
    public abstract int execute(int value); //声明命令执行方法 execute()
    public abstract int undo();             //声明撤销方法 undo()
}
```

AddCommand 充当具体命令类，实现了在抽象命令类 AbstractCommand 中声明的 execute() 方法和撤销方法 undo()，其代码如下：

```java
//designpatterns.command.calculator.AddCommand;
package designpatterns.command.calculator;

public class AddCommand extends AbstractCommand {
    private Adder adder = new Adder();
    private int value;

    //实现抽象命令类中声明的 execute() 方法，调用加法类的加法操作
    public int execute(int value) {
        this.value = value;
        return adder.add(value);
    }

    //实现抽象命令类中声明的 undo() 方法，通过加一个相反数来实现加法的逆向操作
    public int undo() {
        return adder.add(- value);
    }
}
```

CalculatorForm 充当请求发送者，它引用一个抽象命令类型 AbstractCommand 的对象 command，通过该 command 对象间接调用请求接收者 Adder 类的业务处理方法，其代码如下：

```java
//designpatterns.command.calculator.CalculatorForm.java
package designpatterns.command.calculator;

public class CalculatorForm {
    private AbstractCommand command;
```

```java
    public void setCommand(AbstractCommand command) {
        this.command = command;
    }

    //调用命令对象的 execute()方法执行运算
    public void compute(int value) {
        int i = command.execute(value);
        System.out.println("执行运算,运算结果为: " + i);
    }

    //调用命令对象的 undo()方法执行撤销
    public void undo() {
        int i = command.undo();
        System.out.println("执行撤销,运算结果为: " + i);
    }
}
```

在客户端测试类 Client 中定义了抽象命令类型的命令对象 command，创建了请求发送者对象 form，通过调用 form 对象的 compute() 方法实现加法运算，还可以调用 undo() 方法撤销最后一次加法运算，其代码如下：

```java
//designpatterns.command.calculator.Client.java
package designpatterns.command.calculator;

public class Client {
    public static void main(String args[]) {
        CalculatorForm form = new CalculatorForm();
        AbstractCommand command;
        command = new AddCommand();
        form.setCommand(command);      //向发送者注入命令对象

        form.compute(10);
        form.compute(5);
        form.compute(10);
        form.undo();                   //撤销
    }
}
```

编译并运行程序，输出结果如下：

```
执行运算,运算结果为: 10
执行运算,运算结果为: 15
执行运算,运算结果为: 25
执行撤销,运算结果为: 15
```

需要注意的是，在本实例中只能实现一步撤销操作，因为没有保存命令对象的历史状态，可以通过引入一个命令集合或其他方式来存储每一次操作时命令的状态，从而实现多次撤销操作。除了 undo 操作外，还可以采用类似的方式实现恢复（redo）操作，即恢复所撤销的操作（或称为二次撤销）。

17.7 宏命令

宏命令（Macro Command）又称为组合命令（Composite Command），它是组合模式和命令模式联用的产物。宏命令是一个具体命令类，它拥有一个集合，在该集合中包含了对其他命令对象的引用。通常，宏命令不直接与请求接收者交互，而是通过它的成员来调用接收者的方法。当调用宏命令的execute()方法时将递归调用它所包含的每个成员命令的execute()方法，一个宏命令的成员可以是简单命令，也可以继续是宏命令。执行一个宏命令将触发多个具体命令的执行，从而实现对命令的批处理，其结构图如图17-5所示。

图 17-5 宏命令结构图

17.8 命令模式优缺点与适用环境

命令模式是一种使用频率非常高的设计模式，它可以将请求发送者与接收者解耦，请求发送者通过命令对象来间接引用请求接收者，使得系统具有更好的灵活性和可扩展性。在基于GUI的软件开发（无论是计算机桌面应用还是手机移动应用）中，命令模式都得到了广泛的应用。

17.8.1 命令模式优点

命令模式的优点主要如下：

（1）降低系统的耦合度。由于请求者与接收者之间不存在直接引用，因此请求者与接收者之间实现完全解耦，相同的请求者可以对应不同的接收者，同样相同的接收者也可以供不同的请求者使用，两者之间具有良好的独立性。

（2）新的命令可以很容易地加入系统中。由于增加新的具体命令类不会影响到其他类，因此增加新的具体命令类很容易，无须修改原有系统源代码，甚至客户类代码，满足开闭原则的要求。

（3）可以比较容易地设计一个命令队列或宏命令（组合命令）。

（4）为请求的撤销（undo）和恢复（redo）操作提供了一种设计和实现方案。

17.8.2 命令模式缺点

命令模式的缺点主要如下：

使用命令模式可能会导致某些系统有过多的具体命令类。因为针对每一个对请求接收者的调用操作都需要设计一个具体命令类，所以在某些系统中可能需要提供大量的具体命令类，这将影响命令模式的使用。

17.8.3 命令模式适用环境

在以下情况下可以考虑使用命令模式：

（1）系统需要将请求调用者和请求接收者解耦，使得调用者和接收者不直接交互。请求调用者无须知道接收者的存在，也无须知道接收者是谁，接收者也无须关心何时被调用。

（2）系统需要在不同的时间指定请求、将请求排队和执行请求。一个命令对象和请求的初始调用者可以有不同的生命期，换而言之，最初的请求发出者可能已经不在了，而命令对象本身仍然是活动的，可以通过该命令对象去调用请求接收者，并且无须关心请求调用者的存在性，可以通过请求日志文件等机制来具体实现。

（3）系统需要支持命令的撤销(undo)操作和恢复(redo)操作。

（4）系统需要将一组操作组合在一起形成宏命令。

17.9 本章小结

在命令模式中将一个请求封装为一个对象，从而可用不同的请求对客户进行参数化，对请求排队或者记录请求日志，以及支持可撤销操作。命令模式是一种对象行为型模式。

命令模式包含抽象命令类、具体命令类、调用者和接收者4个角色。其中，抽象命令类声明了用于执行请求的execute()等方法，通过这些方法可以调用请求接收者的相关操作；具体命令类是抽象命令类的子类，实现了在抽象命令类中声明的方法，在实现execute()方法时将调用接收者对象的相关操作；调用者即请求发送者，它通过命令对象来执行请求；接收者执行与请求相关的操作，它具体实现对请求的业务处理。

如果一个请求发送者发送一个请求后有不止一个请求接收者产生响应，此时可以使用命令队列来存储多个命令对象，每个命令对象对应一个请求接收者。

可以将命令对象通过序列化写到日志文件中，实现对请求日志的存储。

在命令模式中可以通过对命令类进行修改使得系统支持撤销操作和恢复操作。

宏命令又称为组合命令，它是组合模式和命令模式联用的产物。宏命令是一个具体命令类，它拥有一个集合，在该集合中包含了对其他命令对象的引用。

命令模式的优点主要是降低了系统的耦合度，增加新的命令很容易，可以比较容易地设计一个命令队列或宏命令，还为请求的撤销和恢复操作提供了一种设计和实现方案。其缺点主要是使用命令模式可能会导致某些系统有过多的具体命令类。

命令模式适用于以下环境：系统需要将请求调用者和请求接收者解耦，使得调用者和接收者不直接交互；系统需要在不同的时间指定请求、将请求排队和执行请求；系统需要支持命令的撤销操作和恢复操作；系统需要将一组操作组合在一起形成宏命令。

17.10 习题

自测题

1. 以下关于命令模式的叙述错误的是(　　)。

A. 命令模式将一个请求封装为一个对象，从而可用不同的请求对客户进行参数化

B. 命令模式可以将请求发送者和请求接收者解耦

C. 使用命令模式会导致某些系统有过多的具体命令类，导致在有些系统中命令模式变得不切实际

D. 命令模式是对命令的封装，命令模式把发出命令的责任和执行命令的责任集中在同一个类中，委派给统一的类进行处理

2. 在(　　)时无须使用命令模式。

A. 实现撤销(undo)操作和恢复(redo)操作

B. 将请求的发送者和接收者解耦

C. 不改变聚合类的前提下定义作用于聚合中元素的新操作

D. 不同的时间指定请求，并将请求排队

3. 房间中的开关就是命令模式的一个实现，现用命令模式来模拟开关的功能，可控制对象包括电灯和电风扇，绘制相应的类图并使用 Java 语言编程模拟。

4. 某系统需要提供一个命令集合（注：可使用 ArrayList 等集合对象实现），用于存储一系列命令对象，并通过该命令集合实现多次 undo()和 redo()操作，实现对 17.6 节中的简易计算器实例的改进。

5. 设计并实现一个简单的请求日志记录程序，将一组命令对象通过序列化写到日志文件中，并通过该日志文件实现批处理操作。

6. 某软件公司要开发一个基于 Windows 平台的公告板系统。系统提供一个主菜单(Menu)，在主菜单中包含了一些菜单项(MenuItem)，可以通过 Menu 类的 addMenuItem()方法增加菜单项。菜单项的主要方法是 click()，每一个菜单项包含一个抽象命令类，具体命令类包括 openCommand(打开命令)、createCommand(新建命令)、editCommand(编辑命令)等，命令类具有一个 execute()方法，用于调用公告板系统界面类(BoardScreen)的 open()、create()、edit()等方法。现使用命令模式设计该系统，使得 MenuItem 类与 BoardScreen 类的耦合度降低，绘制类图并使用 Java 语言编程实现。

第18章

解释器模式

本章导学

解释器模式用于描述如何构成一个简单的语言解释器，主要应用于使用面向对象语言开发的解释器的设计。当需要开发一个新的语言时可以考虑使用解释器模式。在实际应用中也许很少碰到构造一个语言的情况，虽然很少使用，但是对它的学习能够加深对面向对象思想的理解，并且掌握编程语言中语法规则解释的原理和过程。

本章将学习解释器模式的定义和结构，并结合实例学习如何使用解释器模式构造一个新的语言，以及如何通过终结符表达式和非终结符表达式在类中封装语言的文法规则。

本章知识点

- 解释器模式的定义
- 文法规则和抽象语法树
- 解释器模式的结构
- 解释器模式的实现
- 解释器模式的应用
- 解释器模式的优缺点
- 解释器模式的适用环境

18.1 解释器模式概述

虽然目前计算机编程语言有几百种，但有时候人们还是希望能用一些简单的语言来实现一些特定的操作，用户只要向计算机输入一个句子或文件，它就能够按照预先定义的文法规则对句子或文件进行解释，从而实现相应的功能。例如提供一个简单的加法/减法解释器，只要输入一个加法/减法表达式，它就能够计算出表达式结果，如图18-1所示，当输入字符串表达式为"$1 + 2 + 3 - 4 + 1$"时将输出计算结果为3。

众所周知，像Java、$C++$和$C\#$等语言无法直接解释类似"$1 + 2 + 3 - 4 + 1$"这样的字符串（如果直接作为数学表达式则可以解释），必须自己定义一套文法规则来实现对这些语句的解释，即设计一个自定义语言。在实际开发中，这些简单的自定义语言可以基于现有的编程语言来设计，如果所基于的编程语言是面向对象语言，此时可以使用解释器模式实现自定义语言。

图 18-1 加法/减法解释器示意图

解释器模式是一种使用频率相对较低且学习难度相对较大的设计模式，它用于描述如何使用面向对象语言构成一个简单的语言解释器。在某些情况下，为了更好地描述某些特定类型的问题可以创建一种新的语言，这种语言拥有自己的表达式和结构，即文法规则，这些问题的实例将对应为该语言中的句子，此时可以使用解释器模式来设计这种新的语言。对解释器模式的学习能够加深对面向对象思想的理解，并且理解编程语言中文法规则的解释过程。

解释器模式的定义如下：

> **解释器模式**：给定一个语言，定义它的文法的一种表示，并定义一个解释器，这个解释器使用该表示来解释语言中的句子。
>
> **Interpreter Pattern**: Given a language, define a representation for its grammar along with an interpreter that uses the representation to interpret sentences in the language.

在解释器模式的定义中所指的"语言"是使用规定格式和语法的代码，解释器模式是一种类行为型模式。

18.2 文法规则和抽象语法树

解释器模式描述了如何为简单的语言定义一个文法，如何在该语言中表示一个句子，以及如何解释这些句子。在正式分析解释器模式结构之前先来学习如何表示一个语言的文法规则以及如何构造一棵抽象语法树。

在前面所提到的加法/减法解释器中，每一个输入表达式（例如"$1 + 2 + 3 - 4 + 1$"）都包含了3个语言单位，可以使用以下文法规则来定义：

```
expression ::= value | operation
operation ::= expression '+' expression | expression '-' expression
value ::= an integer //一个整数值
```

该文法规则包含3条语句，第一条表示表达式的组成方式，其中 value 和 operation 是后面两个语言单位的定义，每一条语句所定义的字符串（如 operation 和 value）称为语言构造成分或语言单位，符号"::="是"定义为"的意思，其左边的语言单位通过右边来进行说明和定义，语言单位对应终结符表达式和非终结符表达式。例如本规则中的 operation 是非终结符表达式，它的组成元素仍然可以是表达式，可以进一步分解，而 value 是终结符表达式，它的组成元素是最基本的语言单位，不能再进行分解。

在文法规则定义中可以使用一些符号来表示不同的含义，例如使用"|"表示或，使用"("和")"表示组合，使用"*"表示出现0次或多次等，其中使用频率最高的符号是表示"或"关系的"|"，例如文法规则"boolValue::=0|1"表示终结符表达式 boolValue 的取值可以为0或者1。

除了使用文法规则来定义一个语言外，在解释器模式中还可以通过一种称为抽象语法树（Abstract Syntax Tree, AST）的图形方式来直观地表示语言的构成，每一棵抽象语法树对应一个语言实例，例如加法/减法表达式语言中的语句"$1 + 2 + 3 - 4 + 1$"可以通过如图 18-2 所示的抽象语法树来表示。

在该抽象语法树中可以通过终结符表达式 value 和非终结符表达式 operation 组成复杂的语句，每个文法规则的语言实例都可以表示为一个抽象语法树，即每一条具体的语句都可以用类似图 18-2 所示的抽象语法树来表示，在图中终结符表达式类的实例作为树的叶子结点，而非终结符表达式类的实例作为非叶子结点，它们可以将终结符表达式的实例以及包含终结符和非终结符实例的子表达式作为其子结点。抽象语法树描述了如何构成一个复杂的句子，通过对抽象语法树的分析可以识别出语言中的终结符类和非终结符类。

图 18-2 抽象语法树示意图

18.3 解释器模式结构与实现

18.3.1 解释器模式结构

由于表达式可分为终结符表达式和非终结符表达式，因此解释器模式的结构与组合模式的结构有些类似，但在解释器模式中包含更多的组成元素，它的结构图如图 18-3 所示。

图 18-3 解释器模式结构图

由图 18-3 可知，解释器模式包含以下 4 个角色。

（1）**AbstractExpression（抽象表达式）**：在抽象表达式中声明了抽象的解释操作，它是所有终结符表达式和非终结符表达式的公共父类。

（2）**TerminalExpression（终结符表达式）**：终结符表达式是抽象表达式的子类，它实现了与文法中的终结符相关联的解释操作，在句子中的每一个终结符都是该类的一个实例。

通常在一个解释器模式中只有少数几个终结符表达式类，它们的实例可以通过非终结符表达式组成较为复杂的句子。

（3）**NonterminalExpression（非终结符表达式）**：非终结符表达式也是抽象表达式的子类，它实现了文法中非终结符的解释操作，由于在非终结符表达式中可以包含终结符表达式，也可以继续包含非终结符表达式，因此其解释操作一般通过递归的方式完成。

（4）**Context（环境类）**：环境类又称为上下文类，它用于存储解释器之外的一些全局信息，通常它临时存储了需要解释的语句。

18.3.2 解释器模式实现

在解释器模式中每一种终结符和非终结符都有一个具体类与之对应，正因为使用类来表示每一条文法规则，所以系统将具有较好的灵活性和可扩展性。

对于所有的终结符和非终结符，首先需要抽象出一个公共父类，即抽象表达式类。其典型代码如下：

```
public abstract class AbstractExpression {
    public abstract void interpret(Context ctx);
}
```

终结符表达式类和非终结符表达式类都是抽象表达式类的子类，对于终结符表达式类，其代码很简单，主要是对终结符元素的处理。其典型代码如下：

```
public class TerminalExpression extends AbstractExpression {
    public void interpret(Context ctx) {
        //终结符表达式的解释操作
    }
}
```

对于非终结符表达式，其代码相对比较复杂，因为可以通过非终结符将表达式组合成更加复杂的结构，对于包含两个操作元素的非终结符表达式类，其典型代码如下：

```
public class NonterminalExpression extends AbstractExpression {
    private AbstractExpression left;
    private AbstractExpression right;

    public NonterminalExpression(AbstractExpression left,AbstractExpression right) {
        this.left = left;
        this.right = right;
    }

    public void interpret(Context ctx) {
        //递归调用每一个组成部分的 interpret()方法
        //在递归调用时指定组成部分的连接方式，即非终结符的功能
    }
}
```

除了上述用于表示表达式的类以外，通常在解释器模式中还提供了一个环境类Context，用于存储一些全局信息。在环境类中，一般包含一个 HashMap 或 ArrayList 等类型的集合对象（也可以直接由 HashMap 等集合类充当环境类），用于存储一系列公共信息，例如变量名与值的映射关系（key/value）等，用于在执行具体的解释操作时从中获取相关信

息。其典型代码片段如下：

```
public class Context {
    private HashMap < String, String > map = new HashMap < String, String >();

    public void assign(String key, String value) {
        //在环境类中设值
        map.put(key,value);
    }

    public String lookup(String key) {
        //获取存储在环境类中的值
        return map.get(key);
    }
}
```

环境类Context的对象通常作为参数被传递到所有表达式的解释方法interpret()中，可以在环境类对象中存储和访问表达式解释器的状态，向表达式解释器提供一些全局的、公共的数据。此外，还可以在环境类中增加一些所有表达式解释器共有的功能，以减轻解释器的职责。当系统无须提供全局公共信息时可以省略环境类，根据实际情况决定是否需要环境类。

18.4 解释器模式应用实例

下面通过一个应用实例来进一步学习和理解解释器模式。

1. 实例说明

某软件公司要开发一套机器人控制程序，在该机器人控制程序中包含一些简单的英文控制指令，每一个指令对应一个表达式(expression)，该表达式可以是简单表达式也可以是复合表达式，每一个简单表达式由移动方向(direction)、移动方式(action)和移动距离(distance)3部分组成。其中，移动方向包括上(up)、下(down)、左(left)、右(right)；移动方式包括移动(move)和快速移动(run)；移动距离为一个正整数。两个表达式之间可以通过与(and)连接形成复合(composite)表达式。

用户通过对图形化的设置界面进行操作可以创建一个机器人控制指令，机器人在收到指令后将按照指令的设置进行移动，例如输入控制指令"up move 5"，则"向上移动5个单位"；输入控制指令"down run 10 and left move 20"，则"向下快速移动10个单位再向左移动20个单位"。

现使用解释器模式来设计该程序并模拟实现。

2. 实例分析及类图

根据上述需求描述用形式化语言表示该简单语言的文法规则如下：

```
expression ::= direction action distance | composite    //表达式
composite ::= expression 'and' expression               //复合表达式
direction ::= 'up' | 'down' | 'left' | 'right'         //移动方向
action ::= 'move' | 'run'                               //移动方式
distance ::= an integer                                  //移动距离
```

该语言一共定义了5条文法规则，对应5个语言单位，这些语言单位可以分为两类，一类为终结符（也称为终结符表达式），例如 direction、action 和 distance，它们是语言的最小组成单位，不能再被拆分；另一类为非终结符（也称为非终结符表达式），例如 expression 和 composite，它们都是一个完整的句子，包含一系列终结符或非终结符。

针对 5 条文法规则分别提供 5 个类来实现，其中终结符表达式 direction、action 和 distance 对应 DirectionNode 类、ActionNode 类和 DistanceNode 类，非终结符表达式 expression 和 composite 对应 SentenceNode 类和 AndNode 类。

可以通过抽象语法树来表示具体解释过程，例如机器人控制指令"down run 10 and left move 20"对应的抽象语法树如图 18-4 所示。

图 18-4 机器人控制程序抽象语法树实例

机器人控制程序实例的基本结构图如图 18-5 所示。

图 18-5 机器人控制程序结构图

在图 18-5 中，AbstractNode 充当抽象表达式角色，DirectionNode、ActionNode 和 DistanceNode 充当终结符表达式角色，AndNode 和 SentenceNode 充当非终结符表达式角色。

3. 实例代码

(1) AbstractNode：抽象结点类，充当抽象表达式角色。

```java
//designpatterns.interpreter.AbstractNode.java
package designpatterns.interpreter;

public abstract class AbstractNode {
    public abstract String interpret();
}
```

(2) AndNode：And 结点类，充当非终结符表达式角色。

```java
//designpatterns.interpreter.AndNode.java
package designpatterns.interpreter;

public class AndNode extends AbstractNode {
    private AbstractNode left; //And 的左表达式
    private AbstractNode right; //And 的右表达式

    public AndNode(AbstractNode left,AbstractNode right) {
        this.left = left;
        this.right = right;
    }

    //And 表达式解释操作
    public String interpret() {
        return left.interpret() + "再" + right.interpret();
    }
}
```

(3) SentenceNode：简单句子结点类，充当非终结符表达式角色。

```java
//designpatterns.interpreter.SentenceNode.java
package designpatterns.interpreter;

public class SentenceNode extends AbstractNode {
    private AbstractNode direction;
    private AbstractNode action;
    private AbstractNode distance;

    public SentenceNode(AbstractNode direction,AbstractNode action,AbstractNode distance)
    {
        this.direction = direction;
        this.action = action;
        this.distance = distance;
    }

    //简单句子的解释操作
    public String interpret() {
        return direction.interpret() + action.interpret() + distance.interpret();
    }
}
```

(4) DirectionNode：方向结点类，充当终结符表达式角色。

```java
//designpatterns.interpreter.DirectionNode.java
package designpatterns.interpreter;

public class DirectionNode extends AbstractNode {
```

```java
    private String direction;

    public DirectionNode(String direction) {
        this.direction = direction;
    }

    //方向表达式的解释操作
    public String interpret() {
        if (direction.equalsIgnoreCase("up")) {
            return "向上";
        }
        else if (direction.equalsIgnoreCase("down")) {
            return "向下";
        }
        else if (direction.equalsIgnoreCase("left")) {
            return "向左";
        }
        else if (direction.equalsIgnoreCase("right")) {
            return "向右";
        }
        else {
            return "无效指令";
        }
    }
}
```

(5) ActionNode：动作结点类，充当终结符表达式角色。

```java
//designpatterns.interpreter.ActionNode.java
package designpatterns.interpreter;

public class ActionNode extends AbstractNode {
    private String action;

    public ActionNode(String action) {
        this.action = action;
    }

    //动作(移动方式)表达式的解释操作
    public String interpret() {
        if (action.equalsIgnoreCase("move")) {
            return "移动";
        }
        else if (action.equalsIgnoreCase("run")) {
            return "快速移动";
        }
        else {
            return "无效指令";
        }
    }
}
```

(6) DistanceNode：距离结点类，充当终结符表达式角色。

```java
//designpatterns.interpreter.DistanceNode.java
package designpatterns.interpreter;

public class DistanceNode extends AbstractNode {
```

```java
    private String distance;

    public DistanceNode(String distance) {
        this.distance = distance;
    }

    //距离表达式的解释操作
    public String interpret() {
        return this.distance;
    }
}
```

（7）InstructionHandler：指令处理类，工具类，提供相应的方法对输入指令进行处理。它将输入指令分割为字符串数组，将第一个、第二个和第三个单词组合成一个句子，并存入栈中；如果发现有单词"and"，则将"and"后的第一个、第二个和第三个单词组合成一个新的句子作为"and"的右表达式，并从栈中取出原先所存的句子作为左表达式，然后组合成一个And结点存入栈中。以此类推，直到整个指令解析结束。

```java
//designpatterns.interpreter.InstructionHandler.java
package designpatterns.interpreter;
import java.util.*;

public class InstructionHandler {
    private AbstractNode node;

    public void handle(String instruction) {
        AbstractNode left = null,right = null;
        AbstractNode direction = null,action = null,distance = null;
        Stack<AbstractNode> stack = new Stack<AbstractNode>();
                                        //声明一个栈对象用于存储抽象语法树
        String[] words = instruction.split(" ");    //以空格分隔指令字符串
        for (int i = 0; i < words.length; i++) {
            //本实例采用栈的方式处理指令,如果遇到"and",则将其后的3个单词作为3个终
            //结符表达式连成一个简单句子SentenceNode作为"and"的右表达式,而将从栈顶
            //弹出的表达式作为"and"的左表达式,最后将新的"and"表达式压入栈中
            if (words[i].equalsIgnoreCase("and")) {
                left = (AbstractNode)stack.pop();    //弹出栈顶表达式作为左表达式
                String word1 = words[++i];
                direction = new DirectionNode(word1);
                String word2 = words[++i];
                action = new ActionNode(word2);
                String word3 = words[++i];
                distance = new DistanceNode(word3);
                right = new SentenceNode(direction,action,distance);    //右表达式
                stack.push(new AndNode(left,right));    //将新表达式压入栈中
            }
            //如果是从头开始进行解释,则将前3个单词组成一个简单句子SentenceNode并将
            //该句子压入栈中
            else {
                String word1 = words[i];
                direction = new DirectionNode(word1);
                String word2 = words[++i];
                action = new ActionNode(word2);
                String word3 = words[++i];
                distance = new DistanceNode(word3);
```

```java
                left = new SentenceNode(direction,action,distance);
                stack.push(left); //将新表达式压栈中
            }
        }
        this.node = (AbstractNode)stack.pop(); //将全部表达式从栈中弹出
    }

    public String output() {
        String result = node.interpret(); //解释表达式
        return result;
    }
}
```

(8) Client：客户端测试类。

```java
//designpatterns.interpreter.Client.java
package designpatterns.interpreter;

public class Client {
    public static void main(String args[]) {
        String instruction = "down run 10 and left move 20";
        InstructionHandler handler = new InstructionHandler();
        handler.handle(instruction);

        String outString;
        outString = handler.output();
        System.out.println(outString);
    }
}
```

4. 结果及分析

编译并运行程序，输出结果如下：

向下快速移动 10 再向左移动 20

如果将输入指令改为"up move 5 and down run 10 and left move 5"，则输出结果如下：

向上移动 5 再向下快速移动 10 再向左移动 5

本实例对机器人控制指令的输出结果进行模拟，将英文指令翻译为中文指令，在真实情况下系统将调用不同的控制程序对机器人进行控制，包括对移动方向、方式和距离的控制等。

18.5 解释器模式优缺点与适用环境

解释器模式为自定义语言的设计和实现提供了一种解决方案，用于定义一组文法规则并通过这组文法规则来解释语言中的句子。虽然解释器模式的使用频率不是特别高，但是它在正则表达式、XML 文档解释等领域还是得到了广泛使用。与解释器模式类似，目前还诞生了很多基于抽象语法树的源代码处理工具，例如 Eclipse 中的 Eclipse AST，它可以用于表示和处理 Java 语言的语法结构，用户可以通过扩展其功能创建自己的文法规则，实现对源代码的分析。

18.5.1 解释器模式优点

解释器模式的优点主要如下：

（1）易于改变和扩展文法。由于在解释器模式中使用类表示语言的文法规则，因此可以通过继承等机制来改变或扩展文法。

（2）每一条文法规则都可以表示为一个类，因此可以方便地实现一个简单的语言。

（3）实现文法较为容易。在抽象语法树中每一个表达式结点类的实现方式都是相似的，这些类的代码编写都不会特别复杂，还可以通过一些工具自动生成结点类代码。

（4）增加新的解释表达式较为方便。如果用户要增加新的解释表达式只需要对应增加一个新的终结符表达式或非终结符表达式类，原有表达式类代码无须修改，符合开闭原则。

18.5.2 解释器模式缺点

解释器模式的缺点主要如下：

（1）对于复杂文法难以维护。在解释器模式中每一条规则至少需要定义一个类，因此如果一个语言包含太多文法规则，类的个数将会急剧增加，导致系统难以管理和维护，此时可以考虑使用语法分析程序等方式来取代解释器模式。

（2）执行效率较低。由于在解释器模式中使用了大量的循环和递归调用，因此在解释较为复杂的句子时其速度很慢，而且代码的调试过程也比较麻烦。

18.5.3 解释器模式适用环境

在以下情况下可以考虑使用解释器模式：

（1）可以将一个需要解释执行的语言中的句子表示为一棵抽象语法树。

（2）一些重复出现的问题可以用一种简单的语言进行表达。

（3）一个语言的文法较为简单。对于复杂的文法，解释器模式中的文法类层次结构将变得很庞大而无法管理，此时最好使用语法分析程序生成器。

（4）执行效率不是关键问题。高效的解释器通常不是通过直接解释抽象语法树来实现的，而是需要将它们转换成其他形式，使用解释器模式的执行效率并不高。

18.6 本章小结

解释器模式的目的是给定一个语言，定义它的文法的一种表示，并定义一个解释器，这个解释器使用该表示来解释语言中的句子。解释器模式是一种类行为型模式。

可以使用文法规则来定义一个语言，也可以通过抽象语法树以图形方式直观地表示一个语言的构成，每一棵抽象语法树对应一个语言实例。

解释器模式包含抽象表达式、终结符表达式、非终结符表达式和环境类4个角色。其中，抽象表达式声明了抽象的解释操作，是所有终结符表达式和非终结符表达式的公共父类；终结符表达式是抽象表达式的子类，它实现了与文法中的终结符相关联的解释操作；非终结符表达式也是抽象表达式的子类，它实现了文法中非终结符的解释操作；环境类用于存储解释器之外的一些全局信息。

解释器模式的优点主要包括易于改变和扩展文法，可以方便地实现一个简单的语言，实现文法较为容易，且增加新的解释表达式较为方便。其缺点主要是对于复杂文法难以维护，并且其执行效率较低。

解释器模式适用于以下环境：可以将一个需要解释执行的语言中的句子表示为一棵抽象语法树；一些重复出现的问题可以用一种简单的语言进行表达；一个语言的文法较为简单；执行效率不是关键问题。

18.7 习题

1. 对于一个语法不是特别复杂的计算机语言，可以考虑使用（　　）模式进行设计。

A. 模板方法　　　　B. 命令　　　　C. 访问者　　　　D. 解释器

2. 关于解释器模式，以下叙述有误的是（　　）。

A. 当一个待解释的语言中的句子可以表示为一棵抽象语法树时可以使用解释器模式

B. 在解释器模式中使用类来表示文法规则，可以方便地改变或者扩展文法

C. 解释器模式既适用于文法简单的小语言，也适用于文法非常复杂的语言解析

D. 需要自定义一个小语言，如一些简单的控制指令时，可以考虑使用解释器模式

3. 现需要构造一个语言解释器，使得系统可以执行整数间的乘、除和求模运算。例如用户输入表达式"$3 * 4 / 2 \% 4$"，输出结果为 2。使用解释器模式实现该功能，要求绘制相应的类图并使用 Java 语言编程模拟实现。

4. 使用解释器模式设计一个简单的解释器，使得系统可以解释 0 和 1 的或运算和与运算（不考虑或运算和与运算的优先级），语句表达式和输出结果的几个实例如表 18-1 所示。

表 18-1 表达式及输出结果部分实例表

表达式	输出结果	表 达 式	输出结果
1 and 0	0	0 or 0	0
1 or 1	1	1 and 1 or 0	1
1 or 0	1	0 or 1 and 0	0
1 and 1	1	0 or 1 and 1 or 1	1
0 and 0	0	1 or 0 and 1 and 0 or 0	0

5. 某软件公司要为数据库备份和同步开发一套简单的数据库同步指令，通过指令可以对数据库中的数据和结构进行备份，例如输入指令"COPY VIEW FROM srcDB TO desDB"表示将数据库 srcDB 中的所有视图（View）对象复制到数据库 desDB；输入指令"MOVE TABLE Student FROM srcDB TO desDB"表示将数据库 srcDB 中的 Student 表移动至数据库 desDB。试使用解释器模式来设计并使用 Java 语言实现该数据库同步指令。

第19章

迭代器模式

本章导学

迭代器模式是一种使用频率非常高的设计模式。迭代器用于对一个聚合对象进行遍历。通过引入迭代器可以将数据的遍历功能从聚合对象中分离出来，聚合对象只负责存储数据，而遍历数据由迭代器完成，简化了聚合对象的设计，更符合单一职责原则的要求。

本章将学习迭代器模式的定义与结构，结合实例学习迭代器模式的实现和应用，并学习如何使用Java内置迭代器。

本章知识点

- 迭代器模式的定义
- 迭代器模式的结构
- 迭代器模式的实现
- 迭代器模式的应用
- 使用内部类实现迭代器
- Java内置迭代器
- 迭代器模式的优缺点
- 迭代器模式的适用环境

19.1 迭代器模式概述

在现实生活中，人们有两种方式来操作一台电视机以实现开机、关机、换台、改变音量等功能，一种方式是直接通过电视机控制面板上的按键来实现，另一种方式是通过电视机遥控器来间接实现。遥控器为操作电视机带来很大的方便，用户并不需要知道那些电视频道到底如何存储在电视机中。在此，可以将电视机看成一个存储电视频道的集合对象，通过遥控器可以对电视机中的电视频道集合进行操作，例如返回上一个频道，跳转到下一个频道或者跳转至指定的频道。电视机遥控器和电视机示意图如图19-1所示。

在软件开发中也存在大量类似电视机一样的类，它们可以存储多个成员对象(元素)，这些类通常称为聚合类(Aggregate Classes)，对应的对象称为聚合对象。为了更加方便地操作这些聚合对象，同时可以很灵活地为聚合对象增加不同的遍历方法，也需要类似电视机遥控器一样的角色，可以访问一个聚合对象中的元素但又不需要暴露它的内部结构。本章所要学习的迭代器模式将为聚合对象提供一个遥控器，通过引入迭代器客户端无须了解聚合对象的内部结构即可实现对聚合对象中成员的遍历，还可以根据需要很方便地增加新的遍历方式。

在软件系统中，聚合对象拥有两个职责：一是存储数据；二是遍历数据。从依赖性来看，前者是聚合对象的基本职责；而后者既是可变化的，又是可分离的。因此，可以将遍历数据的行为从聚合对象中分离出来封装在迭代器对象中，由迭代器来提供遍历聚合对象内部数据的行为，这将简化聚合对象的设计，更符合单一职责原则的要求。

图 19-1 电视机遥控器和电视机示意图

迭代器模式的定义如下：

> **迭代器模式**：提供一种方法顺序访问一个聚合对象中的各个元素，而又不用暴露该对象的内部表示。
>
> **Iterator Pattern**: Provide a way to access the elements of an aggregate object sequentially without exposing its underlying representation.

迭代器模式又称游标(Cursor)模式，它是一种对象行为型模式。

19.2 迭代器模式结构与实现

19.2.1 迭代器模式结构

在迭代器模式结构中包含聚合和迭代器两个层次结构，考虑到系统的灵活性和可扩展性，在迭代器模式中应用了工厂方法模式，其模式结构图如图 19-2 所示。

图 19-2 迭代器模式结构图

由图 19-2 可知，迭代器模式包含以下 4 个角色。

(1) **Iterator(抽象迭代器)**：它定义了访问和遍历元素的接口，声明了用于遍历数据元素的方法，例如用于获取第一个元素的 first() 方法、用于访问下一个元素的 next() 方法、用于判断是否还有下一个元素的 hasNext() 方法、用于获取当前元素的 currentItem() 方法等，在具体迭代器中将实现这些方法。

（2）**ConcreteIterator（具体迭代器）**：它实现了抽象迭代器接口，完成对聚合对象的遍历，同时在具体迭代器中通过游标来记录在聚合对象中所处的当前位置，在具体实现时游标通常是一个表示位置的非负整数。

（3）**Aggregate（抽象聚合类）**：它用于存储和管理元素对象，声明一个 createIterator() 方法用于创建一个迭代器对象，充当抽象迭代器工厂角色。

（4）**ConcreteAggregate（具体聚合类）**：它是抽象聚合类的子类，实现了在抽象聚合类中声明的 createIterator() 方法，该方法返回一个与该具体聚合类对应的具体迭代器 ConcreteIterator 实例。

19.2.2 迭代器模式实现

在迭代器模式中提供了一个外部的迭代器来对聚合对象进行访问和遍历，迭代器定义了一个访问该聚合元素的接口，并且可以跟踪当前遍历的元素，了解哪些元素已经遍历过，哪些没有。迭代器的引入将使对一个复杂聚合对象的操作变得简单。

下面将结合代码对迭代器模式的实现作进一步分析。在迭代器模式中应用了工厂方法模式，抽象迭代器对应于抽象产品角色，具体迭代器对应于具体产品角色，抽象聚合类对应于抽象工厂角色，具体聚合类对应于具体工厂角色。

在抽象迭代器中声明了用于遍历聚合对象中所存储元素的方法，其典型代码如下：

```
public interface Iterator {
    public void first();          //将游标指向第一个元素
    public void next();           //将游标指向下一个元素
    public boolean hasNext();     //判断是否存在下一个元素
    public Object currentItem();  //获取游标指向的当前元素
}
```

在具体迭代器中将实现抽象迭代器声明的遍历数据的方法，其典型代码如下：

```
public class ConcreteIterator implements Iterator {
    private ConcreteAggregate objects; //维持一个对具体聚合对象的引用，以便访问存储在
                                      //聚合对象中的数据
    private int cursor;               //定义一个游标，用于记录当前访问位置
    public ConcreteIterator(ConcreteAggregate objects) {
        this.objects = objects;
    }

    public void first() { ... }
    public void next() { ... }
    public boolean hasNext() { ... }
    public Object currentItem() { ... }
}
```

需要注意的是，抽象迭代器接口的设计非常重要，一方面需要充分满足各种遍历操作的要求，尽量为各种遍历方法都提供声明；另一方面又不能包含太多方法，接口中的方法太多将给子类的实现带来麻烦。因此可以考虑使用抽象类来设计抽象迭代器，在抽象类中为每

一个方法提供一个空的默认实现。如果需要在具体迭代器中为聚合对象增加全新的遍历操作，则必须修改抽象迭代器和具体迭代器的源代码，这将违反开闭原则，因此在设计时要考虑全面，避免之后修改接口。

聚合类用于存储数据并负责创建迭代器对象，最简单的抽象聚合类代码如下：

```java
public interface Aggregate {
    Iterator createIterator();
}
```

具体聚合类作为抽象聚合类的子类，一方面负责存储数据，另一方面实现了在抽象聚合类中声明的工厂方法 createIterator()，用于返回一个与该具体聚合类对应的具体迭代器对象，典型代码如下：

```java
public class ConcreteAggregate implements Aggregate {
    ...
    public Iterator createIterator() {
        return new ConcreteIterator(this);
    }
    ...
}
```

19.3 迭代器模式应用实例

下面通过一个应用实例来进一步学习和理解迭代器模式。

1. 实例说明

某软件公司为某商场开发了一套销售管理系统，在对该系统进行分析和设计时，开发人员发现经常需要对系统中的商品数据、客户数据等进行遍历，为了复用这些遍历代码，开发人员设计了一个抽象的数据集合类 AbstractObjectList，而将存储商品和客户等数据的类作为其子类。AbstractObjectList 类结构图如图 19-3 所示。

图 19-3 AbstractObjectList 类结构图

在图 19-3 中 List 类型的对象 objects 用于存储数据，方法说明如表 19-1 所示。

表 19-1 AbstractObjectList 类方法说明

方 法 名	方 法 说 明
AbstractObjectList()	构造方法，用于给 objects 对象赋值
addObject()	增加元素
removeObject()	删除元素
getObjects()	获取所有元素
next()	移至下一个元素
isLast()	判断当前元素是否为最后一个元素
previous()	移至上一个元素
isFirst()	判断当前元素是否为第一个元素
getNextItem()	获取下一个元素
getPreviousItem()	获取上一个元素

AbstractObjectList 类的子类 ProductList 和 CustomerList 分别用于存储商品数据和客户数据。

通过分析发现 AbstractObjectList 类的职责非常重，它既负责存储和管理数据，又负责遍历数据，违反了单一职责原则，实现代码将非常复杂。因此开发人员决定使用迭代器模式对 AbstractObjectList 类进行重构，将负责遍历数据的方法提取出来封装到专门的类中，实现数据存储和数据遍历分离，还可以给不同的具体数据集合类提供不同的遍历方式。

现给出使用迭代器模式重构后的解决方案。

2. 实例类图

通过分析，本实例的结构图如图 19-4 所示。

图 19-4 销售管理系统数据遍历结构图

（注：为了简化类图和代码，在本结构图中只提供一个具体聚合类和具体迭代器类）

在图 19-4 中，AbstractObjectList 充当抽象聚合类，ProductList 充当具体聚合类，AbstractIterator 充当抽象迭代器，ProductIterator 充当具体迭代器。

在本实例中，为了详细说明自定义迭代器的实现过程，没有使用 JDK 中内置的迭代器，事实上 JDK 内置迭代器已经实现了对一个 List 对象的正向遍历。

3. 实例代码

(1) AbstractObjectList：抽象聚合类。

```java
//designpatterns.iterator.AbstractObjectList.java
package designpatterns.iterator;
import java.util.*;

public abstract class AbstractObjectList {
    protected List<Object> objects = new ArrayList<Object>();

    public AbstractObjectList(List<Object> objects) {
        this.objects = objects;
    }

    public void addObject(Object obj) {
        this.objects.add(obj);
    }

    public void removeObject(Object obj) {
        this.objects.remove(obj);
    }

    public List<Object> getObjects() {
        return this.objects;
    }

    //声明创建迭代器对象的抽象工厂方法
    public abstract AbstractIterator createIterator();
}
```

(2) ProductList：商品数据类，充当具体聚合类。

```java
//designpatterns.iterator.ProductList.java
package designpatterns.iterator;
import java.util.*;

public class ProductList extends AbstractObjectList {
    public ProductList(List<Object> products) {
        super(products);
    }

    //实现创建迭代器对象的具体工厂方法
    public AbstractIterator createIterator() {
        return new ProductIterator(this);
    }
}
```

(3) AbstractIterator：抽象迭代器。

```java
//designpatterns.iterator.AbstractIterator.java
package designpatterns.iterator;

public interface AbstractIterator {
    public void next();              //移至下一个元素
    public boolean isLast();         //判断是否为最后一个元素
    public void previous();          //移至上一个元素
    public boolean isFirst();        //判断是否为第一个元素
```

```java
        public Object getNextItem();        //获取下一个元素
        public Object getPreviousItem();    //获取上一个元素
    }
```

(4) ProductIterator：商品迭代器，充当具体迭代器。

```java
//designpatterns.iterator.ProductIterator.java
package designpatterns.iterator;
import java.util.*;

public class ProductIterator implements AbstractIterator {
    private List<Object> products;
    private int cursor1;                    //定义一个游标,用于记录正向遍历的位置
    private int cursor2;                    //定义一个游标,用于记录逆向遍历的位置

    public ProductIterator(ProductList list) {
        this.products = list.getObjects();  //获取集合对象
        cursor1 = 0;                        //设置正向遍历游标的初始值
        cursor2 = products.size() - 1;      //设置逆向遍历游标的初始值
    }

    public void next() {
        if(cursor1 < products.size()) {
            cursor1++;
        }
    }

    public boolean isLast() {
        return (cursor1 == products.size());
    }

    public void previous() {
        if (cursor2 > -1) {
            cursor2 --;
        }
    }

    public boolean isFirst() {
        return (cursor2 == -1);
    }

    public Object getNextItem() {
        return products.get(cursor1);
    }

    public Object getPreviousItem() {
        return products.get(cursor2);
    }
}
```

(5) Client：客户端测试类。

```java
//designpatterns.iterator.Client.java
package designpatterns.iterator;
import java.util.*;

public class Client {
```

```java
public static void main(String args[]) {
    List<Object> products = new ArrayList<Object>();
    products.add("倚天剑");
    products.add("屠龙刀");
    products.add("断肠草");
    products.add("葵花宝典");
    products.add("四十二章经");

    AbstractObjectList list;
    AbstractIterator iterator;

    list = new ProductList(products);    //创建聚合对象
    iterator = list.createIterator();    //创建迭代器对象

    System.out.println("正向遍历：");
    while(!iterator.isLast()) {
        System.out.print(iterator.getNextItem() + ",");
        iterator.next();
    }
    System.out.println();
    System.out.println("------------------------------");
    System.out.println("逆向遍历：");
    while(!iterator.isFirst()) {
        System.out.print(iterator.getPreviousItem() + ",");
        iterator.previous();
    }
}
```

4. 结果及分析

编译并运行程序，输出结果如下：

```
正向遍历：
倚天剑,屠龙刀,断肠草,葵花宝典,四十二章经,
------------------------------
逆向遍历：
四十二章经,葵花宝典,断肠草,屠龙刀,倚天剑,
```

如果需要增加一个新的具体聚合类，例如客户数据集合类，并且需要为客户数据集合类提供不同于商品数据集合类的正向遍历和逆向遍历操作，只需增加一个新的聚合子类和一个新的具体迭代器类即可，原有类库代码无须修改，符合开闭原则；如果需要为ProductList类更换一个迭代器，只需要增加一个新的具体迭代器类作为抽象迭代器类的子类，重新实现遍历方法，原有迭代器代码无须修改，也符合开闭原则；但是如果要在迭代器中增加新的方法，则需要修改抽象迭代器源代码，这将违背开闭原则。

19.4 使用内部类实现迭代器

在如图19-2所示的迭代器模式结构图中，具体迭代器类和具体聚合类之间存在双重关系，其中一个关系为关联关系，在具体迭代器中需要维持一个对具体聚合对象的引用，该关联关系的目的是访问存储在聚合对象中的数据，以便迭代器能够对这些数据进行遍历操作。

除了使用关联关系外，为了能够让迭代器可以访问到聚合对象中的数据，还可以将迭代

器类设计为聚合类的内部类，JDK 中的迭代器类就是通过这种方法来实现的，如 AbstractList 类代码片段所示：

```java
package java.util;
…
public abstract class AbstractList<E> extends AbstractCollection<E> implements List<E> {
    …
    private class Itr implements Iterator<E> {
        int cursor = 0;
        …
    }
    …
}
```

下面对 19.3 节中的 ProductList 类进行修改，将 ProductIterator 类作为 ProductList 类的内部类，代码如下：

```java
//使用内部类实现的商品数据类
public class ProductList extends AbstractObjectList {
    public ProductList(List<Object> products) {
        super(products);
    }

    public AbstractIterator createIterator() {
        return new ProductIterator();
    }

    //商品迭代器：具体迭代器，内部类实现
    private class ProductIterator implements AbstractIterator {
        private int cursor1;
        private int cursor2;

        public ProductIterator() {
            cursor1 = 0;
            cursor2 = objects.size() - 1;
        }

        public void next() {
            if(cursor1 < objects.size()) {
                cursor1++;
            }
        }

        public boolean isLast() {
            return (cursor1 == objects.size());
        }

        public void previous() {
            if(cursor2 > -1) {
                cursor2--;
            }
        }

        public boolean isFirst() {
            return (cursor2 == -1);
        }

        public Object getNextItem() {
```

```
        return objects.get(cursor1);
    }

    public Object getPreviousItem() {
        return objects.get(cursor2);
    }
  }
}
```

无论使用哪种实现机制，客户端代码都是一样的，也就是说客户端无须关心具体迭代器对象的创建细节，只需通过调用工厂方法createIterator()即可得到一个可用的迭代器对象，这也是使用工厂方法模式的好处，通过工厂来封装对象的创建过程，简化了客户端的调用。

19.5 Java内置迭代器

为了让开发人员能够更加方便地操作聚合对象，在Java、C#等编程语言中都提供了内置迭代器。在Java集合框架中，常用的List和Set等聚合类都继承（或实现）了java.util.Collection接口，在Collection接口中声明了以下方法（部分）：

```
package java.util;

public interface Collection<E> extends Iterable<E> {
    ...
    boolean add(Object c);
    boolean addAll(Collection c);
    boolean remove(Object o);
    boolean removeAll(Collection c);
    boolean remainAll(Collection c);
    Iterator iterator();
    ...
}
```

除了包含一些增加元素和删除元素的方法外，Collection还提供了一个iterator()方法，用于返回一个Iterator类型的迭代器对象，以便遍历聚合中的元素；具体的Java聚合类可以通过实现该iterator()方法返回一个具体的Iterator对象。

在JDK中定义了抽象迭代器接口Iterator，代码如下：

```
package java.util;

public interface Iterator<E> {
    boolean hasNext();
    E next();
    void remove();
}
```

其中，hasNext()用于判断聚合对象中是否还存在下一个元素，为了不抛出异常，在每次调用next()之前需要先调用hasNext()，如果有可供访问的元素，则返回true；next()方法用于将游标移至下一个元素，通过它可以逐个访问聚合中的元素，它返回游标所越过的那个元素的引用；remove()方法用于删除上次调用next()时所返回的元素。

Java迭代器的工作原理如图19-5所示，在第一个next()方法被调用时，迭代器游标由

"元素 1"与"元素 2"之间移至"元素 2"与"元素 3"之间，跨越了"元素 2"，因此 next() 方法将返回对"元素 2"的引用；在第二个 next() 方法被调用时，迭代器由"元素 2"与"元素 3"之间移至"元素 3"和"元素 4"之间，next() 方法将返回对"元素 3"的引用，如果此时调用 remove() 方法，即可将"元素 3"删除。

图 19-5 Java 迭代器示意图

以下代码片段可用于删除聚合对象中的第一个元素：

```
Iterator iterator = collection.iterator();    //collection是已实例化的聚合对象
iterator.next();                              //跳过第一个元素
iterator.remove();                            //删除第一个元素
```

需要注意的是，此处 next() 方法与 remove() 方法的调用是相互关联的。如果在调用 remove() 之前没有对 next() 进行调用，那么将会抛出 IllegalStateException 异常，因为没有任何可供删除的元素。

以下代码片段用于删除两个相邻的元素：

```
iterator.remove();
iterator.next();    //如果删除此行代码程序将抛异常
iterator.remove();
```

在上面的代码段中，如果将代码"iterator.next();"去掉则程序运行抛异常，因为第二次删除时将找不到可供删除的元素。

在 JDK 中 Collection 接口和 Iterator 接口充当了迭代器模式的抽象层，分别对应于抽象聚合类和抽象迭代器，而 Collection 接口的子类充当了具体聚合类。下面以 List 为例进行说明，图 19-6 列出了 JDK 中部分与 List 有关的类及它们之间的关系。

在 JDK 中实际情况要比图 19-6 复杂很多。在图 19-6 中，List 接口除了继承 Collection 接口的 iterator() 方法外，还增加了新的工厂方法 listIterator()，专门用于创建 ListIterator 类型的迭代器。在 List 的子类 LinkedList 中实现该方法，可用于创建具体的 ListIterator 子类 ListItr 的对象，代码如下：

```
public ListIterator<E> listIterator(int index) {
    return new ListItr(index);
}
```

listIterator() 方法用于返回具体迭代器 ListItr 类型的对象。在 JDK 源码中，AbstractList 中的 iterator() 方法调用了 listIterator() 方法，代码如下：

```
public Iterator<E> iterator() {
    return listIterator();
}
```

图 19-6 Java 集合框架中部分类结构图

（注：为了简化类图，本图省略了大量方法）

客户端通过调用 LinkedList 类的 iterator() 方法即可得到一个专门用于遍历 LinkedList 的迭代器对象。

在 Java 语言中可以直接使用 JDK 内置的迭代器来遍历聚合对象中的元素，下面的代码演示了如何使用 Java 内置的迭代器：

```java
import java.util.*;

public class IteratorDemo {
    public static void process(Collection c) {
        Iterator i = c.iterator(); //创建迭代器对象

        //通过迭代器遍历聚合对象
        while(i.hasNext()) {
            System.out.println(i.next().toString());
        }
    }

    public static void main(String args[]) {
        Collection persons;
        persons = new ArrayList(); //创建一个ArrayList类型的聚合对象
        persons.add("张无忌");
        persons.add("小龙女");
        persons.add("令狐冲");
        persons.add("韦小宝");
        persons.add("袁紫衣");
        persons.add("小龙女");

        process(persons);
    }
}
```

在静态方法 process() 中使用迭代器 Iterator 对 Collection 对象进行处理，该段代码的运行结果如下：

```
张无忌
小龙女
令狐冲
```

韦小宝
袁紫衣
小龙女

如果需要更换聚合类型，例如将 List 改成 Set，则只需更换具体聚合类的类名。例如将上述代码中的 ArrayList 改为 HashSet，则输出结果如下：

令狐冲
张无忌
韦小宝
小龙女
袁紫衣

在 HashSet 中合并了重复元素，并且元素以随机次序输出，其结果与使用 ArrayList 不同。由此可见，通过使用迭代器模式使得更换具体聚合类变得非常方便，而且还可以根据需要增加新的聚合类，新的聚合类只需要实现 Collection 接口，无须修改原有类库代码，符合开闭原则。

19.6 迭代器模式优缺点与适用环境

迭代器模式是一种使用频率非常高的设计模式，通过引入迭代器可以将数据的遍历功能从聚合对象中分离出来，聚合对象只负责存储数据，而遍历数据由迭代器来完成。由于很多编程语言的类库都已经实现了迭代器模式，因此在实际开发中只需要直接使用 Java、C# 等语言已定义好的迭代器即可，迭代器已经成为操作聚合对象的基本工具之一。

19.6.1 迭代器模式优点

迭代器模式的优点主要如下：

（1）迭代器模式支持以不同的方式遍历一个聚合对象，在同一个聚合对象上可以定义多种遍历方式。在迭代器模式中只需要用一个不同的迭代器来替换原有迭代器即可改变遍历算法，也可以自己定义迭代器的子类以支持新的遍历方式。

（2）迭代器模式简化了聚合类。由于引入了迭代器，在原有的聚合对象中不需要再自行提供数据遍历等方法，这样可以简化聚合类的设计。

（3）在迭代器模式中由于引入了抽象层，增加新的聚合类和迭代器类都很方便，无须修改原有代码，满足开闭原则。

19.6.2 迭代器模式缺点

迭代器模式的缺点主要如下：

（1）由于迭代器模式将存储数据和遍历数据的职责分离，在增加新的聚合类时需要对应增加新的迭代器类，类的个数成对增加，这在一定程度上增加了系统的复杂性。

（2）抽象迭代器的设计难度较大，需要充分考虑到系统将来的扩展。在自定义迭代器时创建一个考虑全面的抽象迭代器并不是一件很容易的事情。

19.6.3 迭代器模式适用环境

在以下情况下可以考虑使用迭代器模式：

（1）访问一个聚合对象的内容而无须暴露它的内部表示。将聚合对象的访问与内部数据的存储分离，使得访问聚合对象时无须了解其内部实现细节。

（2）需要为一个聚合对象提供多种遍历方式。

（3）为遍历不同的聚合结构提供一个统一的接口，在该接口的实现类中为不同的聚合结构提供不同的遍历方式，而客户端可以一致性地操作该接口。

19.7 本章小结

迭代器模式提供一种方法顺序访问一个聚合对象中的各个元素，而又不用暴露该对象的内部表示。迭代器模式是一种对象行为型模式。

迭代器模式包含抽象迭代器、具体迭代器、抽象聚合类和具体聚合类4个角色。其中，抽象迭代器定义了访问和遍历元素的接口，声明了用于遍历数据元素的方法；具体迭代器实现了抽象迭代器接口，完成对聚合对象的遍历；抽象聚合类用于存储和管理元素对象；具体聚合类是抽象聚合类的子类，实现了在抽象聚合类中声明的方法。

除了使用关联关系外，为了能够让迭代器可以访问到聚合对象中的数据，还可以将迭代器类设计为聚合类的内部类。

在Java集合框架中提供了对迭代器模式的支持，Collection接口和Iterator接口充当了迭代器模式的抽象层，分别对应于抽象聚合类和抽象迭代器，而Collection接口的子类充当了具体聚合类，可以直接使用JDK内置的迭代器来遍历聚合对象中的元素。

迭代器模式的优点主要是它支持以不同的方式遍历一个聚合对象，在同一个聚合对象上可以定义多种遍历方式；简化了聚合类；增加新的聚合类和迭代器类都很方便，无须修改原有代码，满足开闭原则。其缺点主要是在增加新的聚合类时需要对应增加新的迭代器类，类的个数成对增加，这在一定程度上增加了系统的复杂性；抽象迭代器的设计难度较大，需要充分考虑到系统将来的扩展。

迭代器模式适用于以下环境：访问一个聚合对象的内容而无须暴露它的内部表示；需要为一个聚合对象提供多种遍历方式；为遍历不同的聚合结构提供一个统一的接口，在该接口的实现类中为不同的聚合结构提供不同的遍历方式，而客户端可以一致性地操作该接口。

19.8 习题

1. 迭代器模式用于处理具有（ ）性质的类。

   A. 抽象　　　　B. 聚集　　　　C. 单例　　　　D. 共享

2. 以下关于迭代器模式的叙述错误的是（ ）。

   A. 迭代器模式提供一种方法来访问聚合对象，而无须暴露这个对象的内部表示

   B. 迭代器模式支持以不同的方式遍历一个聚合对象

   C. 迭代器模式定义了一个访问聚合元素的接口，并且可以跟踪当前遍历的元素，了解哪些元素已经遍历过而哪些没有

   D. 在抽象聚合类中定义了访问和遍历元素的方法并在具体聚合类中实现这些方法

3. 在迭代器模式中将数据存储与数据遍历分离，数据存储由聚合类负责，数据遍历由迭代器负责，这种设计方案是（　　）的具体应用。

A. 依赖倒转原则　　　　　　　　B. 接口隔离原则

C. 单一职责原则　　　　　　　　D. 合成复用原则

4. 电视机遥控器是一个迭代器的现实应用，通过它可以实现对电视频道集合的遍历操作，电视机可以看成一个存储频道的聚合对象。试模拟电视机遥控器的实现，要求绘制相应的类图并使用 Java 语言编程模拟实现。

5. 某教务管理系统中一个班级（Class）包含多个学生（Student），使用 Java 内置迭代器实现对学生信息的遍历，要求按学生年龄由大到小的次序输出学生信息。

6. 设计一个逐页迭代器，每次可返回指定个数（一页）的元素，并将该迭代器用于对数据进行分页处理。

第20章

中介者模式

扫一扫

视频讲解

本章导学

对于那些对象之间存在复杂交互关系的系统，中介者模式提供了一种简化复杂交互的解决方案，它通过引入中介者将原本对象之间的两两交互转化为每个对象与中介者之间的交互，中介者可以对对象之间的通信进行控制与协调，降低原有系统的耦合度，使得系统更加灵活，也更易于扩展。

本章将学习中介者模式的定义与结构，理解为何以及如何引入中介者角色，学会编程实现中介者模式以及理解如何通过中介者模式简化对象之间的复杂交互关系。

本章知识点

- 中介者模式的定义
- 中介者模式的结构
- 中介者模式的实现
- 中介者模式的应用
- 中介者模式的优缺点
- 中介者模式的适用环境

20.1 中介者模式概述

在QQ聊天中存在两种聊天方式：第一种是用户与用户直接聊天，第二种是通过QQ群聊天，如图20-1所示。如果使用图20-1(a)所示的方式，一个用户如果要与其他用户聊天或发送文件，通常需要加其他用户为好友，用户与用户之间存在多对多的联系，这将导致系统中用户之间的关系非常复杂，一个用户如果要将相同的信息或文件发送给其他所有用户，必须一个一个地发送，于是QQ群产生了，如图20-1(b)所示。如果使用QQ群，一个用户就可以向多个用户发送相同的信息和文件而无须一一进行发送，只需要将信息或文件发送到群中或作为群共享即可，群的作用就是将发送者所发送的信息和文件转发给每一个接收者用户。通过引入群的机制，将极大减少系统中用户之间的两两通信，用户与用户之间的联系可以通过群来实现。

在软件系统中，某些类/对象之间的相互调用关系错综复杂，类似QQ用户之间的关系，此时特别需要一个类似"QQ群"的中间类来协调这些类/对象之间的复杂关系，以降低系统的耦合度。中介者模式为此而诞生，它通过在系统中增加中介者对象来降低原有类/对象之间的复杂引用关系。

下面对中介者模式的模式动机做进一步说明：

第20章 中介者模式

(a) 用户与用户直接聊天　　　　　(b) 通过QQ群聊天

图 20-1 QQ 聊天示意图

如果在一个系统中对象之间的联系呈现为网状结构，如图 20-2 所示，对象之间存在大量的多对多联系，将导致系统非常复杂，这些对象既会影响其他对象，也会被其他对象所影响，这些对象被称为同事对象，它们之间通过彼此的相互作用实现系统的行为。在网状结构中，几乎每个对象都需要与其他对象发生相互作用，而这种相互作用表现为一个对象与另外一个对象的直接耦合，这将导致一个过度耦合的系统。

中介者模式可以使对象之间的关系数量急剧减少，通过引入中介者对象，可以将系统的网状结构变成以中介者为中心的星形结构，如图 20-3 所示。在这个星形结构中，同事对象不再直接与另一个对象联系，它通过中介者对象与另一个对象发生相互作用。中介者对象的存在保证了对象结构上的稳定，也就是说，系统的结构不会因为新对象的引入带来大量的修改工作。

图 20-2 对象之间存在复杂关系的网状结构

图 20-3 引入中介者对象的星形结构

如果在一个系统中对象之间存在多对多的相互关系，可以将对象之间的一些交互行为从各个对象中分离出来，集中封装在一个中介者对象中，并由该中介者进行统一协调，这样对象之间多对多的复杂关系就转化为相对简单的一对多关系。

中介者模式的定义如下：

中介者模式： 定义一个对象来封装一系列对象的交互。中介者模式使各对象之间不需要显式地相互引用，从而使其耦合松散，而且用户可以独立地改变它们之间的交互。

Mediator Pattern: Define an object that encapsulates how a set of objects interact. Mediator promotes loose coupling by keeping objects from referring to each other explicitly, and it lets you vary their interaction independently.

中介者模式又称为调停者模式，它是一种对象行为型模式。在中介者模式中，通过引入中介者来简化对象之间的复杂交互，中介者模式是迪米特法则的一个典型应用。

20.2 中介者模式结构与实现

20.2.1 中介者模式结构

在中介者模式中引入了用于协调其他对象/类之间相互调用的中介者类，为了让系统具有更好的灵活性和可扩展性，通常还提供了抽象中介者，其结构图如图 20-4 所示。

图 20-4 中介者模式结构图

由图 20-4 可知，中介者模式包含以下 4 个角色。

(1) **Mediator(抽象中介者)**：它定义一个接口，该接口用于与各同事对象之间进行通信。

(2) **ConcreteMediator(具体中介者)**：它是抽象中介者的子类，通过协调各个同事对象来实现协作行为，它维持了对各个同事对象的引用。

(3) **Colleague(抽象同事类)**：它定义各个同事类公有的方法，并声明了一些抽象方法供子类实现，同时它维持了一个对抽象中介者类的引用，其子类可以通过该引用与中介者通信。

(4) **ConcreteColleague(具体同事类)**：它是抽象同事类的子类，每一个同事对象在需要和其他同事对象通信时先与中介者通信，通过中介者间接完成与其他同事类的通信；在具体同事类中实现了在抽象同事类中声明的抽象方法。

20.2.2 中介者模式实现

中介者模式的核心在于中介者类的引入，在中介者模式中，中介者类承担了两方面的职责：

(1) 中转作用(结构性)：通过中介者提供的中转作用，各个同事对象不再需要显式地引用其他同事，当需要和其他同事进行通信时可通过中介者实现间接调用。该中转作用属于中介者在结构上的支持。

(2) 协调作用(行为性)：中介者可以更进一步地对同事之间的关系进行封装，同事可以一致地和中介者进行交互，而不需要指明中介者需要具体怎么做，中介者根据封装在自身内部的协调逻辑对同事的请求进行进一步处理，将同事成员之间的关系行为进行分离和封装。该协调作用属于中介者在行为上的支持。

第20章 中介者模式

在中介者模式中，典型的抽象中介者类代码如下：

```java
public abstract class Mediator {
    protected ArrayList<Colleague> colleagues = new ArrayList<Colleague>(); //用于存储同
                                                                           //事对象

    //注册方法，用于增加同事对象
    public void register(Colleague colleague) {
        colleagues.add(colleague);
    }

    //声明抽象的业务方法
    public abstract void operation();
}
```

在抽象中介者中可以定义一个同事类的集合，用于存储同事对象并提供注册方法，同时声明了具体中介者类所具有的方法。在具体中介者类中将实现这些抽象方法，典型的具体中介者类代码如下：

```java
public class ConcreteMediator extends Mediator {
    //实现业务方法，封装同事之间的调用
    public void operation() {
        ...
        ((Colleague)(colleagues.get(0))).method1(); //通过中介者调用同事类的方法
        ...
    }
}
```

在具体中介者类中将调用同事类的方法，在调用时可以增加一些自己的业务代码对调用进行控制。

在抽象同事类中维持了一个抽象中介者的引用，用于调用中介者的方法。典型的抽象同事类代码如下：

```java
public abstract class Colleague {
    protected Mediator mediator;    //维持一个抽象中介者的引用

    public Colleague(Mediator mediator) {
        this.mediator = mediator;
    }

    public abstract void method1();  //声明自身方法，处理自己的行为

    //定义依赖方法，与中介者进行通信
    public void method2() {
        mediator.operation();
    }
}
```

在抽象同事类中声明了同事类的抽象方法，而在具体同事类中实现这些方法。典型的具体同事类代码如下：

```java
public class ConcreteColleague extends Colleague {
    public ConcreteColleague(Mediator mediator) {
        super(mediator);
    }
}
```

```
//实现自身方法
public void method1() {
    ...
}
```

在具体同事类 ConcreteColleague 中实现了在抽象同事类中声明的方法，其中方法 method1()是同事类的自身方法(Self-Method)，用于处理自己的行为；而方法 method2() 是依赖方法(Depend-Method)，用于调用在中介者中定义的方法，依赖中介者来完成相应的行为，例如调用另一个同事类的相关方法。

20.3 中介者模式应用实例

下面通过一个应用实例来进一步学习和理解中介者模式。

1. 实例说明

某软件公司要开发一套 CRM 系统，其中包含一个客户信息管理模块，所设计的"客户信息管理窗口"界面效果图如图 20-5 所示。

图 20-5 "客户信息管理窗口"界面效果图

通过分析发现，在图 20-5 中界面组件之间存在较为复杂的交互关系：如果删除一个客户，则将从客户列表(List)中删掉对应的项，客户选择组合框(ComboBox)中的客户名称也将减少一个；如果增加一个客户信息，则客户列表中将增加一个客户，并且组合框中也将增加一项。

为了更好地处理界面组件之间的交互，现使用中介者模式设计该系统。

2. 实例分析及类图

为了协调界面组件对象之间的复杂交互关系，可引入一个中介者类，其结构图如图 20-6 所示。

图 20-6 只是一个结构示意图，在具体实现时为了确保系统具有更好的灵活性和可扩展性，需要定义抽象中介者和抽象组件类，其中抽象组件类是所有具体组件类的公共父类，完整类图如图 20-7 所示。

在图 20-7 中，Component 充当抽象同事类，Button、List、ComboBox 和 TextBox 充当具体同事类，Mediator 充当抽象中介者类，ConcreteMediator 充当具体中介者类。

图 20-6 引入了中介者类的"客户信息管理窗口"结构示意图

图 20-7 "客户信息管理窗口"结构图

ConcreteMediator 维持了对具体同事类的引用，为了简化 ConcreteMediator 类的代码，在其中只定义了一个 Button 对象和一个 TextBox 对象。

3. 实例代码

（1）Mediator：抽象中介者类。

```java
//designpatterns.mediator.Mediator.java
package designpatterns.mediator;

public abstract class Mediator {
    public abstract void componentChanged(Component c);
}
```

（2）ConcreteMediator：具体中介者类。

```java
//designpatterns.mediator.ConcreteMediator.java
package designpatterns.mediator;
```

```java
public class ConcreteMediator extends Mediator {
    //维持对各个同事对象的引用
    public Button addButton;
    public List list;
    public TextBox userNameTextBox;
    public ComboBox cb;

    //封装同事对象之间的交互
    public void componentChanged(Component c) {
        //单击按钮
        if (c == addButton) {
            System.out.println(" -- 单击增加按钮 -- ");
            list.update();
            cb.update();
            userNameTextBox.update();
        }
        //从列表框选择客户
        else if (c == list) {
            System.out.println(" -- 从列表框选择客户 -- ");
            cb.select();
            userNameTextBox.setText();
        }
        //从组合框选择客户
        else if (c == cb) {
            System.out.println(" -- 从组合框选择客户 -- ");
            cb.select();
            userNameTextBox.setText();
        }
    }
}
```

(3) Component：抽象组件类，充当抽象同事类。

```java
//designpatterns.mediator.Component.java
package designpatterns.mediator;

public abstract class Component {
    protected Mediator mediator;

    public void setMediator(Mediator mediator) {
        this.mediator = mediator;
    }

    //转发调用
    public void changed() {
        mediator.componentChanged(this);
    }

    public abstract void update();
}
```

(4) Button：按钮类，充当具体同事类。

```java
//designpatterns.mediator.Button.java
package designpatterns.mediator;

public class Button extends Component {
```

```java
    public void update() {
        //按钮不响应
    }
}
```

(5) List：列表框类，充当具体同事类。

```java
//designpatterns.mediator.List.java
package designpatterns.mediator;

public class List extends Component {
    public void update() {
        System.out.println("列表框增加一项：张无忌.");
    }

    public void select() {
        System.out.println("列表框选中项：小龙女.");
    }
}
```

(6) ComboBox：组合框类，充当具体同事类。

```java
//designpatterns.mediator.ComboBox.java
package designpatterns.mediator;

public class ComboBox extends Component {
    public void update() {
        System.out.println("组合框增加一项：张无忌.");
    }

    public void select() {
        System.out.println("组合框选中项：小龙女.");
    }
}
```

(7) TextBox：文本框类，充当具体同事类。

```java
//designpatterns.mediator.TextBox.java
package designpatterns.mediator;

public class TextBox extends Component {
    public void update() {
        System.out.println("客户信息增加成功后文本框清空.");
    }

    public void setText() {
        System.out.println("文本框显示：小龙女.");
    }
}
```

(8) Client：客户端测试类。

```java
//designpatterns.mediator.Client.java
package designpatterns.mediator;

public class Client {
    public static void main(String args[]) {
```

```java
        //定义中介者对象
        ConcreteMediator mediator;
        mediator = new ConcreteMediator();

        //定义同事对象
        Button addBT = new Button();
        List list = new List();
        ComboBox cb = new ComboBox();
        TextBox userNameTB = new TextBox();

        addBT.setMediator(mediator);
        list.setMediator(mediator);
        cb.setMediator(mediator);
        userNameTB.setMediator(mediator);

        mediator.addButton = addBT;
        mediator.list = list;
        mediator.cb = cb;
        mediator.userNameTextBox = userNameTB;

        addBT.changed();
        System.out.println("bindingontinuously");
        list.changed();
    }
}
```

4. 结果及分析

编译并运行程序，输出结果如下：

```
-- 单击增加按钮 --
列表框增加一项：张无忌。
组合框增加一项：张无忌。
客户信息增加成功后文本框清空。
-------------------------------
-- 从列表框选择客户 --
组合框选中项：小龙女。
文本框显示：小龙女。
```

在引入中介者后，同事之间的复杂交互由中介者间接实现，当某个组件类的 changed() 方法被调用时，中介者的 componentChanged() 将被调用，在中介者的 componentChanged() 方法中再逐个调用与该组件有交互的其他组件的相关方法。如果某个组件类需要与新的组件进行交互，无须修改已有组件类的源代码，只需修改中介者或者对现有中介者进行扩展即可，系统具有更好的灵活性和可扩展性。

20.4 扩展中介者与同事类

本节将对 20.3 节中的"客户信息管理窗口"进行改进，使窗口的下端能够及时显示当前系统中客户信息的总数，如图 20-8 所示。

从图 20-8 中不难发现，可以通过增加一个文本标签（Label）来显示客户信息总数，而且当用户单击"增加"按钮或者"删除"按钮时将改变文本标签的内容。

由于使用了中介者模式，在原有系统中增加新的组件（即新的同事类）将变得很容易，至少有以下两种解决方案。

图 20-8 修改之后的"客户信息管理窗口"界面图

方案(1)：增加一个界面组件类 Label，修改原有的具体中介者类 ConcreteMediator，增加一个对 Label 对象的引用，然后修改 componentChanged() 方法中其他相关组件对象的业务处理代码，原有组件类无须任何修改，客户端代码也需要针对新增组件 Label 进行适当修改。

方案(2)：与方案(1)相同，首先增加一个 Label 类，但不修改原有具体中介者类 ConcreteMediator 的代码，而是增加一个 ConcreteMediator 的子类 SubConcreteMediator 来实现对 Label 对象的引用，然后在新增的中介者类 SubConcreteMediator 中通过覆盖 componentChanged() 方法实现所有组件(包括新增 Label 组件)之间的交互。同样，原有组件类无须做任何修改，客户端代码需做少许修改。

引入 Label 类之后的"客户信息管理窗口"结构示意图如图 20-9 所示。

图 20-9 增加 Label 类后的"客户信息管理窗口"结构示意图

由于方案(2)无须修改 ConcreteMediator 类，更符合开闭原则，因此选择方案(2)对新增 Label 类进行处理，对应的完整类图如图 20-10 所示。

在图 20-10 中新增了具体同事类 Label 和具体中介者类 SubConcreteMediator，Label 类的代码如下：

图 20-10 修改之后的"客户信息管理窗口"结构图

```java
//文本标签类：具体同事类
//designpatterns.mediator.Label.java
package designpatterns.mediator;

public class Label extends Component {
    public void update() {
        System.out.println("文本标签内容改变,客户信息总数加 1.");
    }
}
```

SubConcreteMediator 类的代码如下：

```java
//新增具体中介者类
//designpatterns.mediator.SubConcreteMediator.java
package designpatterns.mediator;

public class SubConcreteMediator extends ConcreteMediator {
    //增加对 Label 对象的引用
    public Label label;

    public void componentChanged(Component c) {
        //单击按钮
        if (c == addButton) {
            System.out.println(" -- 单击增加按钮 -- ");
            list.update();
            cb.update();
            userNameTextBox.update();
            label.update(); //文本标签更新
        }
        //从列表框选择客户
        else if (c == list) {
```

```java
            System.out.println(" -- 从列表框选择客户 -- ");
            cb.select();
            userNameTextBox.setText();
        }
        //从组合框选择客户
        else if (c == cb) {
            System.out.println(" -- 从组合框选择客户 -- ");
            cb.select();
            userNameTextBox.setText();
        }
    }
}
```

修改客户端测试代码如下：

```java
//designpatterns.mediator.Client.java
package designpatterns.mediator;

public class Client {
    public static void main(String args[]) {
        //用新增具体中介者定义中介者对象
        SubConcreteMediator mediator;
        mediator = new SubConcreteMediator();

        Button addBT = new Button();
        List list = new List();
        ComboBox cb = new ComboBox();
        TextBox userNameTB = new TextBox();
        Label label = new Label();

        addBT.setMediator(mediator);
        list.setMediator(mediator);
        cb.setMediator(mediator);
        userNameTB.setMediator(mediator);
        label.setMediator(mediator);

        mediator.addButton = addBT;
        mediator.list = list;
        mediator.cb = cb;
        mediator.userNameTextBox = userNameTB;
        mediator.label = label;

        addBT.changed();
        System.out.println(" ------------------------------ ");
        list.changed();
    }
}
```

编译并运行程序，输出结果如下：

```
-- 单击增加按钮 --
列表框增加一项：张无忌。
组合框增加一项：张无忌。
客户信息增加成功后文本框清空。
文本标签内容改变，客户信息总数加 1。
-------------------------------
-- 从列表框选择客户 --
```

组合框选中项：小龙女。
文本框显示：小龙女。

由于在本实例中不同的组件类（即不同的同事类）所拥有的方法并不完全相同，因此中介者类没有针对抽象同事类编程，导致在具体中介者类中需要维持对具体同事类的引用，客户端代码无法完全透明地对待所有同事类和中介者类。在某些情况下，如果设计得当，可以在客户端透明地对同事类和中介者类编程，这样系统将具有更好的灵活性和可扩展性。

在中介者模式的实际使用过程中，如果需要引入新的具体同事类，只需要继承抽象同事类并实现其中的方法即可，由于具体同事类之间并无直接的引用关系，因此原有所有同事类无须进行任何修改，它们与新增同事对象之间的交互可以通过修改或者增加具体中介者类来实现；如果需要在原有系统中增加新的具体中介者类，只需要继承抽象中介者类（或已有的具体中介者类）并覆盖其中定义的方法即可，在新的具体中介者中可以通过不同的方式处理对象之间的交互，也可以增加对新增同事的引用和调用。在客户端中只需要修改少许代码（如果引入配置文件可以不用修改任何代码）就可以实现中介者类的更换。

20.5 中介者模式优缺点与适用环境

中介者模式将一个网状的系统结构变成一个以中介者对象为中心的星形结构，在这个星形结构中使用中介者对象与其他对象的一对多关系来取代原有对象之间的多对多关系。中介者模式在事件驱动类软件中的应用较为广泛，特别是基于GUI（Graphical User Interface，图形用户界面）的应用软件。此外，在类与类之间存在错综复杂的关联关系的系统中，中介者模式也得到了较好的应用。

20.5.1 中介者模式优点

中介者模式的优点主要如下：

（1）中介者模式简化了对象之间的交互，它用中介者和同事的一对多交互代替了原来同事之间的多对多交互，一对多关系更容易理解、维护和扩展，将原本难以理解的网状结构转换成相对简单的星形结构。

（2）可将各同事对象解耦。中介者有利于各同事之间的松耦合，可以独立地改变和复用每一个同事和中介者，增加新的中介者类和新的同事类都比较方便，更好地符合开闭原则。

（3）可以减少子类生成，中介者将原本分布于多个对象间的行为集中在一起，改变这些行为只需生成新的中介者子类即可，这使得各个同事类可以被重用，无须直接对同事类进行扩展。

20.5.2 中介者模式缺点

中介者模式的缺点主要如下：

在具体中介者类中包含了大量同事之间的交互细节，可能会导致具体中介者类非常复杂，使得系统难以维护。

20.5.3 中介者模式适用环境

在以下情况下可以考虑使用中介者模式：

（1）系统中对象之间存在复杂的引用关系，系统结构混乱且难以理解。

（2）一个对象由于引用了其他很多对象并且直接和这些对象通信，导致难以复用该对象。

（3）想通过一个中间类来封装多个类中的行为，而又不想生成太多的子类，此时可以通过引入中介者类来实现，在中介者中定义对象交互的公共行为，如果需要改变行为则可以增加新的具体中介者类。

20.6 本章小结

中介者模式通过定义一个对象来封装一系列对象的交互。中介者模式使各对象之间不需要显式地相互引用，从而使其耦合松散，而且让用户可以独立地改变它们之间的交互。

中介者模式包含抽象中介者、具体中介者、抽象同事类和具体同事类4个角色。其中，抽象中介者定义一个接口，该接口用于和各同事对象之间进行通信；具体中介者是抽象中介者的子类，通过协调各个同事对象来实现协作行为，它维持了对各个同事对象的引用；抽象同事类定义各个同事类公有的方法，并声明了一些抽象方法供子类实现；具体同事类是抽象同事类的子类，每一个同事对象在需要和其他同事对象通信时先与中介者通信，通过中介者来间接完成与其他同事类的通信。

在中介者模式中，中介者类承担中转和协调双重职责。

中介者模式的优点主要包括它简化了对象之间的交互，可将各同事对象解耦，还可以减少子类的生成。其缺点主要是在具体中介者类中包含了大量同事之间的交互细节，可能会导致具体中介者类非常复杂，使得系统难以维护。

中介者模式适用于以下环境：系统中对象之间存在复杂的引用关系，系统结构混乱且难以理解；一个对象由于引用了其他很多对象并且直接和这些对象通信，导致难以复用该对象；想通过一个中间类来封装多个类中的行为，而又不想生成太多的子类。

20.7 习题

1. 在图形界面系统开发中，如果界面组件之间存在较为复杂的相互调用关系，为了降低界面组件之间的耦合度，让它们不产生直接的相互引用，可以使用（　　）设计模式。

A. 组合（Composite）　　　　B. 适配器（Adapter）

C. 中介者（Mediator）　　　　D. 状态（State）

2. 在中介者模式中通过中介者将同事类解耦，这是（　　）的具体应用。

A. 迪米特法则　　　　B. 接口隔离原则

C. 里氏代换原则　　　　D. 合成复用原则

3. 以下关于中介者模式的叙述错误的是（　　）。

A. 中介者模式用一个中介对象来封装一系列的对象交互

B. 中介者模式和观察者模式均可以用于降低系统的耦合度，中介者模式用于处理对象之间一对多的调用关系，而观察者模式用于处理多对多的调用关系

C. 中介者模式简化了对象之间的交互，将原本难以理解的网状结构转换成相对简单的星形结构

D. 中介者将原本分布于多个对象间的行为集中在一起，改变这些行为只需要生成新的中介者子类即可，这使各个同事类可被重用

4. 使用中介者模式来说明联合国的作用，要求绘制相应的类图并分析每个类的作用（注：可以将联合国定义为抽象中介者类，联合国下属机构（如WTO、WHO等）作为具体中介者类，国家作为抽象同事类，而将中国、美国等国家作为具体同事类）。

5. 某软件公司要开发一套图形界面类库。该类库需要包含若干预定义的窗格（Pane）对象，例如TextPane、ListPane、GraphicPane等，窗格之间不允许直接引用。基于该类库的应用由一个包含一组窗格的窗口（Window）组成，窗口需要协调窗格之间的行为。试采用中介者模式设计该系统，要求绘制相应的类图并使用Java语言编程模拟实现。

6. 有如图20-11所示的温度转换器程序，该程序在同一个界面上显示华氏温度（Fahrenheit）和摄氏温度（Celsius）。用户可以通过"升高""降低"按钮或右边的温度调节条来调节温度，也可以直接通过文本框来设置温度，摄氏温度和华氏温度将同时改变，且温度调节条将一起被调节。使用中介者模式设计该系统，绘制类图并使用Java语言编程模拟实现。

图 20-11 温度转换器界面效果图

第21章

备忘录模式

本章导学

备忘录模式是软件系统的"月光宝盒"，它提供了一种对象状态的撤销实现机制，当系统中的某个对象需要恢复到某一历史状态时可以使用备忘录模式进行设计。

本章主要学习备忘录模式的定义与结构，学习如何使用Java语言实现备忘录模式，并将通过实例学习如何在软件项目中使用备忘录模式。

本章知识点

- 备忘录模式的定义
- 备忘录模式的结构
- 备忘录模式的实现
- 备忘录模式的应用
- 实现多次撤销
- 备忘录模式的优缺点
- 备忘录模式的适用环境

21.1 备忘录模式概述

在软件的使用过程中用户难免会出现一些误操作，例如不小心删除了某些文字或图片，为了使软件的使用更加人性化，对于这些误操作需要提供一种类似"后悔药"的机制，让软件系统可以回到误操作前的状态，因此需要保存用户每一次操作时系统的状态，一旦出现误操作，把存储的历史状态取出即可回到之前的状态。现在大多数软件都有撤销(undo)的功能，快捷键一般是Ctrl+Z，目的就是解决这个后悔的问题。

备忘录模式正是为解决此类撤销问题而诞生的，它为软件提供了"后悔药"，通过使用备忘录模式可以让系统恢复到某一特定的历史状态。在实现撤销时首先必须保存软件系统的历史状态，当用户需要取消错误操作并且返回到某个历史状态时可以取出事先保存的历史状态来覆盖当前状态，如图21-1所示。

备忘录模式提供了一种状态恢复的实现机制，使得用户可以方便地回到一个特定的历史步骤，当新的状态无效或者存在问题时可以使用暂时存储起来的备忘录将状态复原，当前在很多软件所提供的撤销(undo)操作中就使用了备忘录模式。

图 21-1 备忘录模式实现撤销操作示意图

备忘录模式的定义如下：

> **备忘录模式：在不破坏封装的前提下捕获一个对象的内部状态，并在该对象之外保存这个状态，这样可以在以后将对象恢复到原先保存的状态。**
>
> **Memento Pattern: Without violating encapsulation, capture and externalize an object's internal state so that the object can be restored to this state later.**

备忘录模式是一种对象行为型模式，其别名为标记(Token)模式。

21.2 备忘录模式结构与实现

21.2.1 备忘录模式结构

备忘录模式的核心是备忘录类(Memento)以及用于管理备忘录的负责人类(Caretaker)的设计，其结构图如图 21-2 所示。

图 21-2 备忘录模式结构图

由图 21-2 可知，备忘录模式包含以下 3 个角色。

(1) **Originator(原发器)**：原发器是一个普通类，它通过创建一个备忘录来存储当前内部状态，也可以使用备忘录来恢复其内部状态，一般将系统中需要保存内部状态的类设计为原发器。

(2) **Memento(备忘录)**：备忘录用于存储原发器的内部状态，根据原发器来决定保存哪些内部状态。备忘录的设计一般可以参考原发器的设计，根据实际需要确定备忘录类中的属性。需要注意的是，除了原发器本身与负责人类之外，备忘录对象不能直接供其他类使用，原发器的设计在不同的编程语言中实现机制会有所不同。

(3) **Caretaker(负责人)**：负责人又称为管理者，它负责保存备忘录，但是不能对备忘录的内容进行操作或检查。在负责人类中可以存储一个或多个备忘录对象，它只负责存储对象，而不能修改对象，也无须知道对象的实现细节。

21.2.2 备忘录模式实现

备忘录模式的关键在于如何设计备忘录类和负责人类。由于在备忘录中存储的是原发器的中间状态，因此需要防止原发器以外的其他对象访问备忘录，特别是不允许其他对象来修改备忘录。

下面通过简单的示例代码来说明如何使用 Java 语言实现备忘录模式。

第21章 备忘录模式

在使用备忘录模式时首先应该存在一个原发器类 Originator。在真实业务中，原发器类是一个具体的业务类，它包含一些用于存储成员数据的属性。其典型代码如下：

```java
package designpatterns.memento;
public class Originator {
    private String state;

    public Originator(String state){
        this.state = state;
    }

    //创建一个备忘录对象
    public Memento createMemento() {
        return new Memento(this);
    }

    //根据备忘录对象恢复原发器状态
    public void restoreMemento(Memento m) {
        state = m.state;
    }

    public void setState(String state) {
        this.state = state;
    }

    public String getState() {
        return this.state;
    }
}
```

对于备忘录类 Memento 而言，它通常提供了与原发器相对应的属性（可以是全部，也可以是部分）用于存储原发器的状态。典型的备忘录类代码如下：

```java
package designpatterns.memento;
//备忘录类，默认可见性，包内可见
class Memento {
    private String state;

    public Memento(Originator o) {
        state = o.getState();
    }

    public void setState(String state) {
        this.state = state;
    }

    public String getState() {
        return this.state;
    }
}
```

在设计备忘录类时需要考虑其封装性，除了 Originator 类，不允许其他类来调用备忘录类 Memento 的构造函数与相关方法。如果不考虑封装性，允许其他类调用 setState() 等方法，将导致在备忘录中保存的历史状态发生改变，通过撤销操作所恢复的状态就不再是真实的历史状态，备忘录模式也就失去了本身的意义。

为了实现对备忘录对象的封装，需要对备忘录的调用进行控制，对于原发器而言，它可以调用备忘录的所有信息，允许原发器访问返回到先前状态所需的所有数据；对于负责人而言，只负责备忘录的保存并将备忘录传递给其他对象；对于其他对象而言，只需要从负责人处取出备忘录对象并将原发器对象的状态恢复，而无须关心备忘录的保存细节。理想的情况是只允许生成该备忘录的那个原发器访问备忘录的内部状态。

在使用Java语言实现备忘录模式时，一般通过将Memento类与Originator类定义在同一个包（package）中来实现封装，在Java语言中可以使用默认访问标识符来定义Memento类，即保证其包内可见。只有Originator类可以对Memento进行访问，而限制了其他类对Memento的访问。在Memento中保存了Originator的state值，如果Originator中的state值改变之后需要撤销，可以通过调用它的restoreMemento()方法进行恢复。除此之外，还可以将备忘录类作为原发器类的内部类，使得只有原发器才可以访问备忘录中的数据，其他对象都无法使用备忘录中的数据。

对于负责人类Caretaker，它用于保存备忘录对象，并提供getMemento()方法用于向客户端返回一个备忘录对象，原发器通过使用这个备忘录对象可以回到某个历史状态。典型的负责人类的代码如下：

```
package designpatterns.memento;
public class Caretaker {
    private Memento memento;

    public Memento getMemento() {
        return memento;
    }

    public void setMemento(Memento memento) {
        this.memento = memento;
    }
}
```

在Caretaker类中不应该直接调用Memento中的状态改变方法，它的作用仅仅是存储备忘录对象。将原发器备份生成的备忘录对象存储在其中，当用户需要对原发器进行恢复时再将存储在其中的备忘录对象取出。

在客户端代码中可以通过创建Memento对象来保存原发器的历史状态，在需要的时候再用历史状态来覆盖当前状态，客户端演示代码如下：

```
package designpatterns.memento;

public class Client {
    public static void main(String args[]) {
        //创建原发器对象
        Originator ori = new Originator("状态(1)");
        System.out.println(ori.getState());

        //创建负责人对象,保存创建的备忘录对象
        Caretaker ct = new Caretaker();
        ct.setMemento(ori.createMemento());

        ori.setState("状态(2)");
```

```java
        System.out.println(ori.getState());

        //从负责人对象中取出备忘录对象，实现撤销
        ori.restoreMemento(ct.getMemento());
        System.out.println(ori.getState());
    }
}
```

编译并运行程序，输出结果如下：

```
状态(1)
状态(2)
状态(1)
```

21.3 备忘录模式应用实例

下面通过一个应用实例来进一步学习和理解备忘录模式。

1. 实例说明

某软件公司要使用 Java 语言开发一款可以运行在 Android 平台的触摸式中国象棋软件，由于考虑到有些用户是"菜鸟"，经常不小心走错棋；还有些用户因为不习惯使用手指在手机屏幕上拖动棋子，常常出现操作失误，因此该中国象棋软件要提供"悔棋"功能，用户走错棋或操作失误后可恢复到前一个步骤，如图 21-3 所示。

图 21-3 中国象棋软件界面示意图

为了实现"悔棋"功能，现使用备忘录模式来设计该中国象棋软件。

2. 实例类图

通过分析，本实例的结构图如图 21-4 所示。

在图 21-4 中，Chessman 充当原发器，ChessmanMemento 充当备忘录，MementoCaretaker 充当负责人，在 MementoCaretaker 中定义了一个 ChessmanMemento 类型的对象，用于存储备忘录。

图 21-4 中国象棋棋子撤销功能结构图

3. 实例代码

(1) Chessman：象棋棋子类，充当原发器。

```java
//designpatterns.memento.Chessman.java
package designpatterns.memento;

public class Chessman {
    private String label;
    private int x;
    private int y;

    public Chessman(String label,int x,int y) {
        this.label = label;
        this.x = x;
        this.y = y;
    }

    public void setLabel(String label) {
        this.label = label;
    }

    public void setX(int x) {
        this.x = x;
    }

    public void setY(int y) {
        this.y = y;
    }

    public String getLabel() {
        return (this.label);
    }

    public int getX() {
        return (this.x);
    }

    public int getY() {
        return (this.y);
    }
```

```java
    //保存状态
    public ChessmanMemento save() {
        return new ChessmanMemento(this.label,this.x,this.y);
    }

    //恢复状态
    public void restore(ChessmanMemento memento) {
        this.label = memento.getLabel();
        this.x = memento.getX();
        this.y = memento.getY();
    }
  }
}
```

(2) ChessmanMemento：象棋棋子备忘录类，充当备忘录。

```java
//designpatterns.memento.ChessmanMemento.java
package designpatterns.memento;

class ChessmanMemento {
    private String label;
    private int x;
    private int y;

    public ChessmanMemento(String label,int x,int y) {
        this.label = label;
        this.x = x;
        this.y = y;
    }

    public void setLabel(String label) {
        this.label = label;
    }

    public void setX(int x) {
        this.x = x;
    }

    public void setY(int y) {
        this.y = y;
    }

    public String getLabel() {
        return (this.label);
    }

    public int getX() {
        return (this.x);
    }

    public int getY() {
        return (this.y);
    }
}
```

(3) MementoCaretaker：象棋棋子备忘录管理类，充当负责人。

```java
//designpatterns.memento.MementoCaretaker.java
package designpatterns.memento;
```

```java
public class MementoCaretaker {
    private ChessmanMemento memento;

    public ChessmanMemento getMemento() {
        return memento;
    }

    public void setMemento(ChessmanMemento memento) {
        this.memento = memento;
    }
}
```

(4) Client：客户端测试类。

```java
//designpatterns.memento.Client.java
package designpatterns.memento;

public class Client {
    public static void main(String args[]) {
        MementoCaretaker mc = new MementoCaretaker();
        Chessman chess = new Chessman("车",1,1);
        display(chess);
        mc.setMemento(chess.save());    //保存状态
        chess.setY(4);
        display(chess);
        mc.setMemento(chess.save());    //保存状态
        chess.setX(5);
        display(chess);
        System.out.println("****** 悔棋 ******");
        chess.restore(mc.getMemento());    //恢复状态
        display(chess);
    }

    public static void display(Chessman chess) {
        System.out.println("棋子" + chess.getLabel() + "当前位置为：" + "第" + chess.getX() +
"行" + "第" + chess.getY() + "列.");
    }
}
```

4. 结果及分析

编译并运行程序，输出结果如下：

```
棋子"车"当前位置为：第 1 行第 1 列。
棋子"车"当前位置为：第 1 行第 4 列。
棋子"车"当前位置为：第 5 行第 4 列。
****** 悔棋 ******
棋子"车"当前位置为：第 1 行第 4 列。
```

从运行结果可以看出，通过创建备忘录对象可以将象棋棋子的历史状态信息记录下来，在"悔棋"时再取出存储在备忘录中的历史状态信息，用历史状态来覆盖当前状态，从而实现状态的撤销。

21.4 实现多次撤销

在 21.3 节的中国象棋棋子撤销功能实例中只能实现一次撤销，即只能"悔棋"一次，因为在负责人类中只定义了一个备忘录对象来保存状态，后面保存的状态会将前一次保存的状态覆盖。但有时候用户需要撤销多步操作，如何实现多次撤销呢？本节将提供一种多次撤销的解决方案，那就是在负责人类中定义一个集合来存储多个备忘录，每个备忘录负责保存一个历史状态，在撤销时可以对备忘录集合进行逆向遍历，回到一个指定的历史状态，而且还可以对备忘录集合进行正向遍历，实现重做（redo）或恢复操作，即取消撤销，让对象状态得到恢复。

改进之后的中国象棋棋子撤销功能结构图如图 21-5 所示。

图 21-5 改进之后的中国象棋棋子撤销功能结构图

在图 21-5 中对负责人类 MementoCaretaker 进行了修改，在其中定义了一个 ArrayList 类型的集合对象来存储多个备忘录。其代码如下：

```java
//designpatterns.memento.MementoCaretaker.java
package designpatterns.memento;

import java.util.*;
public class MementoCaretaker {
    //定义一个集合来存储多个备忘录
    private ArrayList<ChessmanMemento> mementolist = new ArrayList<ChessmanMemento>();

    public ChessmanMemento getMemento(int i) {
        return (ChessmanMemento)mementolist.get(i);
    }

    public void setMemento(ChessmanMemento memento) {
        mementolist.add(memento);
    }
}
```

编写以下客户端测试代码：

```java
//designpatterns.memento.Client.java
package designpatterns.memento;

public class Client {
    private static int index = -1;    //定义一个索引来记录当前状态所在的位置
    private static MementoCaretaker mc = new MementoCaretaker();

    public static void main(String args[]) {
```

```java
        Chessman chess = new Chessman("车",1,1);
        play(chess);
        chess.setY(4);
        play(chess);
        chess.setX(5);
        play(chess);
        undo(chess,index);
        undo(chess,index);
        redo(chess,index);
        redo(chess,index);
    }

    //下棋
    public static void play(Chessman chess) {
        mc.setMemento(chess.save());               //保存备忘录
        index ++;
        System.out.println("棋子" + chess.getLabel() + "当前位置为：" + "第" + chess.getX() +
"行" + "第" + chess.getY() + "列.");
    }

    //悔棋
    public static void undo(Chessman chess,int i) {
        System.out.println(" ****** 悔棋 ****** ");
        index --;
        chess.restore(mc.getMemento(i - 1));       //撤销到上一个备忘录
        System.out.println("棋子" + chess.getLabel() + "当前位置为：" + "第" + chess.getX() +
"行" + "第" + chess.getY() + "列.");
    }

    //撤销悔棋
    public static void redo(Chessman chess,int i) {
        System.out.println(" ****** 撤销悔棋 ****** ");
        index ++;
        chess.restore(mc.getMemento(i + 1));       //恢复到下一个备忘录
        System.out.println("棋子" + chess.getLabel() + "当前位置为：" + "第" + chess.getX() +
"行" + "第" + chess.getY() + "列.");
    }
}
```

编译并运行程序，输出结果如下：

```
棋子"车"当前位置为：第1行第1列。
棋子"车"当前位置为：第1行第4列。
棋子"车"当前位置为：第5行第4列。
****** 悔棋 ******
棋子"车"当前位置为：第1行第4列。
****** 悔棋 ******
棋子"车"当前位置为：第1行第1列。
****** 撤销悔棋 ******
棋子"车"当前位置为：第1行第4列。
****** 撤销悔棋 ******
棋子"车"当前位置为：第5行第4列。
```

本实例只能实现最简单的撤销(undo)和恢复(redo)操作，并未考虑对象状态在操作过程中出现分支的情况。如果在撤销到某个历史状态之后用户再修改对象状态，此后执行撤销操作时可能会发生对象状态错误。在实际开发中，可以使用链表或者堆栈来处理有分支的对象状态改变，读者可以通过链表或者堆栈对本实例进行改进。

21.5 备忘录模式优缺点与适用环境

备忘录模式在很多软件的使用过程中普遍存在，但是在应用软件开发中它的使用频率并不太高，因为现在很多基于窗体和浏览器的应用软件并没有提供撤销操作。如果需要为软件提供撤销功能，备忘录模式无疑是一种很好的解决方案。在一些字处理软件、图像编辑软件、数据库管理系统等软件中备忘录模式都得到了很好的应用。

21.5.1 备忘录模式优点

备忘录模式的优点主要如下：

（1）提供了一种状态恢复的实现机制，使得用户可以方便地回到一个特定的历史步骤，当新的状态无效或者存在问题时可以使用暂时存储起来的备忘录将状态复原。

（2）备忘录实现了对信息的封装，一个备忘录对象是一种原发器对象状态的表示，不会被其他代码所改动。备忘录保存了原发器的状态，采用列表、堆栈等集合来存储备忘录对象可以实现多次撤销操作。

21.5.2 备忘录模式缺点

备忘录模式的缺点主要如下：

资源消耗过大，如果需要保存的原发器类的成员变量太多，就不可避免地需要占用大量的存储空间，每保存一次对象的状态都需要消耗一定的系统资源。

21.5.3 备忘录模式适用环境

在以下情况中可以考虑使用备忘录模式：

（1）保存一个对象在某一个时刻的全部状态或部分状态，这样以后需要时它能够恢复到先前的状态，实现撤销操作。

（2）防止外界对象破坏一个对象历史状态的封装性，避免将对象历史状态的实现细节暴露给外界对象。

21.6 本章小结

备忘录模式实现在不破坏封装的前提下捕获一个对象的内部状态，并在该对象之外保存这个状态，这样可以在以后将对象恢复到原先保存的状态。备忘录模式是一种对象行为型模式。

备忘录模式包含原发器、备忘录和负责人3个角色。其中，原发器是一个普通类，它通过创建一个备忘录来存储当前内部状态，也可以使用备忘录来恢复其内部状态；备忘录用于存储原发器的内部状态；负责人负责保存备忘录。

通过在负责人类中定义一个用于存储多个备忘录对象的集合可以实现多次撤销操作。

备忘录模式的优点主要在于提供了一种状态恢复的实现机制，使得用户可以方便地回到一个特定的历史步骤，此外它还实现了对信息的封装；其缺点主要在于资源消耗过大，如果需要保存的原发器类的成员变量太多，就不可避免地需要占用大量的存储资源。

备忘录模式适用于以下环境：保存一个对象在某一个时刻的全部状态或部分状态，这样以后需要时它能够恢复到先前的状态，实现撤销操作；防止外界对象破坏一个对象历史状态的封装性，避免将对象历史状态的实现细节暴露给外界对象。

21.7 习题

1. 很多软件都提供了撤销功能，(　　)设计模式可以用于实现该功能。

　　A. 中介者　　　　B. 备忘录　　　　C. 迭代器　　　　D. 观察者

2. 以下关于备忘录模式的叙述的错误的是(　　)。

　　A. 备忘录模式的作用是在不破坏封装的前提下捕获一个对象的内部状态，并在该对象之外保存这个状态，这样可以在以后将对象恢复到原先保存的状态

　　B. 备忘录模式提供了一种状态恢复的实现机制，使得用户可以方便地回到一个特定的历史步骤

　　C. 备忘录模式的缺点在于资源消耗太大，如果类的成员变量太多，就不可避免地占用大量的内存，而且每保存一次对象的状态都需要消耗内存资源

　　D. 备忘录模式属于对象行为型模式，负责人向原发器请求一个备忘录，保留一段时间后将其送回给负责人，负责人负责对备忘录的内容进行操作和检查

3. 能否使用原型模式来创建备忘录对象？如果可以，如何实现？

4. 如何使用内部类来实现备忘录模式？试使用 Java 语言结合内部类来实现一个简单的备忘录模式。

5. 使用 Java 语言中的栈(Stack)来实现多次撤销和重做(恢复)操作。在实现时可以将备忘录对象保存在两个栈中，一个栈包含用于实现撤销操作的状态对象，另一个栈包含用于实现重做操作的状态对象。在实现撤销操作时弹出撤销栈栈顶对象以获取前一个状态并将其设置给应用程序；同样，在实现重做操作时弹出重做栈栈顶对象以获取下一个状态并将其设置给应用程序。

6. 某软件公司正在开发一款 RPG 网游，为了给玩家提供更多方便，在游戏过程中可以设置一个恢复点，用于保存当前的游戏场景，如果在后续游戏过程中玩家角色"不幸牺牲"，可以返回到先前保存的场景，从所设恢复点开始重新游戏。试使用备忘录模式设计该功能，要求绘制相应的类图并使用 Java 语言编程模拟实现。

第22章

观察者模式

本章导学

在软件系统中，对象并不是孤立存在的，一个对象行为的改变可能会导致一个或多个其他与之存在依赖关系的对象行为发生改变。观察者模式用于描述对象之间的依赖关系，为实现多个对象之间的联动提供了一种解决方案，它是一种使用频率非常高的设计模式。

本章将学习观察者模式的定义与结构，分析观察者模式的实现原理，通过实例学习如何编程实现观察者模式并且理解观察者模式在 Java 事件处理中的应用。

本章知识点

- 观察者模式的定义
- 观察者模式的结构
- 观察者模式的实现
- 观察者模式的应用
- JDK 对观察者模式的支持
- 观察者模式与 Java 事件处理
- 观察者模式与 MVC
- 观察者模式的优缺点
- 观察者模式的适用环境

22.1 观察者模式概述

"红灯停，绿灯行"，在日常生活中交通信号灯管理着城市，指挥着日益拥挤的城市的交通。当红灯亮起，来往的汽车将停止；当绿灯亮起，汽车可以继续前行。在这个过程中交通信号灯是汽车（更准确地说应该是汽车驾驶员）的观察目标，而汽车是观察者。随着交通信号灯的变化，汽车的行为也将随之变化，一盏交通信号灯可以指挥多辆汽车，如图 22-1 所示。

在软件系统中有些对象之间也存在类似交通信号灯和汽车之间的关系，一个对象的状态或行为的变化将导致其他对象的状态或行为也发生改变，它们之间将产生联动，正所谓"触一而牵百发"。为了更好地描述对象之间存在的

图 22-1 交通信号灯与汽车示意图

这种一对多（包括一对一）的联动，观察者模式应运而生，它定义了对象之间的一种一对多的依赖关系，让一个对象的改变能够影响其他对象。

观察者模式是使用频率较高的设计模式之一，它用于建立一种对象与对象之间的依赖关系，一个对象发生改变时将自动通知其他对象，其他对象将相应作出反应。在观察者模式中发生改变的对象称为观察目标，而被通知的对象称为观察者，一个观察目标可以对应多个观察者，而且这些观察者之间可以没有任何相互联系，可以根据需要增加和删除观察者，使得系统更易于扩展。

观察者模式的定义如下：

> **观察者模式：** 定义对象之间的一种一多的依赖关系，使得每当一个对象状态发生改变时其相关依赖对象皆得到通知并被自动更新。
>
> **Observer Pattern:** Define a one-to-many dependency between objects so that when one object changes state, all its dependents are notified and updated automatically.

观察者模式的别名有发布-订阅（Publish-Subscribe）模式、模型-视图（Model-View）模式、源-监听器（Source-Listener）模式、从属者（Dependents）模式。观察者模式是一种对象行为型模式。

22.2 观察者模式结构与实现

22.2.1 观察者模式结构

观察者模式结构中通常包括观察目标和观察者两个继承层次结构，其结构图如图 22-2 所示。

图 22-2 观察者模式结构图

由图 22-2 可知，观察者模式包含以下 4 个角色。

（1）**Subject**（目标）：目标又称为主题，它是指被观察的对象。在目标中定义了一个观察者集合，一个观察目标可以接受任意数量的观察者来观察，它提供一系列方法来增加和删除观察者对象，同时它定义了通知方法 notify()。目标类可以是接口，也可以是抽象类或具体类。

（2）**ConcreteSubject**（**具体目标**）：具体目标是目标类的子类，它通常包含有经常发生改变的数据，当它的状态发生改变时将向它的各个观察者发出通知；同时它还实现了在目标类中定义的抽象业务逻辑方法（如果有）。如果无须扩展目标类，则具体目标类可以省略。

（3）**Observer**（**观察者**）：观察者将对观察目标的改变作出反应，观察者一般定义为接口，该接口声明了更新数据的方法 update()，因此又称为抽象观察者。

（4）**ConcreteObserver**（**具体观察者**）：在具体观察者中维护一个指向具体目标对象的引用，它存储具体观察者的有关状态，这些状态需要和具体目标的状态保持一致；它实现了在抽象观察者 Observer 中定义的 update() 方法。通常在实现时可以调用具体目标类的 attach() 方法将自己添加到目标类的集合中或通过 detach() 方法将自己从目标类的集合中删除。

22.2.2 观察者模式实现

观察者模式描述了如何建立对象与对象之间的依赖关系，以及如何构造满足这种需求的系统。观察者模式包含观察目标和观察者两类对象，一个目标可以有任意数目的与之相依赖的观察者，一旦观察目标的状态发生改变，所有的观察者都将得到通知。作为对这个通知的响应，每个观察者都将监视观察目标的状态，以使其状态与目标状态同步，这种交互也称为发布-订阅（Publish-Subscribe）。观察目标是通知的发布者，它发出通知时并不需要知道谁是它的观察者，可以有任意数目的观察者订阅它并接收通知。

下面通过演示代码对观察者模式进行进一步分析。首先定义一个抽象目标类 Subject，其典型代码如下：

```
import java.util.*;

public abstract class Subject {
    //定义一个观察者集合用于存储所有观察者对象
    protected ArrayList<Observer> observers = new ArrayList();

    //注册方法，用于向观察者集合中增加一个观察者
    public void attach(Observer observer) {
        observers.add(observer);
    }

    //注销方法，用于从观察者集合中删除一个观察者
    public void detach(Observer observer) {
        observers.remove(observer);
    }

    //声明抽象通知方法
    public abstract void notify();
}
```

具体目标类 ConcreteSubject 是实现了抽象目标类 Subject 的一个具体子类，其典型代码如下：

```java
public class ConcreteSubject extends Subject {
    //实现通知方法
    public void notify() {
        //遍历观察者集合，调用每一个观察者的响应方法
        for(Object obs:observers) {
            ((Observer)obs).update();
        }
    }
}
```

抽象观察者角色一般定义为一个接口，通常只声明一个 update() 方法，为不同观察者的更新（响应）行为定义相同的接口，这个方法在其子类中实现，不同的观察者具有不同的响应方法。抽象观察者 Observer 的典型代码如下：

```java
public interface Observer {
    //声明响应方法
    public void update();
}
```

在具体观察者 ConcreteObserver 中实现了 update() 方法，其典型代码如下：

```java
public class ConcreteObserver implements Observer {
    //实现响应方法
    public void update() {
        //具体响应代码
    }
}
```

在有些更加复杂的情况下，具体观察者类 ConcreteObserver 的 update() 方法在执行时需要使用到具体目标类 ConcreteSubject 中的状态（属性），因此在 ConcreteObserver 与 ConcreteSubject 之间有时候还存在关联或依赖关系，在 ConcreteObserver 中定义一个 ConcreteSubject 实例，通过该实例获取存储在 ConcreteSubject 中的状态。如果 ConcreteObserver 的 update() 方法不需要使用到 ConcreteSubject 中的状态属性，则可以对观察者模式的标准结构进行简化，在具体观察者 ConcreteObserver 和具体目标 ConcreteSubject 之间无须维持对象引用。

如果在具体层之间具有关联关系，系统的扩展性将受到一定的影响，增加新的具体目标类有时候需要修改原有观察者的代码，在一定程度上违反了开闭原则，但是如果原有观察者类无须关联新增的具体目标，则系统扩展性不受影响。

在客户端代码中首先创建具体目标对象以及具体观察者对象，然后调用目标对象的 attach() 方法，将这个观察者对象在目标对象中登记，也就是将它加入目标对象的观察者集合中，代码片段如下：

```java
...
Subject subject = new ConcreteSubject();
Observer observer = new ConcreteObserver();
subject.attach(observer);
subject.notify();
...
```

客户端在调用目标对象的 notify() 方法时将调用在其观察者集合中注册的观察者对象

的 update() 方法。

22.3 观察者模式应用实例

下面通过一个应用实例来进一步学习和理解观察者模式。

1. 实例说明

在某多人联机对战游戏中，多个玩家可以加入同一战队。当战队中的某一成员受到敌人攻击时将给所有其他队友发送通知，队友收到通知后将作出响应。

试使用观察者模式设计并实现该过程，以实现战队成员之间的联动。

2. 实例分析及类图

通过分析不难发现在该系统中战队成员之间的联动过程可以简单描述如下：

联盟成员受到攻击→发送通知给队友→队友作出响应

如果按照上述思路来设计系统，一个战队联盟成员在受到攻击时需要通知他的每一位盟友，每个联盟成员都需要持有其他所有盟友的信息，这将导致系统开销较大，因此可以引入一个新的角色——指挥部（战队控制中心）来负责维护和管理每个战队中所有成员的信息。当一个联盟成员受到攻击时将向对应的指挥部发送求助信息，指挥部逐一通知每个盟友，队友再作出响应，如图 22-3 所示。

图 22-3 多人联机对战游戏中对象的联动

在图 22-3 中受攻击的联盟成员将与指挥部产生联动，指挥部还将与其他队友产生联动。通过分析，本实例的结构图如图 22-4 所示。

在图 22-4 中，AllyControlCenter 充当抽象目标类，ConcreteAllyControlCenter 充当具体目标类，Observer 充当抽象观察者，Player 充当具体观察者。

3. 实例代码

（1）AllyControlCenter：指挥部（战队控制中心）类，充当抽象目标类。

```
//designpatterns.observer.AllyControlCenter.java
package designpatterns.observer;
import java.util.*;

public abstract class AllyControlCenter {
    protected String allyName; //战队名称
    protected ArrayList<Observer> players = new ArrayList<Observer>(); //定义一个集合用
                                                                      //于存储战队成员
```

```java
    public void setAllyName(String allyName) {
        this.allyName = allyName;
    }

    public String getAllyName() {
        return this.allyName;
    }

    //注册方法
    public void join(Observer obs) {
        System.out.println(obs.getName() + "加入" + this.allyName + "战队!");
        players.add(obs);
    }

    //注销方法
    public void quit(Observer obs) {
        System.out.println(obs.getName() + "退出" + this.allyName + "战队!");
        players.remove(obs);
    }

    //声明抽象通知方法
    public abstract void notifyObserver(String name);
}
```


图 22-4 多人联机对战游戏结构图

(2) ConcreteAllyControlCenter：具体指挥部类，充当具体目标类。

```java
//designpatterns.observer.ConcreteAllyControlCenter.java
package designpatterns.observer;

public class ConcreteAllyControlCenter extends AllyControlCenter {
    public ConcreteAllyControlCenter(String allyName) {
        System.out.println(allyName + "战队组建成功!");
```

```java
        System.out.println(" ----------------------------- ");
        this.allyName = allyName;
    }

    //实现通知方法
    public void notifyObserver(String name) {
        System.out.println(this.allyName + "战队紧急通知,盟友" + name + "遭受敌人攻击!");
        //遍历观察者集合,调用每一个队友(自己除外)的支援方法
        for(Object obs : players) {
            if (!((Observer)obs).getName().equalsIgnoreCase(name)) {
                ((Observer)obs).help();
            }
        }
    }
}
```

(3) Observer：抽象观察者类。

```java
//designpatterns.observer.Observer.java
package designpatterns.observer;

public interface Observer {
    public String getName();
    public void setName(String name);
    public void help();                              //声明支援队友方法
    public void beAttacked(AllyControlCenter acc); //声明遭受攻击方法
}
```

(4) Player：战队成员类，充当具体观察者类。

```java
//designpatterns.observer.Player.java
package designpatterns.observer;

public class Player implements Observer {
    private String name;

    public Player(String name) {
        this.name = name;
    }

    public void setName(String name) {
        this.name = name;
    }

    public String getName() {
        return this.name;
    }

    //支援队友方法的实现
    public void help() {
        System.out.println("坚持住," + this.name + "来救你!");
    }
}
```

```java
//遭受攻击方法的实现，当遭受攻击时将调用战队控制中心类的通知方法 notifyObserver()来
//通知队友
public void beAttacked(AllyControlCenter acc) {
    System.out.println(this.name + "被攻击！");
    acc.notifyObserver(name);
}
```

（5）Client：客户端测试类。

```java
//designpatterns.observer.Client.java
package designpatterns.observer;

public class Client {
    public static void main(String args[]) {
        //定义观察目标对象
        AllyControlCenter acc;
        acc = new ConcreteAllyControlCenter("金庸群侠");

        //定义4个观察者对象
        Observer player1,player2,player3,player4;

        player1 = new Player("杨过");
        acc.join(player1);

        player2 = new Player("令狐冲");
        acc.join(player2);

        player3 = new Player("张无忌");
        acc.join(player3);

        player4 = new Player("段誉");
        acc.join(player4);

        //某成员遭受攻击
        player1.beAttacked(acc);
    }
}
```

4. 结果及分析

编译并运行程序，输出结果如下：

```
金庸群侠战队组建成功！
----------------------------
杨过加入金庸群侠战队！
令狐冲加入金庸群侠战队！
张无忌加入金庸群侠战队！
段誉加入金庸群侠战队！
杨过被攻击！
金庸群侠战队紧急通知，队友杨过遭受敌人攻击！
坚持住，令狐冲来救你！
坚持住，张无忌来救你！
坚持住，段誉来救你！
```

在本实例中实现了两次对象之间的联动，当一个游戏玩家 Player 对象的 beAttacked() 方法被调用时将调用指挥部 AllyControlCenter 的 notifyObserver() 方法进行处理，而在 notifyObserver() 方法中又将调用其他 Player 对象的 help() 方法。Player 的 beAttacked() 方法、AllyControlCenter 的 notifyObserver() 方法以及 Player 的 help() 方法构成了一个联动触发链，执行顺序如下：

Player.beAttacked()→AllyControlCenter.notifyObserver()→Player.help()

22.4 JDK 对观察者模式的支持

观察者模式在 Java 语言中占据非常重要的地位。在 JDK 的 java.util 包中提供了 Observable 类以及 Observer 接口，它们构成了 JDK 对观察者模式的支持，如图 22-5 所示。

图 22-5 JDK 提供的 Observable 类及 Observer 接口结构图

下面对 Observer 接口和 Observable 类进行简要说明。

1. Observer 接口

在 java.util.Observer 接口中只声明一个方法，它充当抽象观察者，其方法声明代码如下：

```
void update(Observable o,Object arg);
```

当观察目标的状态发生变化时该方法将会被调用，在 Observer 的子类中将实现 update() 方法，即具体观察者可以根据需要具有不同的更新行为。当调用观察目标类 Observable 的 notifyObservers() 方法时将执行观察者类中的 update() 方法。

2. Observable 类

java.util.Observable 类充当观察目标类，在 Observable 中定义了一个向量 Vector 来存储观察者对象，它所包含的方法及说明见表 22-1。

表 22-1 Observable 类所包含的方法及说明

方 法 名	方 法 描 述
Observable()	构造方法，实例化 Vector 向量
addObserver(Observer o)	用于注册新的观察者对象到向量中
deleteObserver (Observer o)	用于删除向量中的某一个观察者对象
notifyObservers()和 notifyObservers(Object arg)	通知方法，用于在方法内部循环调用向量中每一个观察者的 update() 方法
deleteObservers()	用于清空向量，即删除向量中所有的观察者对象
setChanged()	该方法被调用后会设置一个 boolean 类型的内部标记变量 changed 的值为 true，表示观察目标对象的状态发生了变化
clearChanged()	用于将 changed 变量的值设为 false，表示对象状态不再发生改变或者已经通知了所有的观察者对象，调用了它们的 update() 方法
hasChanged()	用于测试对象状态是否改变
countObservers()	用于返回向量中观察者的数量

用户可以直接使用 Observer 接口和 Observable 类作为观察者模式的抽象层，再自定义具体观察者类和具体观察目标类。通过使用 JDK 中的 Observer 接口和 Observable 类可以更加方便地在 Java 语言中应用观察者模式。

22.5 观察者模式与 Java 事件处理

JDK 1.0 及更早版本的事件模型基于职责链模式，但是这种模型不适用于复杂的系统，因此在 JDK 1.1 及以后的各个版本中事件处理模型采用基于观察者模式的委派事件模型 (Delegation Event Model，DEM)，即一个 Java 组件所引发的事件并不由引发事件的对象自己来负责处理，而是委派给独立的事件处理对象负责。

在 DEM 模型中目标角色（如界面组件）负责发布事件，而观察者角色（事件处理者）可以向目标订阅它所感兴趣的事件。当一个具体目标产生一个事件时它将通知所有订阅者。事件的发布者称为事件源(Event Source)，而订阅者称为事件监听器(Event Listener)，在这个过程中还可以通过事件对象(Event Object)来传递与事件相关的信息，可以在事件监听者的实现类中实现事件处理，因此事件监听对象又可以称为事件处理对象。事件源对象、事件监听对象（事件处理对象）和事件对象构成了 Java 事件处理模型的三要素。事件源对象充当观察目标，而事件监听对象充当观察者。

以按钮单击事件为例，其事件处理流程如下：

（1）如果用户在 GUI 中单击一个按钮，将触发一个事件（如 ActionEvent 类型的动作事件），JVM 将产生一个相应的 ActionEvent 类型的事件对象，在该事件对象中包含了有关事件和事件源的信息，此时按钮是事件源对象。

（2）将 ActionEvent 事件对象传递给事件监听对象（事件处理对象），JDK 提供了专门用于处理 ActionEvent 事件的接口 ActionListener，开发人员需要提供一个 ActionListener 的实现类（如 MyActionHandler），实现在 ActionListener 接口中声明的抽象事件处理方法 actionPerformed()，对所发生事件做出相应的处理。

(3) 开发人员将 ActionListener 接口的实现类(如 MyActionHandler)对象注册到按钮中，可以通过按钮类的 addActionListener() 方法来实现注册。

(4) JVM 在触发事件时将调用按钮的 fireXXX() 方法，在该方法内部将调用注册到按钮中的事件处理对象的 actionPerformed() 方法，实现对事件的处理。

使用类似的方法可以自定义 GUI 组件，例如包含两个文本框和两个按钮的登录组件 LoginBean，可以采用如图 22-6 所示的设计方案。

图 22-6 自定义登录组件结构图

图 22-6 中相关类的说明如下：

(1) LoginEvent 是事件类，用于封装与事件有关的信息，它不是观察者模式的一部分，但是可以在目标对象和观察者对象之间传递数据。在 AWT 事件模型中所有的自定义事件类都是 java.util.EventObject 的子类。

(2) LoginEventListener 充当抽象观察者，它声明了事件响应方法 validateLogin()，用于处理事件，该方法也称为事件处理方法。validateLogin() 方法将一个 LoginEvent 类型的事件对象作为参数，用于传输与事件相关的数据，在其子类中实现该方法，实现具体的事件处理。

(3) LoginBean 充当具体目标类，在这里没有定义抽象目标类，对观察者模式进行了一定的简化。在 LoginBean 中定义了抽象观察者 LoginEventListener 类型的对象 lel 和事件对象 LoginEvent，提供了注册方法 addLoginEventListener() 用于添加观察者，在 Java 事件处理中通常使用一对一的观察者模式，而不是一对多的观察者模式，也就是说一个观察目标中只定义一个观察者对象，而不是提供一个观察者对象的集合。在 LoginBean 中还定义了通知方法 fireLoginEvent()，该方法在 Java 事件处理模型中称为"点火方法"，在该方法内部实例化了一个事件对象 LoginEvent，将用户输入的信息传给观察者对象，并且调用了观察者对象的响应方法 validateLogin()。

(4) LoginValidatorA 和 LoginValidatorB 充当具体观察者类，它们实现了在

LoginEventListener 接口中声明的抽象方法 validateLogin()，用于具体实现事件处理。该方法包含一个 LoginEvent 类型的参数，在 LoginValidatorA 和 LoginValidatorB 类中可以针对相同的事件提供不同的实现。

22.6 观察者模式与 MVC

在当前流行的 MVC(Model-View-Controller)架构中也应用了观察者模式，MVC 是一种架构模式，它包含 3 个角色，即模型(Model)、视图(View)和控制器(Controller)。其中，模型可对应于观察者模式中的观察目标，而视图对应于观察者，控制器可充当两者之间的中介者。当模型层的数据发生改变时视图层将自动改变其显示内容。MVC 结构示意图如图 22-7 所示。

图 22-7 MVC 结构示意图

在图 22-7 中，模型层提供的数据是视图层所观察的对象，在视图层中包含了两个用于显示数据的图表对象，一个是柱状图，另一个是饼状图，相同的数据拥有不同的图表显示方式，如果模型层的数据发生改变，两个图表对象将随之发生变化，这意味着图表对象依赖模型层提供的数据对象，因此数据对象的任何状态改变都应立即通知它们。同时，这两个图表之间相互独立，不存在任何联系，而且图表对象的个数没有任何限制，用户可以根据需要再增加新的图表对象，例如折线图。在增加新的图表对象时无须修改原有类库，满足开闭原则。

22.7 观察者模式优缺点与适用环境

观察者模式是一种使用频率非常高的设计模式，无论是移动应用、Web 应用或者桌面应用，观察者模式几乎无处不在，它为实现对象之间的联动提供了一套完整的解决方案，凡是涉及一对一或者一对多的对象交互场景都可以使用观察者模式。观察者模式广泛应用于各种编程语言的 GUI 事件处理的实现，在基于事件的 XML 解析技术（例如 SAX2）以及 Web 事件处理中也都使用了观察者模式。

22.7.1 观察者模式优点

观察者模式的优点主要如下：

（1）可以实现表示层和数据逻辑层的分离，定义了稳定的消息更新传递机制，并抽象了更新接口，使得可以有各种各样不同的表示层充当具体观察者角色。

（2）在观察目标和观察者之间建立一个抽象的耦合。观察目标只需要维持一个抽象观察者的集合，无须了解其具体观察者。由于观察目标和观察者没有紧密地耦合在一起，因此它们可以属于不同的抽象化层次。

（3）支持广播通信，观察目标会向所有已注册的观察者对象发送通知，简化了一对多系统设计的难度。

（4）符合开闭原则，增加新的具体观察者无须修改原有系统代码，在具体观察者与观察目标之间不存在关联关系的情况下增加新的观察目标也很方便。

22.7.2 观察者模式缺点

观察者模式的缺点主要如下：

（1）如果一个观察目标对象有很多直接和间接观察者，将所有的观察者都通知到会花费很多时间。

（2）如果在观察者和观察目标之间存在循环依赖，观察目标会触发它们之间进行循环调用，可能导致系统崩溃。

（3）观察者模式没有相应的机制让观察者知道所观察的目标对象是怎么发生变化的，而仅仅只是知道观察目标发生了变化。

22.7.3 观察者模式适用环境

在以下情况下可以考虑使用观察者模式：

（1）一个抽象模型有两方面，其中一方面依赖于另一方面，将这两方面封装在独立的对象中使它们可以各自独立地改变和复用。

（2）一个对象的改变将导致一个或多个其他对象也发生改变，而并不知道具体有多少对象将发生改变，也不知道这些对象是谁。

（3）需要在系统中创建一个触发链，A 对象的行为将影响 B 对象，B 对象的行为将影响 C 对象……可以使用观察者模式创建一种链式触发机制。

22.8 本章小结

在观察者模式中定义对象之间的一种一对多依赖关系，使得每当一个对象状态发生改变时其相关依赖对象皆得到通知并被自动更新。观察者模式是一种对象行为型模式。

观察者模式包含目标、具体目标、观察者和具体观察者 4 个角色。其中，目标是指被观察的对象；具体目标是目标类的子类，它通常包含有经常发生改变的数据，当它的状态发生改变时将向它的各个观察者发出通知；观察者将对观察目标的改变作出反应；具体观察者是观察者的子类，实现在观察者中声明的更新数据的方法。

观察者模式的优点主要是可以实现表示层和数据逻辑层的分离；在观察目标和观察者之间建立一个抽象的耦合；支持广播通信且符合开闭原则。其缺点主要是将所有的观察者都通知到会花费很多时间；如果存在循环调用可能导致系统崩溃；没有相应的机制让观察者知道所观察的目标对象是怎么发生变化的，而仅仅知道观察目标发生了变化。

观察者模式适用于以下环境：一个抽象模型有两方面，其中一方面依赖于另一方面，将这两方面封装在独立的对象中使它们可以各自独立地改变和复用；一个对象的改变将导致一个或多个其他对象也发生改变，而并不知道具体有多少对象将发生改变，也不知道这些对象是谁；需要在系统中创建一个触发链。

JDK 中的事件处理模型采用基于观察者模式的委派事件模型，即一个 Java 组件所引发的事件并不由引发事件的对象自己来负责处理，而是委派给独立的事件处理对象负责。其中，事件源对象充当观察目标类角色，事件处理对象充当具体观察者角色，如果事件源对象的某个事件触发，则调用事件处理对象中的事件处理程序对事件进行处理。

在 MVC 架构中应用了观察者模式，其中模型可对应于观察者模式中的观察目标，而视图对应于观察者，控制器可充当两者之间的中介。

22.9 习题

1. （　　）设计模式定义了对象间的一种一对多的依赖关系，以便当一个对象的状态发生改变时所有依赖于它的对象都得到通知并自动刷新。

A. Adapter(适配器)　　　　B. Iterator(迭代器)

C. Prototype(原型)　　　　D. Observer(观察者)

2. 在观察者模式中，（　　）。

A. 一个 Subject 对象可对应多个 Observer 对象

B. Subject 只能有一个 ConcreteSubject 子类

C. Observer 只能有一个 ConcreteObserver 子类

D. 一个 Subject 对象必须至少对应一个 Observer 对象

3. 下面这句话隐含着（　　）设计模式。

我和妹妹跟妈妈说："妈妈，我和妹妹在院子里玩。饭做好了叫我们一声。"

A. 适配器　　　　B. 职责链　　　　C. 观察者　　　　D. 迭代器

4. "猫(Cat)大叫一声，老鼠(Mouse)开始逃跑，主人(Master)被惊醒"。这个过程蕴含了哪种设计模式，绘制相应的类图并使用 Java 语言编程模拟此过程。

5. 某高校教学管理系统需要实现以下功能：如果某个系的系名发生改变，则该系所有教师和学生的所属系名称也将发生改变。试使用观察者模式实现该功能，要求绘制相应的类图并使用 Java 语言编程实现。

6. 某实时在线股票软件需要提供以下功能：当股票购买者所购买的某只股票的价格变化幅度达到 5%时，系统将自动发送通知（包括新价格）给购买该股票的所有股民。试使用观察者模式设计并实现该系统，要求绘制相应的类图并使用 Java 语言编程模拟实现。

7. 编程实现图 22-6 所示的自定义登录组件。

第23章

状态模式

本章导学

状态模式是一种较为复杂的设计模式，它用于解决系统中复杂对象的状态转换以及不同状态下行为的封装问题。当系统中的某个对象存在多个状态，这些状态之间可以进行转换，而且对象在不同状态下行为不相同时可以使用状态模式。

本章将学习状态模式的定义与结构，分析状态模式的特点，并结合实例学习状态模式的实现过程，学会如何在实际软件项目开发中应用状态模式。

本章知识点

- 状态模式的定义
- 状态模式的结构
- 状态模式的实现
- 状态模式的应用
- 共享状态
- 使用环境类实现状态转换
- 状态模式的优缺点
- 状态模式的适用环境

23.1 状态模式概述

"人有悲欢离合，月有阴晴圆缺"，包括人在内，很多事物都具有多种状态，而且在不同状态下会具有不同的行为，这些状态在特定条件下还将发生相互转换。就像水，它可以凝固成冰，也可以受热蒸发后变成水蒸气，水可以流动，冰可以雕刻，蒸汽可以扩散。可以用 UML 状态图来描述 H_2O 的 3 种状态，如图 23-1 所示。

在软件系统中，有些对象也像水一样具有多种状态，这些状态在某些情况下能够相互转换，而且对象在不同的状态下也将具有不同的行为。通常可以使用复杂的条件判断语句（例如 if···else···语句）来进行状态的判断和转换操作，这会导致代码的可维护性和灵活性下降，特别是在出现新的状态时代码的扩展性很差，客户端代码也需要进行相应的修改，违反了开闭原则。为了解决状态的转换问题，并使客户端代码与对象状态之间的耦合度降低，可以使用一种被称为状态模式的设计模式。

状态模式用于解决系统中复杂对象的状态转换以及不同状态下行为的封装问题。当系统中的某个对象存在多个状态，这些状态之间可以进行转换，而且对象在不同状态下行为不相同时可以使用状态模式。状态模式将一个对象的状态从该对象中分离出来，封装到专门的状态类中，使得对象状态可以灵活变化。对于客户端而言，无须关心对象状态的转换以及对象所处的当前状态，无论对于何种状态的对象，客户端都可以一致处理。

图 23-1 H_2O 的 3 种状态（未考虑临界点）

状态模式的定义如下：

> **状态模式**：允许一个对象在其内部状态改变时改变它的行为。对象看起来似乎修改了它的类。
>
> **State Pattern**: Allow an object to alter its behavior when its internal state changes. The object will appear to change its class.

状态模式又名状态对象（Objects for States），它是一种对象行为型模式。

23.2 状态模式结构与实现

23.2.1 状态模式结构

在状态模式中引入了抽象状态类和具体状态类，它们是状态模式的核心，其结构图如图 23-2 所示。

图 23-2 状态模式结构图

由图 23-2 可知，状态模式包含以下 3 个角色。

（1）**Context（环境类）**：环境类又称为上下文类，它是拥有多种状态的对象。由于环境类的状态存在多样性且在不同状态下对象的行为有所不同，因此将状态独立出去形成单独的状态类。在环境类中维护一个抽象状态类 State 的实例，这个实例定义当前状态，在具体实现时它是一个 State 子类的对象。

(2) State(抽象状态类)：它用于定义一个接口以封装与环境类的一个特定状态相关的行为，在抽象状态类中声明了各种不同状态对应的方法，而在其子类中实现了这些方法，由于不同状态下对象的行为可能不同，因此在不同子类中方法的实现可能存在不同，相同的方法可以写在抽象状态类中。

(3) ConcreteState(具体状态类)：它是抽象状态类的子类，每一个子类实现一个与环境类的一个状态相关的行为，每一个具体状态类对应环境的一个具体状态，不同的具体状态类的行为有所不同。

23.2.2 状态模式实现

在状态模式中，将对象在不同状态下的行为封装到不同的状态类中，为了让系统具有更好的灵活性和可扩展性，同时对各状态下的共有行为进行封装，需要对状态进行抽象化，引入了抽象状态类角色。其典型代码如下：

```
public abstract class State {
    //声明抽象业务方法，不同的具体状态类可以有不同的实现
    public abstract void handle();
}
```

在抽象状态类的子类(即具体状态类)中实现了在抽象状态类中声明的业务方法，不同的具体状态类可以提供完全不同的方法实现。在实际使用时，在一个状态类中可能包含多个业务方法，如果在具体状态类中某些业务方法的实现完全相同，可以将这些方法移至抽象状态类，实现代码的复用。典型的具体状态类代码如下：

```
public class ConcreteState extends State {
    public void handle() {
        //方法的具体实现代码
    }
}
```

环境类维持一个对抽象状态类的引用，通过 setState() 方法可以向环境类注入不同的状态对象，然后在环境类的业务方法中调用状态对象的方法。其典型代码如下：

```
public class Context {
    private State state;    //维持一个对抽象状态对象的引用
    private int value;      //其他属性值，该属性值的变化可能会导致对象的状态发生变化

    //设置状态对象
    public void setState(State state) {
        this.state = state;
    }

    public void request() {
        //其他代码
        state.handle();    //调用状态对象的业务方法
        //其他代码
    }
}
```

环境类实际上是真正拥有状态的对象，只是将环境类中与状态有关的代码提取出来封

装到专门的状态类中。在状态模式结构图中，环境类 Context 与抽象状态类 State 之间存在单向关联关系，在 Context 中定义了一个 State 对象。在实际使用时，它们之间可能存在更为复杂的关系，State 与 Context 之间可能也存在依赖或者双向关联关系。

在状态模式的使用过程中，一个对象的状态之间还可以进行相互转换，通常有两种实现状态转换的方式：

（1）统一由环境类来负责状态之间的转换，此时环境类还充当了状态管理器（State Manager）角色，在环境类的业务方法中通过对某些属性值的判断实现状态转换，还可以提供一个专门的方法用于实现属性判断和状态转换，代码片段如下：

```
…
public void changeState() {
    //判断属性值,根据属性值进行状态转换
    if (value == 0) {
        this.setState(new ConcreteStateA());
    }
    else if (value == 1) {
        this.setState(new ConcreteStateB());
    }
    …
}
…
```

（2）由具体状态类来负责状态之间的转换，可以在具体状态类的业务方法中判断环境类的某些属性值，再根据情况为环境类设置新的状态对象，实现状态转换。同样，也可以提供一个专门的方法来负责属性值的判断和状态转换。此时状态类与环境类之间将存在依赖或关联关系，因为状态类需要访问环境类中的属性值，具体状态类 ConcreteStateA 的代码片段如下：

```
…
public void changeState(Context ctx) {
    //根据环境对象中的属性值进行状态转换
    if (ctx.getValue() == 1) {
        ctx.setState(new ConcreteStateB());
    }
    else if (ctx.getValue() == 2) {
        ctx.setState(new ConcreteStateC());
    }
    …
}
…
```

23.3 状态模式应用实例

下面通过一个应用实例来进一步学习和理解状态模式。

1. 实例说明

某软件公司要为一银行开发一套信用卡业务系统，银行账户（Account）是该系统的核心类之一，通过分析，该软件公司的开发人员发现在系统中账户存在3种状态，且在不同状态下账户存在不同的行为，具体说明如下：

（1）如果账户中的余额大于或等于0，则账户的状态为正常状态（Normal State），此时用户既可以向该账户存款也可以从该账户取款。

（2）如果账户中的余额小于0，并且大于-2000，则账户的状态为透支状态（Overdraft State），此时用户既可以向该账户存款也可以从该账户取款，但需要按天计算利息。

（3）如果账户中的余额等于-2000，那么账户的状态为受限状态（Restricted State），此时用户只能向该账户存款，不能再从中取款，同时将按天计算利息。

（4）根据余额的不同，以上3种状态可发生相互转换。

试使用状态模式设计并实现银行账户状态的转换。

2. 实例分析及类图

通过对银行账户类进行分析，可以绘制如图23-3所示的UML状态图。

在图23-3中，NormalState表示正常状态，OverdraftState表示透支状态，RestrictedState表示受限状态。在这3种状态下账户对象拥有不同的行为，方法deposit()用于存款，withdraw()用于取款，computeInterest()用于计算利息，stateCheck()用于在每一次执行存款和取款操作后根据余额来判断是否要进行状态转换并实现状态转换，相同的方法在不同的状态下可能会有不同的实现。

图 23-3 银行账户状态图

使用状态模式对银行账户的状态进行设计，所得结构图如图23-4所示。

在图23-4中，Account充当环境类角色，AccountState充当抽象状态角色，NormalState、OverdraftState和RestrictedState充当具体状态角色。

3. 实例代码

（1）Account：银行账户，充当环境类。

```
//designpatterns.state.Account.java
package designpatterns.state;

public class Account {
    private AccountState state;              //维持一个对抽象状态对象的引用
    private String owner;                    //开户名
    private double balance = 0;              //账户余额

    public Account(String owner,double init) {
```

第23章 状态模式

图 23-4 银行账户结构图

```java
        this.owner = owner;
        this.balance = balance;
        this.state = new NormalState(this); //设置初始状态
        System.out.println(this.owner + "开户，初始金额为" + init);
        System.out.println("---------------------------------------------");
    }

    public double getBalance() {
        return this.balance;
    }

    public void setBalance(double balance) {
        this.balance = balance;
    }

    public void setState(AccountState state) {
        this.state = state;
    }

    public void deposit(double amount) {
        System.out.println(this.owner + "存款" + amount);
        state.deposit(amount); //调用状态对象的 deposit()方法
        System.out.println("现在余额为" + this.balance);
        System.out.println("现在账户状态为" + this.state.getClass().getName());
        System.out.println("---------------------------------------------");
    }

    public void withdraw(double amount) {
        System.out.println(this.owner + "取款" + amount);
        state.withdraw(amount); //调用状态对象的 withdraw()方法
        System.out.println("现在余额为" + this.balance);
        System.out.println("现在账户状态为" + this. state.getClass().getName());
        System.out.println("---------------------------------------------");
    }

    public void computeInterest()
```

```
        {
            state.computeInterest(); //调用状态对象的 computeInterest()方法
        }
    }
```

(2) AccountState：账户状态类，充当抽象状态类。

```java
//designpatterns.state.AccountState.java
package designpatterns.state;

public abstract class AccountState {
    protected Account acc;
    public abstract void deposit(double amount);
    public abstract void withdraw(double amount);
    public abstract void computeInterest();
    public abstract void stateCheck();
}
```

(3) NormalState：正常状态类，充当具体状态类。

```java
//designpatterns.state.NormalState.java
package designpatterns.state;

public class NormalState extends AccountState {
    public NormalState(Account acc) {
        this.acc = acc;
    }

    public NormalState(AccountState state) {
        this.acc = state.acc;
    }

    public void deposit(double amount) {
        acc.setBalance(acc.getBalance() + amount);
        stateCheck();
    }

    public void withdraw(double amount) {
        acc.setBalance(acc.getBalance() - amount);
        stateCheck();
    }

    public void computeInterest()
    {
        System.out.println("正常状态,无须支付利息！");
    }

    //状态转换
    public void stateCheck() {
        if (acc.getBalance() > - 2000 && acc.getBalance() <= 0) {
            acc.setState(new OverdraftState(this));
        }
        else if (acc.getBalance() == - 2000) {
            acc.setState(new RestrictedState(this));
        }
        else if (acc.getBalance() < - 2000) {
            System.out.println("操作受限！");
```

```
    }
  }
}
```

（4）OverdraftState：透支状态类，充当具体状态类。

```java
//designpatterns.state.OverdraftState.java
package designpatterns.state;

public class OverdraftState extends AccountState {
    public OverdraftState(AccountState state) {
        this.acc = state.acc;
    }

    public void deposit(double amount) {
        acc.setBalance(acc.getBalance() + amount);
        stateCheck();
    }

    public void withdraw(double amount) {
        acc.setBalance(acc.getBalance() - amount);
        stateCheck();
    }

    public void computeInterest() {
        System.out.println("计算利息!");
    }

    //状态转换
    public void stateCheck() {
        if (acc.getBalance() > 0) {
            acc.setState(new NormalState(this));
        }
        else if (acc.getBalance() == - 2000) {
            acc.setState(new RestrictedState(this));
        }
        else if (acc.getBalance() < - 2000) {
            System.out.println("操作受限!");
        }
    }
}
```

（5）RestrictedState：受限状态类，充当具体状态类。

```java
//designpatterns.state.RestrictedState.java
package designpatterns.state;

public class RestrictedState extends AccountState {
    public RestrictedState(AccountState state) {
        this.acc = state.acc;
    }

    public void deposit(double amount) {
        acc.setBalance(acc.getBalance() + amount);
        stateCheck();
    }

    public void withdraw(double amount) {
```

```java
        System.out.println("账号受限,取款失败");
    }

    public void computeInterest() {
        System.out.println("计算利息!");
    }

    //状态转换
    public void stateCheck() {
        if(acc.getBalance() > 0) {
            acc.setState(new NormalState(this));
        }
        else if(acc.getBalance() > - 2000) {
            acc.setState(new OverdraftState(this));
        }
    }
}
```

(6) Client：客户端测试类。

```java
//designpatterns.state.Client.java
package designpatterns.state;

public class Client {
    public static void main(String args[]) {
        Account acc = new Account("段誉",0.0);
        acc.deposit(1000);
        acc.withdraw(2000);
        acc.deposit(3000);
        acc.withdraw(4000);
        acc.withdraw(1000);
        acc.computeInterest();
    }
}
```

4. 结果及分析

编译并运行程序，输出结果如下：

```
段誉开户，初始金额为 0.0
---------------------------------------------
段誉存款 1000.0
现在余额为 1000.0
现在账户状态为 designpatterns.state.NormalState
---------------------------------------------
段誉取款 2000.0
现在余额为 -1000.0
现在账户状态为 designpatterns.state.OverdraftState
---------------------------------------------
段誉存款 3000.0
现在余额为 2000.0
现在账户状态为 designpatterns.state.NormalState
---------------------------------------------
段誉取款 4000.0
现在余额为 -2000.0
现在账户状态为 designpatterns.state.RestrictedState
---------------------------------------------
段誉取款 1000.0
```

```
账号受限，取款失败
现在余额为－2000.0
现在账户状态为 designpatterns.state.RestrictedState
──────────────────────────────────
计算利息！
```

加粗部分对应客户端代码中 3 次调用取款方法 withdraw() 的输出结果，由于对象状态不一样，因此这 3 次输出结果均有所差异。第一次取款后账户状态由正常状态（Normal State）变为透支状态（Overdraft State）；第二次取款后账户状态由正常状态（Normal State）变为受限状态（Restricted State）；在第三次取款时，由于账户状态此时已经为受限状态，因此取款失败。这 3 次取款操作体现了对象在不同状态下具有不同的行为，而且对象的转换是自动的，客户端无须关心其转换细节。

23.4 共享状态

在有些情况下，多个环境对象可能需要共享同一个状态，如果希望在系统中实现多个环境对象共享一个或多个状态对象，那么需要将这些状态对象定义为环境类的静态成员对象。

下面通过一个简单实例来说明如何实现共享状态。

```
某系统要求两个开关对象要么都处于开的状态，要么都处于关的状态，在使用时它们
的状态必须保持一致，开关可以由开转换到关，也可以由关转换到开。
```

可以使用状态模式来实现开关的设计，其结构图如图 23-5 所示。

图 23-5 开关及其状态设计结构图

开关类 Switch 的代码如下：

```java
//designpatterns.state.switchstate.Switch.java
package designpatterns.state.switchstate;

public class Switch {
    private static SwitchState currentState, onState, offState; //定义 3 个静态的状态对象
    private String name;

    public Switch(String name) {
        this.name = name;
        onState = new OnState();
```

```java
        offState = new OffState();
        currentState = onState;
    }

    public void setState(SwitchState state) {
        currentState = state;
    }

    public static SwitchState getState(String type) {
        if (type.equalsIgnoreCase("on")) {
            return onState;
        }
        else {
            return offState;
        }
    }

    //打开开关
    public void on() {
        System.out.print(name);
        currentState.on(this);
    }

    //关闭开关
    public void off() {
        System.out.print(name);
        currentState.off(this);
    }
}
```

抽象状态类的代码如下：

```java
//designpatterns.state.switchstate.SwitchState.java
package designpatterns.state.switchstate;

public abstract class SwitchState {
    public abstract void on(Switch s);
    public abstract void off(Switch s);
}
```

两个具体状态类的代码如下：

```java
//designpatterns.state.switchstate.OnState.java
package designpatterns.state.switchstate;

//打开状态类
public class OnState extends SwitchState{
    public void on(Switch s) {
        System.out.println("已经打开!");
    }

    public void off(Switch s) {
        System.out.println("关闭!");
        s.setState(Switch.getState("off"));
    }
}
```

```java
//designpatterns.state.switchstate.OffState.java
package designpatterns.state.switchstate;

//关闭状态类
public class OffState extends SwitchState{
    public void on(Switch s) {
        System.out.println("打开!");
        s.setState(Switch.getState("on"));
    }

    public void off(Switch s) {
        System.out.println("已经关闭!");
    }
}
```

编写以下客户端代码进行测试：

```java
//designpatterns.state.switchstate.Client.java
package designpatterns.state.switchstate;

public class Client {
    public static void main(String args[]) {
        Switch s1,s2;
        s1 = new Switch("开关 1");
        s2 = new Switch("开关 2");

        s1.on();
        s2.on();
        s1.off();
        s2.off();
        s2.on();
        s1.on();
    }
}
```

输出结果如下：

```
开关 1 已经打开!
开关 2 已经打开!
开关 1 关闭!
开关 2 已经关闭!
开关 2 打开!
开关 1 已经打开!
```

从输出结果可以得知：两个开关共享相同的状态，如果第一个开关关闭，则第二个开关也将关闭，再次关闭时将输出"已经关闭"；打开时也将得到类似结果。

23.5 使用环境类实现状态转换

在状态模式中实现状态转换时，具体状态类可通过调用环境类 Context 的 setState() 方法进行状态的转换操作，也可以统一由环境类 Context 来实现状态的转换。此时增加新的具体状态类可能需要修改其他具体状态类或者环境类的源代码，否则系统无法转换到新增状态。但是对于客户端来说无须关心状态类，可以为环境类设置默认的状态类，而将状态的转换工作交给具体状态类或环境类来完成，具体的转换细节对于客户端而言是透明的。

在 23.3 节的"银行账户状态转换"实例中通过具体状态类来实现状态的转换，在每一个具体状态类中都包含一个 stateCheck() 方法，在该方法内部实现状态的转换。除此之外还可以通过环境类来实现状态转换，环境类作为一个状态管理器，统一实现各种状态之间的转换操作。

下面通过一个包含循环状态的简单实例来说明如何使用环境类实现状态转换：

现准备开发一个屏幕放大镜工具，其具体功能描述如下：

用户单击"放大镜"按钮之后屏幕将放大一倍，再单击一次"放大镜"按钮屏幕再放大一倍，第三次单击该按钮后屏幕将还原到默认大小。

现使用状态模式来设计该屏幕放大镜工具。

通过分析可以定义 3 个屏幕状态类（NormalState、LargerState 和 LargestState）来对应屏幕的 3 种状态，分别是正常状态、二倍放大状态和四倍放大状态，屏幕类 Screen 充当环境类，其结构图如图 23-6 所示。

图 23-6 屏幕放大镜工具结构图

本实例的核心代码如下：

```java
//designpatterns.state.screen.Screen.java
package designpatterns.state.screen;

//屏幕类：环境类
public class Screen {
    //枚举所有的状态，currentState 表示当前状态
    private ScreenState currentState, normalState, largerState, largestState;

    public Screen() {
        this.normalState = new NormalState();    //创建正常状态对象
        this.largerState = new LargerState();    //创建二倍放大状态对象
        this.largestState = new LargestState();  //创建四倍放大状态对象
        this.currentState = normalState;         //设置初始状态
        this.currentState.display();
    }

    public void setState(ScreenState state) {
        this.currentState = state;
    }

    //单击事件处理方法，封装了对状态类中业务方法的调用和状态的转换
```

```java
        public void onClick() {
            if (this.currentState == normalState) {
                this.setState(largerState);
                this.currentState.display();
            }
            else if (this.currentState == largerState) {
                this.setState(largestState);
                this.currentState.display();
            }
            else if (this.currentState == largestState) {
                this.setState(normalState);
                this.currentState.display();
            }
        }
    }
}
```

```java
//designpatterns.state.screen.ScreenState.java
package designpatterns.state.screen;

//屏幕状态类：抽象状态类
public abstract class ScreenState {
    public abstract void display();
}
```

```java
//designpatterns.state.screen.NormalState.java
package designpatterns.state.screen;

//正常状态类：具体状态类
public class NormalState extends ScreenState{
    public void display() {
        System.out.println("正常大小!");
    }
}
```

```java
//designpatterns.state.screen.LargerState.java
package designpatterns.state.screen;

//二倍状态类：具体状态类
public class LargerState extends ScreenState{
    public void display() {
        System.out.println("二倍大小!");
    }
}
```

```java
//designpatterns.state.screen.LargestState.java
package designpatterns.state.screen;

//四倍状态类：具体状态类
public class LargestState extends ScreenState {
    public void display() {
        System.out.println("四倍大小!");
    }
}
```

在上述代码中，所有的状态转换操作都由环境类 Screen 来实现，此时环境类充当了状态管理器角色。如果需要增加新的状态，例如"八倍状态类"，需要修改环境类，这在一定程度上违背了开闭原则，但对其他状态类没有任何影响。

编写以下客户端代码进行测试：

```java
//designpatterns.state.screen.Client.java
package designpatterns.state.screen;

public class Client {
    public static void main(String args[]) {
        Screen screen = new Screen();
        screen.onClick();
        screen.onClick();
        screen.onClick();
    }
}
```

输出结果如下：

```
正常大小！
二倍大小！
四倍大小！
正常大小！
```

23.6 状态模式优缺点与适用环境

状态模式将一个对象在不同状态下的不同行为封装在一个个状态类中，通过设置不同的状态对象可以让环境对象拥有不同的行为，而状态转换的细节对于客户端而言是透明的，方便了客户端的使用。在实际开发中，状态模式具有较高的使用频率，在工作流、游戏等软件中状态模式都得到了广泛的应用，例如公文状态的转换、游戏中角色的升级等。

23.6.1 状态模式优点

状态模式的优点主要如下：

（1）状态模式封装了状态的转换规则，在状态模式中可以将状态的转换代码封装在环境类或者具体状态类中，可以对状态转换代码进行集中管理，而不是分散在一个个业务方法中。

（2）状态模式将所有与某个状态有关的行为放到一个类中，只需要注入一个不同的状态对象即可使环境对象拥有不同的行为。

（3）状态模式允许状态转换逻辑与状态对象合成一体，而不是提供一个巨大的条件语句块，状态模式可以避免使用庞大的条件语句将业务方法和状态转换代码交织在一起。

（4）状态模式可以让多个环境对象共享一个状态对象，从而减少系统中对象的个数。

23.6.2 状态模式缺点

状态模式的缺点主要如下：

（1）状态模式会增加系统中类和对象的个数，导致系统运行开销增大。

（2）状态模式的结构与实现都较为复杂，如果使用不当将导致程序结构和代码的混乱，增加系统设计的难度。

（3）状态模式对开闭原则的支持并不太好，增加新的状态类需要修改那些负责状态转换的源代码，否则无法转换到新增状态；而且修改某个状态类的行为也需要修改对应类的源代码。

23.6.3 状态模式适用环境

在以下情况中可以考虑使用状态模式：

（1）对象的行为依赖于它的状态（例如某些属性值），状态的改变将导致行为的变化。

（2）在代码中包含大量与对象状态有关的条件语句，这些条件语句的出现会导致代码的可维护性和灵活性变差，不能方便地增加和删除状态，并且导致客户类与类库之间的耦合增强。

23.7 本章小结

在状态模式中允许一个对象在其内部状态改变时改变它的行为。对象看起来似乎修改了它的类。状态模式是一种对象行为型模式。

状态模式包含环境类、抽象状态类和具体状态类3个角色。其中，环境类是拥有多种状态的对象；抽象状态类用于定义一个接口以封装与环境类的一个特定状态相关的行为，在抽象状态类中声明了各种不同状态对应的方法，而在其子类中实现了这些方法；具体状态类是抽象状态类的子类，每一个子类实现一个与环境类的一个状态相关的行为，每一个具体状态类对应环境的一个具体状态，不同的具体状态类的行为有所不同。

状态模式的优点主要包括它封装了状态的转换规则，可以对状态转换代码进行集中管理，而不是分散在一个个业务方法中；允许状态转换逻辑与状态对象合成一体，而不是提供一个巨大的条件语句块；可以让多个环境对象共享一个状态对象，从而减少系统中对象的个数。其缺点主要包括状态模式会增加系统中类和对象的个数，导致系统运行开销增大；如果使用不当将导致程序结构和代码的混乱，增加系统设计的难度；此外，状态模式对开闭原则的支持并不太好。

状态模式适用于以下环境：对象的行为依赖于它的状态，状态的改变将导致行为的变化；在代码中包含大量与对象状态有关的条件语句。

如果需要在系统中实现多个环境对象共享一个或多个状态对象，可以将这些状态对象定义为环境类的静态成员对象。

在状态模式中可以在具体状态类中实现状态之间的转换，也可以统一由环境类来负责状态之间的转换。

23.8 习题

1. 以下关于状态模式的叙述错误的是（　　）。
   A. 状态模式允许一个对象在其内部状态改变时改变它的行为。对象看起来似乎修改了它的类
   B. 状态模式中引入了一个抽象类来专门表示对象的状态，而具体的状态都继承了该类，并实现了不同状态的行为，包括各种状态之间的转换
   C. 状态模式使得状态的变化更加清晰明了，也很容易创建对象的新状态
   D. 状态模式完全符合开闭原则，增加新的状态类无须对原有类库进行任何修改

2. 场景（　　）不是状态模式的实例。

A. 银行账户根据余额不同拥有不同的存/取款操作

B. 游戏软件中根据虚拟角色级别的不同拥有不同的权限

C. 某软件在不同的操作系统中呈现不同的外观

D. 在会员系统中会员等级不同可以实现不同的行为

3. 分析以下代码：

```
public class TestXYZ {
    private int behaviour;
    //Getter and Setter
    ...
    public void handleAll() {
        if (behaviour == 0) { //do something }
        else if (behaviour == 1) { //do something }
        else if (behaviour == 2) { //do something }
        else if (behaviour == 3) { //do something }
        ... some more else if ...
    }
}
```

为了提高代码的扩展性和健壮性，可以使用（　　）设计模式进行重构。

A. Visitor(访问者)　　　　B. Facade(外观)

C. Memento(备忘录)　　　　D. State(状态)

4. 传输门是传输系统中的重要装置。传输门具有Open(打开)，Closed(关闭)，Opening(正在打开)，StayOpen(保持打开)，Closing(正在关闭)5种状态。触发状态的转换事件有click，complete和timeout几种。事件与其相应的状态转换如图23-7所示。

图 23-7 传输门响应事件与其状态转换图

试使用状态模式对传输门进行状态模拟，要求绘制相应的类图并使用Java语言编程模拟实现。

5. 在某论坛系统中用户可以发表留言，发表留言将增加积分；用户也可以回复留言，回复留言也将增加积分；用户还可以下载文件，下载文件将扣除积分。该系统用户分为3个等级，分别是新手、高手和专家，这3个等级对应3种不同的状态，这3种状态分别定义如下：

（1）如果积分小于100分，则为新手状态，用户可以发表留言、回复留言，但是不能下载文件。如果积分大于或等于1000分，则转换为专家状态；如果积分大于或等于100分，则转换为高手状态。

(2) 如果积分大于或等于 100 分但小于 1000 分，则为高手状态，用户可以发表留言、回复留言，还可以下载文件，而且用户在发表留言时可以获取双倍积分。如果积分小于 100 分，则转换为新手状态；如果积分大于或等于 1000 分，则转换为专家状态；如果下载文件后积分小于 0，则不能下载该文件。

(3) 如果积分大于或等于 1000 分，则为专家状态，用户可以发表留言、回复留言和下载文件，用户除了在发表留言时可以获取双倍积分外，下载文件只扣除所需积分的一半。如果积分小于 100 分，则转换为新手状态；如果积分小于 1000 分，但大于或等于 100，则转换为高手状态；如果下载文件后积分小于 0，则不能下载该文件。

试使用状态模式来设计该系统，要求绘制相应的类图并使用 Java 语言编程模拟实现。

6. 在某纸牌游戏软件中人物角色具有入门级(Primary)、熟练级(Secondary)、高手级(Professional)和骨灰级(Final)4 种等级，角色的等级与其积分相对应，游戏胜利将增加积分，失败则扣除积分。入门级具有最基本的游戏功能 play()，熟练级增加了游戏胜利积分加倍功能 doubleScore()，高手级在熟练级的基础上再增加换牌功能 changeCards()，骨灰级在高手级的基础上再增加偷看他人牌的功能 peekCards()。试使用状态模式来设计该系统，绘制相应的类图并使用 Java 语言编程模拟实现。

第24章

策 略 模 式

扫一扫

视频讲解

本章导学

策略模式用于算法的自由切换和扩展，它是使用较为广泛的设计模式之一。策略模式对应于解决某一问题的一个算法族，允许用户从该算法族中任选一个算法解决某一问题，同时可以方便地更换算法或者增加新的算法。策略模式实现了算法定义和算法使用的分离，它通过继承和多态的机制实现对算法族的使用和管理，是一个简单、实用的设计模式。

本章将学习策略模式的定义及结构，结合实例学习如何在软件开发中使用策略模式，并理解策略模式的优缺点。

本章知识点

- 策略模式的定义
- 策略模式的结构
- 策略模式的实现
- 策略模式的应用
- 策略模式的优缺点
- 策略模式的适用环境

24.1 策略模式概述

在很多情况下，实现某个目标的途径不止一条，例如在外出旅游时游客可以选择多种不同的出行方式，如骑自行车、坐汽车、坐火车或者坐飞机，可根据实际情况（目的地距离、旅游预算、旅游时间等）来选择一种最适合的出行方式。在制订旅行计划时，如果目的地较远，时间不多，但不差钱，可以选择坐飞机去旅游；如果目的地虽远，但假期长，且需控制旅游成本时可以选择坐火车或汽车；如果从健康和环保的角度考虑，而且有足够的毅力，自行车游或者徒步旅游也是个不错的选择，如图 24-1 所示。

在软件开发中也常常会遇到类似的情况，实现某一个功能（例如排序、查找等）有多种算法，一种常用的方法是通过硬编码（Hard Coding）将所有的算法集中在一个类中，在该类中提供多个方法，每一个方法对应一个具体的算法；当然也可以将这些算法封装在一个统一的方法中，通过if…else…等条件判断语句进行选择。这两种实现方法都可以称为硬编码，如果需要增加一种新的算法，需要修改算法类的源代码；更换算法也需要修改客户端调用代码。在这个统一的算法类中封装了大量算法，代码非常复杂，维护也很困难。

此时可以使用一种设计模式来实现灵活地选择算法，还能够方便地增加新的算法，该设计模式就是策略模式。在策略模式中可以定义一些独立的类来封装不同的算法，每一个类封装一种具体的算法，在这里每一个封装算法的类都可以称为一种策略(Strategy)，为了保证这些策略在使用时具有一致性，一般会提供一个抽象的策略类来做算法的声明，而每种算法对应于一个具体策略类。

图 24-1 旅游出行方式示意图

策略模式的定义如下：

策略模式：定义一系列算法，将每一个算法封装起来，并让它们可以相互替换。策略模式让算法可以独立于使用它的客户而变化。

Strategy Pattern: Define a family of algorithms, encapsulate each one, and make them interchangeable. Strategy lets the algorithm vary independently from clients that use it.

策略模式又称为政策(Policy)模式，它是一种对象行为型模式。

24.2 策略模式结构与实现

24.2.1 策略模式结构

策略模式结构并不复杂，其结构图如图 24-2 所示。

图 24-2 策略模式结构图

由图 24-2 可知，策略模式包含以下 3 个角色。

（1）**Context（环境类）**：环境类是使用算法的角色，它在解决某个问题（即实现某个功能）时可以采用多种策略。在环境类中维持一个对抽象策略类的引用实例，用于定义所采用的策略。

（2）**Strategy（抽象策略类）**：抽象策略类为所支持的算法声明了抽象方法，是所有策略类的父类，它可以是抽象类或具体类，也可以是接口。环境类通过抽象策略类中声明的方法在运行时调用具体策略类中实现的算法。

（3）**ConcreteStrategy（具体策略类）**：具体策略类实现了在抽象策略类中声明的算法，在运行时具体策略类将覆盖在环境类中定义的抽象策略类对象，使用一种具体的算法实现某个业务功能。

24.2.2 策略模式实现

策略模式是一个很容易理解和使用的设计模式，策略模式是对算法的封装，它把算法的责任和算法本身分割开，委派给不同的对象管理。策略模式通常把一个系列的算法封装到一系列具体策略类里面，作为抽象策略类的子类。在策略模式中对环境类和抽象策略类的理解非常重要，环境类是需要使用算法的类。在一个系统中可以存在多个环境类，它们可能需要重用一些相同的算法。

在使用策略模式时需要将算法从环境类 Context 中提取出来，首先应该创建一个抽象策略类，其典型代码如下：

```
public abstract class AbstractStrategy {
    public abstract void algorithm(); //声明抽象算法
}
```

然后将封装每一种具体算法的类作为该抽象策略类的子类，代码如下：

```
public class ConcreteStrategyA extends AbstractStrategy {
    //算法的具体实现
    public void algorithm() {
        //算法 A
    }
}
```

其他具体策略类与之类似，对于 Context 类而言，在它与抽象策略类之间建立一个关联关系，其典型代码如下：

```
public class Context {
    private AbstractStrategy strategy; //维持一个对抽象策略类的引用

    public void setStrategy(AbstractStrategy strategy) {
        this.strategy = strategy;
    }

    //调用策略类中的算法
    public void algorithm() {
        strategy.algorithm();
    }
}
```

在Context类中定义一个AbstractStrategy类型的对象strategy，通过注入的方式在客户端传入一个具体策略对象，客户端代码片段如下：

```
...
Context context = new Context();
AbstractStrategy strategy;
strategy = new ConcreteStrategyA(); //可在运行时指定类型，通过配置文件和反射机制实现
context.setStrategy(strategy);
context.algorithm();
...
```

在客户端代码中只需注入一个具体策略对象，可以将具体策略类的类名存储在配置文件中，通过反射来动态创建具体策略对象，从而使得用户可以灵活地更换具体策略类，增加新的具体策略类也很方便。策略模式提供了一种可插入式(Pluggable)算法的实现方案。

24.3 策略模式应用实例

下面通过一个应用实例来进一步学习和理解策略模式。

1. 实例说明

某软件公司为某电影院开发了一套影院售票系统，在该系统中需要为不同类型的用户提供不同的电影票打折方式，具体打折方案如下：

（1）学生凭学生证可享受票价8折优惠。

（2）年龄在10周岁及以下的儿童可享受每张票减免10元的优惠（原始票价需大于或等于20元）。

（3）影院VIP用户除享受票价半价优惠外还可进行积分，积分累积到一定额度可换取电影院赠送的礼品。

该系统在将来可能还要根据需要引入新的打折方式。试使用策略模式设计该影院售票系统的打折方案。

2. 实例类图

通过分析，本实例的结构图如图24-3所示。

图24-3 电影票打折方案结构图

在图 24-3 中，MovieTicket 充当环境类角色，Discount 充当抽象策略角色，StudentDiscount、ChildrenDiscount 和 VIPDiscount 充当具体策略角色。

3. 实例代码

（1）MovieTicket：电影票类，充当环境类。

```java
//designpatterns.strategy.MovieTicket.java
package designpatterns.strategy;

public class MovieTicket {
    private double price;
    private Discount discount; //维持一个对抽象折扣类的引用

    public void setPrice(double price) {
        this.price = price;
    }

    //注入一个折扣类对象
    public void setDiscount(Discount discount) {
        this.discount = discount;
    }

    public double getPrice() {
        //调用折扣类的折扣价计算方法
        return discount.calculate(this.price);
    }
}
```

（2）Discount：折扣类，充当抽象策略类。

```java
//designpatterns.strategy.Discount.java
package designpatterns.strategy;
public interface Discount {
    public double calculate(double price);
}
```

（3）StudentDiscount：学生票折扣类，充当具体策略类。

```java
//designpatterns.strategy.StudentDiscount.java
package designpatterns.strategy;

public class StudentDiscount implements Discount {
    private final double DISCOUNT = 0.8;
    public double calculate(double price) {
        System.out.println("学生票：");
        return price * DISCOUNT;
    }
}
```

（4）ChildrenDiscount：儿童票折扣类，充当具体策略类。

```java
//designpatterns.strategy.ChildrenDiscount.java
package designpatterns.strategy;

public class ChildrenDiscount implements Discount {
    private final double DISCOUNT = 10;
    public double calculate(double price) {
```

```
        System.out.println("儿童票:");
        if(price >= 20) {
            return price - DISCOUNT;
        }
        else {
            return price;
        }
    }
}
```

(5) VIPDiscount：VIP 会员票折扣类，充当具体策略类。

```
//designpatterns.strategy.VIPDiscount.java
package designpatterns.strategy;

public class VIPDiscount implements Discount {
    private final double DISCOUNT = 0.5;
    public double calculate(double price) {
        System.out.println("VIP 票：");
        System.out.println("增加积分!");
        return price * DISCOUNT;
    }
}
```

(6) 配置文件 config.xml，在配置文件中存储了具体折扣类的类名。

```xml
<?xml version = "1.0"?>
<config>
    <className>designpatterns.strategy.StudentDiscount</className>
</config>
```

(7) XMLUtil：工具类。

```java
//designpatterns.strategy.XMLUtil.java
package designpatterns.strategy;

import javax.xml.parsers.*;
import org.w3c.dom.*;
import java.io.*;

public class XMLUtil {
    //该方法用于从 XML 配置文件中提取具体类的类名，并返回一个实例对象
    public static Object getBean() {
        try {
            //创建 DOM 文档对象
            DocumentBuilderFactory dFactory = DocumentBuilderFactory.newInstance();
            DocumentBuilder builder = dFactory.newDocumentBuilder();
            Document doc;
            doc = builder.parse(new File("src//designpatterns//strategy//config.xml"));

            //获取包含类名的文本结点
            NodeList nl = doc.getElementsByTagName("className");
            Node classNode = nl.item(0).getFirstChild();
            String cName = classNode.getNodeValue();

            //通过类名生成实例对象并将其返回
            Class c = Class.forName(cName);
```

```
            Object obj = c.newInstance();
            return obj;

        }
        catch(Exception e) {
            e.printStackTrace();
            return null;
        }
    }
}
```

(8) Client：客户端测试类。

```java
//designpatterns.strategy.Client.java
package designpatterns.strategy;

public class Client {
    public static void main(String args[]) {
        MovieTicket mt = new MovieTicket();
        double originalPrice = 60.0;
        double currentPrice;

        mt.setPrice(originalPrice);
        System.out.println("原始价为：" + originalPrice);
        System.out.println("---------------------------------");

        Discount discount;
        discount = (Discount)XMLUtil.getBean();  //读取配置文件并反射生成具体折扣对象
        mt.setDiscount(discount);                 //注入折扣对象

        currentPrice = mt.getPrice();
        System.out.println("折后价为：" + currentPrice);
    }
}
```

4. 结果及分析

编译并运行程序，输出结果如下：

```
原始价为：60.0
---------------------------------
学生票：
折后价为：48.0
```

如果需要更换具体策略类，无须修改源代码，只需修改配置文件即可。例如将学生票改为儿童票，只需将存储在配置文件中的具体策略类 StudentDiscount 改为 ChildrenDiscount，代码如下：

```xml
<?xml version="1.0"?>
<config>
    <className>designpatterns.strategy.ChildrenDiscount</className>
</config>
```

重新运行客户端程序，输出结果如下：

```
原始价为：60.0
---------------------------------
儿童票：
折后价为：50.0
```

如果需要增加新的打折方式，源代码均无须修改，只要增加一个新的折扣类作为抽象折扣类的子类，实现在抽象折扣类中声明的打折方法，然后修改配置文件，将原有具体折扣类的类名改为新增折扣类的类名即可，完全符合开闭原则。

24.4 Java SE 中的布局管理

Java SE 中的容器布局管理是策略模式的一个经典应用实例，其基本结构图如图 24-4 所示。

图 24-4 Java SE 布局管理结构示意图

在 Java SE 开发中，用户需要对容器对象 Container 中的成员对象（例如按钮、文本框等 GUI 控件）进行布局（Layout），在程序运行期间由客户端动态决定一个 Container 对象如何布局。Java 语言在 JDK 中提供了几种不同的布局方式，封装在不同的类中，例如 BorderLayout、FlowLayout、GridLayout、GridBagLayout 和 CardLayout 等。在图 24-4 中，Container 类充当环境角色 Context，LayoutManager 作为所有布局类的公共父类扮演了抽象策略角色，它给出所有具体布局类所需的接口，而具体策略类是 LayoutManager 的子类，也就是各种具体的布局类，它们封装了不同的布局方式。

任何人都可以开发自己的布局类，只需要将自己设计的布局类作为 LayoutManager 的子类即可。在 JDK 中，Container 类的代码片段如下：

```
public class Container extends Component {
    ...
    LayoutManager layoutMgr;
    ...
    public void setLayout(LayoutManager mgr) {
        layoutMgr = mgr;
        ...
    }
    ...
}
```

从上述代码中可以看出，Container 作为环境类，它针对抽象策略类 LayoutManager 进行编程。根据里氏代换原则，用户在使用时只需要在 setLayout() 方法中传入一个具体布局对象即可，而无须关心该布局对象的具体实现。

24.5 策略模式优缺点与适用环境

策略模式用于算法的自由切换和扩展，它是应用较为广泛的设计模式之一。策略模式对应于解决某一问题的一个算法族，允许用户从该算法族中任选一个算法来解决某一问题，同时可以方便地更换算法或者增加新的算法，只要涉及算法的封装、复用和切换都可以考虑使用策略模式。

24.5.1 策略模式优点

策略模式的优点主要如下：

（1）策略模式提供了对开闭原则的完美支持，用户可以在不修改原有系统的基础上选择算法或行为，也可以灵活地增加新的算法或行为。

（2）策略模式提供了管理相关的算法族的办法。策略类的等级结构定义了一个算法或行为族，恰当地使用继承可以把公共的代码移到抽象策略类中，从而避免重复的代码。

（3）策略模式提供了一种可以替换继承关系的办法。如果不使用策略模式，那么使用算法的环境类就可能会有一些子类，每一个子类提供一种不同的算法。但是这样一来算法的使用就和算法本身混在一起，不符合单一职责原则，决定使用哪一种算法的逻辑和该算法本身混合在一起，从而不可能再独立演化；而且使用继承无法实现算法或行为在程序运行时的动态切换。

（4）使用策略模式可以避免多重条件选择语句。多重条件选择语句不易维护，它把采取哪一种算法或行为的逻辑与算法或行为本身的实现逻辑混合在一起，将它们全部硬编码在一个庞大的多重条件选择语句中，比直接继承环境类的办法还要原始和落后。

（5）策略模式提供了一种算法的复用机制，由于将算法单独提取出来封装在策略类中，因此不同的环境类可以方便地复用这些策略类。

24.5.2 策略模式缺点

策略模式的缺点主要如下：

（1）客户端必须知道所有的策略类，并自行决定使用哪一个策略类。这就意味着客户端必须理解这些算法的区别，以便适时选择恰当的算法。换而言之，策略模式只适用于客户端知道所有算法或行为的情况。

（2）策略模式将造成系统产生很多具体策略类，任何细小的变化都将导致系统要增加一个新的具体策略类。

（3）无法同时在客户端使用多个策略类，也就是说，在使用策略模式时客户端每次只能使用一个策略类，不支持使用一个策略类完成部分功能后再使用另一个策略类完成剩余功能的情况。

24.5.3 策略模式适用环境

在以下情况下可以考虑使用策略模式：

（1）一个系统需要动态地在几种算法中选择一种，那么可以将这些算法封装到一个个的具体算法类中，而这些具体算法类都是一个抽象算法类的子类。换而言之，这些具体算法类均有统一的接口，根据里氏代换原则和面向对象的多态性，客户端可以选择使用任何一个具体算法类，并只需要维持一个数据类型是抽象算法类的对象。

（2）一个对象有很多行为，如果不用恰当的模式，这些行为则只好使用多重条件选择语句来实现。此时使用策略模式把这些行为转移到相应的具体策略类里面，就可以避免使用难以维护的多重条件选择语句。

（3）不希望客户端知道复杂的、与算法相关的数据结构，在具体策略类中封装算法与相关的数据结构，可以提高算法的保密性与安全性。

24.6 本章小结

在策略模式中定义了一系列算法，将每一个算法封装起来，并让它们可以相互替换。策略模式让算法可以独立于使用它的客户而变化。策略模式又称为政策模式，它是一种对象行为型模式。

策略模式包含环境类、抽象策略类和具体策略类3个角色。其中，环境类是使用算法的角色，它在解决某个问题（即实现某个功能）时可以采用多种策略；抽象策略类为所支持的算法声明了抽象方法，是所有策略类的父类；具体策略类实现了在抽象策略类中声明的算法。

策略模式的优点主要是用户可以在不修改原有系统的基础上选择算法或行为，也可以灵活地增加新的算法或行为；提供了一种管理相关的算法族的办法和替换继承关系的办法，可以避免多重条件选择语句；此外，策略模式还提供了一种算法的复用机制。其缺点主要是客户端必须知道所有的策略类，并自行决定使用哪一个策略类；将造成系统产生很多具体策略类；而且无法同时在客户端使用多个策略类。

策略模式适用于以下环境：一个系统需要动态地在几种算法中选择一种；避免使用难以维护的多重条件选择语句；不希望客户端知道复杂的、与算法相关的数据结构。

Java SE中的容器布局管理应用了策略模式，其中容器类充当环境类，每一种具体布局方式充当具体策略类，所有的具体布局类都实现了相同的接口。

24.7 习题

1. 在某系统中用户可自行动态地选择某种排序算法（例如选择排序、冒泡排序、插入排序）来实现某功能，该系统的设计可以使用（　　）设计模式。

A. 状态　　　　B. 策略　　　　C. 模板方法　　　　D. 工厂方法

2. 以下关于策略模式的叙述错误的是（　　）。

A. 策略模式是对算法的包装，它把算法的责任和算法本身分隔开，委派给不同的对

象管理

B. 在Context类中维护了所有ConcreteStrategy的引用实例

C. 策略模式让算法独立于使用它的客户而变化

D. 在策略模式中定义一系列算法，并将每一个算法封装起来，让它们可以相互替换

3. 以下关于策略模式的优缺点的描述错误的是（　　）。

A. 在策略模式中客户端无须知道所有的策略类，系统必须自行提供一个策略类

B. 策略模式可以避免使用多重条件转移语句

C. 策略模式会导致产生大量的策略类

D. 策略模式提供了管理相关算法族的办法

4. 在策略模式中一个环境类Context能否对应多个不同的策略等级结构？如何设计？

5. 某系统需要对重要数据（如用户密码）进行加密，并提供了几种加密方案（例如凯撒加密、求模加密等），对该加密模块进行设计，使得用户可以动态地选择加密方式。要求绘制相应的类图并使用Java语言编程实现。

6. 某系统提供了一个用于对数组数据进行操作的类，该类封装了对数组的常见操作，如查找数组元素、对数组元素进行排序等。现以排序操作为例，使用策略模式设计该数组操作类，使得客户端可以动态地更换排序算法，可以根据需要选择冒泡排序或选择排序或插入排序，也能够灵活地增加新的排序算法。要求绘制相应的类图并使用Java语言编程实现。

7. 某软件公司要开发一款飞机模拟系统，该系统主要模拟不同种类飞机的飞行特征与起飞特征，需要模拟的飞机种类及其特征如表24-1所示。

表24-1 飞机种类及特征一览表

飞机种类	起飞特征	飞行特征
直升机(Helicopter)	垂直起飞(VerticalTakeOff)	亚音速飞行(SubSonicFly)
客机(AirPlane)	长距离起飞(LongDistanceTakeOff)	亚音速飞行(SubSonicFly)
歼击机(Fighter)	长距离起飞(LongDistanceTakeOff)	超音速飞行(SuperSonicFly)
鹞式战斗机(Harrier)	垂直起飞(VerticalTakeOff)	超音速飞行(SuperSonicFly)

为了将来能够模拟更多种类的飞机，试采用策略模式设计该飞机模拟系统。

第25章

模板方法模式

本章导学

模板方法模式是结构最简单的行为型设计模式，它是一种类行为模式，在其结构中只存在父类与子类之间的继承关系。通过使用模板方法模式可以将一些复杂流程的实现步骤封装在一系列基本方法中，在抽象父类中提供了一个称为模板方法的方法来定义这些基本方法的执行次序，而通过其子类来覆盖某些步骤，从而使得相同的算法框架可以有不同的执行结果。它提供了具体的模板方法来定义算法结构，而具体步骤的实现可以在其子类中完成。

本章将学习模板方法模式的定义与结构，学习模板方法模式中所包含的几类不同的方法，并通过实例来学习模板方法模式的应用，学会如何在实际软件项目开发中合理地使用模板方法模式。

本章知识点

- 模板方法模式的定义
- 模板方法模式的结构
- 模板方法模式的实现
- 模板方法模式的应用
- 钩子方法的使用
- 模板方法模式的优缺点
- 模板方法模式的适用环境

25.1 模板方法模式概述

在现实生活中很多事情都包含几个实现步骤，例如请客吃饭，无论吃什么，一般都包含点单、吃东西、买单等几个步骤，通常情况下这几个步骤的次序是点单→吃东西→买单。在这3个步骤中，点单和买单大同小异，最大的区别在于第二步——吃什么？吃面条和吃满汉全席可大不相同，如图25-1所示。

在软件开发中有时也会遇到类似的情况，某个方法的实现需要多个步骤（类似"请客"），其中有些步骤是固定的（类似"点单"和"买单"），而有些步骤并不固定，存在可变性（类似"吃东西"）。为了提高代码的复用性和系统的灵活性，可以使用一种称为模板方法模式的设

图25-1 请客吃饭示意图

计模式来对这类情况进行设计，在模板方法模式中将实现功能的每一个步骤所对应的方法称为基本方法（例如"点单""吃东西"和"买单"），而将调用这些基本方法同时定义基本方法的执行次序的方法称为模板方法（例如"请客"）。在模板方法模式中可以将相同的代码放在父类中，例如将模板方法"请客"以及基本方法"点单"和"买单"的实现放在父类中，而对于基本方法"吃东西"在父类中只做一个声明，将其具体实现放在不同的子类中，在一个子类中提供"吃面条"的实现，而另一个子类提供"吃满汉全席"的实现。通过使用模板方法模式一方面提高了代码的复用性，另一方面还可以利用面向对象的多态性，在运行时选择一种具体子类，实现完整的"请客"方法，提高系统的灵活性和可扩展性。

模板方法模式的定义如下：

> 模板方法模式：定义一个操作中算法的框架，而将一些步骤延迟到子类中。模板方法模式使得子类可以不改变一个算法的结构即可重定义该算法的某些特定步骤。
>
> Template Method Pattern: Define the skeleton of an algorithm in an operation, deferring some steps to subclasses. Template Method lets subclasses redefine certain steps of an algorithm without changing the algorithm's structure.

模板方法模式是一种基于继承的代码复用技术，它是一种类行为型模式。

模板方法模式是结构最简单的行为型设计模式，在其结构中只存在父类与子类之间的继承关系。通过使用模板方法模式可以将一些复杂流程的实现步骤封装在一系列基本方法中，在抽象父类中提供了一个称为模板方法的方法来定义这些基本方法的执行次序，而通过其子类来覆盖某些步骤，从而使得相同的算法框架可以有不同的执行结果。模板方法模式提供了一个模板方法来定义算法框架，而某些具体步骤的实现可以在其子类中完成。

25.2 模板方法模式结构与实现

25.2.1 模板方法模式结构

模板方法模式的结构比较简单，其核心是抽象类和其中的模板方法的设计，其结构图如图 25-2 所示。

图 25-2 模板方法模式结构图

由图 25-2 可知，模板方法模式包含以下两个角色。

（1）**AbstractClass(抽象类)**：在抽象类中定义了一系列基本操作(Primitive Operations)，这些基本操作可以是具体的，也可以是抽象的，每一个基本操作对应算法的一个步骤，在其子类中可以重定义或实现这些步骤。同时在抽象类中实现了一个模板方法（Template Method），用于定义一个算法的框架，模板方法不仅可以调用在抽象类中实现的基本方法，也可以调用在抽象类的子类中实现的基本方法，还可以调用其他对象中的方法。

（2）**ConcreteClass(具体子类)**：它是抽象类的子类，用于实现在父类中声明的抽象基本操作以完成子类特定算法的步骤，也可以覆盖在父类中已经实现的具体基本操作。

25.2.2 模板方法模式实现

在实现模板方法模式时，开发抽象类的软件设计师和开发具体子类的软件设计师之间可以进行协作。一个设计师负责给出一个算法的轮廓和框架，其他设计师则负责给出这个算法的各个逻辑步骤。实现这些具体逻辑步骤的方法即为基本方法，而将这些基本方法汇总起来的方法即为模板方法，模板方法模式的名字也因此而来。下面将详细介绍模板方法和基本方法。

1. 模板方法

一个模板方法是定义在抽象类中的把基本操作方法组合在一起形成一个总算法或一个总行为的方法。这个模板方法定义在抽象类中，并由子类不加修改地完全继承下来（在Java 语言中可以将模板方法定义为 final 方法）。模板方法是一个具体方法，它给出了一个顶层逻辑框架，而逻辑的组成步骤在抽象类中可以是具体方法，也可以是抽象方法。由于模板方法是具体方法，因此模板方法模式中的抽象层只能是抽象类，而不是接口。

2. 基本方法

基本方法是实现算法各个步骤的方法，是模板方法的组成部分。基本方法又可以分为 3 种，即抽象方法（Abstract Method）、具体方法（Concrete Method）和钩子方法（Hook Method）。

（1）抽象方法：一个抽象方法由抽象类声明，由其具体子类实现。在 Java 语言中一个抽象方法以 abstract 关键字标识。

（2）具体方法：一个具体方法由一个抽象类或具体类声明并实现，其子类可以进行覆盖也可以直接继承。

（3）钩子方法：一个钩子方法由一个抽象类或具体类声明并实现，而其子类可能会加以扩展。通常在父类中给出的实现是一个空实现，并以该空实现作为方法的默认实现。当然，钩子方法也可以提供一个非空的默认实现。

在模板方法模式中钩子方法有两类，第一类钩子方法可以与一些具体步骤"挂钩"，以实现在不同条件下执行模板方法中的不同步骤，这类钩子方法的返回类型通常是 boolean 类型，方法名一般为 isXXX()，用于对某个条件进行判断，如果条件满足则执行某一步骤，否则将不执行，如下代码片段所示：

```
……
//模板方法
public void templateMethod() {
    open();
```

```
display();
//通过钩子方法来确定某一步骤是否执行
if(isPrint()) {
    print();
    }
}

//钩子方法
public boolean isPrint() {
    return true;
}
…
```

在这段代码中，isPrint()方法即为钩子方法，它可以决定print()方法是否执行。一般情况下，钩子方法的返回值为true。如果不希望某方法执行，可以在其子类中覆盖钩子方法，将其返回值改为false即可，这种类型的钩子方法可以控制方法的执行，对一个算法进行约束。

还有一类钩子方法就是实现体为空的具体方法，子类可以根据需要覆盖或者继承这些钩子方法。与抽象方法相比，这类钩子方法的好处在于子类如果没有覆盖父类中定义的钩子方法，编译可以正常通过，但是如果没有覆盖父类中声明的抽象方法，编译将报错。

在模板方法模式中，抽象类的典型代码如下：

```
public abstract class AbstractClass {
    //模板方法
    public void templateMethod() {
        primitiveOperation1();
        primitiveOperation2();
        primitiveOperation3();
    }

    //基本方法——抽象方法
    public abstract void primitiveOperation2();

    //基本方法——具体方法
    public void primitiveOperation1() {
        //实现代码
    }

    //基本方法——钩子方法
    public void primitiveOperation3()
    {}
}
```

在抽象类中，模板方法templateMethod()定义了算法的框架，在模板方法中调用基本方法以实现完整的算法，每一个基本方法（如primitiveOperation1()，primitiveOperation2()等）均实现了算法的一部分，对于所有子类都相同的基本方法可以在父类中提供具体实现，例如primitiveOperation1()，否则在父类中将其声明为抽象方法或钩子方法，由不同的子类提供不同的实现，例如primitiveOperation2()和primitiveOperation3()。

用户可在抽象类的子类中提供抽象步骤的实现，也可覆盖父类中已经实现的具体方法。具体子类的典型代码如下：

```
public class ConcreteClass extends AbstractClass {
    public void primitiveOperation2() {
```

```
        //实现代码
    }

    public void primitiveOperation3() {
        //实现代码
    }
}
```

在模板方法模式中，由于面向对象的多态性，子类对象在运行时将覆盖父类对象，子类中定义的方法也将覆盖父类中定义的方法，因此程序在运行时具体子类的基本方法将覆盖父类中定义的基本方法，子类的钩子方法也将覆盖父类的钩子方法，从而可以通过在子类中实现的钩子方法对父类方法的执行进行约束，实现子类对父类行为的反向控制。

25.3 模板方法模式应用实例

下面通过一个应用实例来进一步学习和理解模板方法模式。

1. 实例说明

某软件公司要为某银行的业务支撑系统开发一个利息计算模块，利息计算流程如下：

（1）系统根据账号和密码验证用户信息，如果用户信息错误，系统显示出错提示。

（2）如果用户信息正确，则根据用户类型的不同使用不同的利息计算公式计算利息（如活期账户和定期账户具有不同的利息计算公式）。

（3）系统显示利息。

试使用模板方法模式设计该利息计算模块。

2. 实例类图

通过分析，本实例的结构图如图 25-3 所示。

图 25-3 银行利息计算模块结构图

在图 25-3 中，Account 充当抽象类角色，CurrentAccount 和 SavingAccount 充当具体子类角色。

3. 实例代码

(1) Account：账户类，充当抽象类。

```java
//designpatterns.templatemethod.Account.java
package designpatterns.templatemethod;

public abstract class Account {
    //基本方法——具体方法
    public boolean validate(String account,String password) {
        System.out.println("账号：" + account);
        System.out.println("密码：" + password);
        if (account.equalsIgnoreCase("张无忌") && password.equalsIgnoreCase("123456")) {
            return true;
        }
        else {
            return false;
        }
    }

    //基本方法——抽象方法
    public abstract void calculateInterest();

    //基本方法——具体方法
    public void display() {
        System.out.println("显示利息!");
    }

    //模板方法
    public void handle(String account,String password) {
        if (!validate(account,password)) {
            System.out.println("账户或密码错误!");
            return;
        }
        calculateInterest();
        display();
    }
}
```

(2) CurrentAccount：活期账户类，充当具体子类。

```java
//designpatterns.templatemethod.CurrentAccount.java
package designpatterns.templatemethod;

//活期账户类：具体子类
public class CurrentAccount extends Account {
    //覆盖父类的抽象基本方法
    public void calculateInterest() {
        System.out.println("按活期利率计算利息!");
    }
}
```

(3) SavingAccount：定期账户类，充当具体子类。

```java
//designpatterns.templatemethod.SavingAccount.java
package designpatterns.templatemethod;

//定期账户类：具体子类
public class SavingAccount extends Account {
```

```java
        //覆盖父类的抽象基本方法
        public void calculateInterest() {
            System.out.println("按定期利率计算利息!");
        }
    }
```

（4）配置文件 config.xml，在配置文件中存储了具体子类的类名。

```xml
<?xml version = "1.0"?>
<config>
    <className> designpatterns.templatemethod.CurrentAccount </className>
</config>
```

（5）XMLUtil：工具类。

```java
//designpatterns.templatemethod.XMLUtil.java
package designpatterns.templatemethod;

import javax.xml.parsers.* ;
import org.w3c.dom.* ;
import java.io.* ;

public class XMLUtil {
    //该方法用于从 XML 配置文件中提取具体类的类名，并返回一个实例对象
    public static Object getBean() {
        try {
            //创建 DOM 文档对象
            DocumentBuilderFactory dFactory = DocumentBuilderFactory.newInstance();
            DocumentBuilder builder = dFactory.newDocumentBuilder();
            Document doc;
            doc = builder.parse(new File("src//designpatterns//templatemethod//config.xml"));

            //获取包含类名的文本结点
            NodeList nl = doc.getElementsByTagName("className");
            Node classNode = nl.item(0).getFirstChild();
            String cName = classNode.getNodeValue();

            //通过类名生成实例对象并将其返回
            Class c = Class.forName(cName);
            Object obj = c.newInstance();
            return obj;
        }
        catch(Exception e) {
            e.printStackTrace();
            return null;
        }
    }
}
```

（6）Client：客户端测试类。

```java
//designpatterns.templatemethod.Client.java
package designpatterns.templatemethod;

public class Client {
    public static void main(String args[]) {
        Account account;
```

```
account = (Account) XMLUtil.getBean(); //读取配置文件,反射生成对象
account.handle("张无忌","123456");
    }
}
```

4. 结果及分析

编译并运行程序，输出结果如下：

```
账号：张无忌
密码：123456
按活期利率计算利息！
显示利息！
```

如果需要更换具体子类，无须修改源代码，只需修改配置文件 config.xml 即可。例如将活期账户(Current Account)改为定期账户(Saving Account)，只需将存储在配置文件中的具体子类 CurrentAccount 改为 SavingAccount，代码如下：

```xml
<?xml version = "1.0"?>
<config>
    <className>designpatterns.templatemethod.SavingAccount</className>
</config>
```

重新运行客户端程序，输出结果如下：

```
账号：张无忌
密码：123456
按定期利率计算利息！
显示利息！
```

如果需要增加新的具体子类（新的账户类型），原有代码均无须修改，完全符合开闭原则。

25.4 钩子方法的使用

在模板方法模式中，父类提供了一个定义算法框架的模板方法，还提供了一系列抽象方法、具体方法和钩子方法，其中钩子方法的引入使得子类可以控制父类的行为。最简单的钩子方法就是空方法，其代码如下：

```java
public void display() { }
```

当然，用户也可以在钩子方法中定义一个默认的实现，如果子类不覆盖钩子方法，则执行父类的默认实现代码。

还有一种钩子方法可以对其他方法进行约束，这种钩子方法通常返回一个 boolean 类型的值，即返回 true 或 false，用来判断是否执行某一个基本方法。下面通过一个实例来说明这种钩子方法的使用。

某软件公司要为销售管理系统提供一个数据图表显示功能，该功能的实现包括以下几个步骤：

（1）从数据源获取数据。

（2）将数据转换为 XML 格式。

(3) 以某种图表方式显示 XML 格式的数据。

该功能支持多种数据源和多种图表显示方式，但所有的图表显示操作都基于 XML 格式的数据，因此可能需要对数据进行转换，如果从数据源获取的数据已经是 XML 数据则无须转换。

由于该数据图表显示功能的 3 个步骤次序是固定的，且存在公共代码（例如数据格式转换代码），满足模板方法模式的适用条件，可以使用模板方法模式对其进行设计。因为数据格式的不同，XML 数据可以直接显示，而其他格式的数据需要进行转换，因此第（2）步"将数据转换为 XML 格式"的执行存在不确定性，为了解决这个问题，可以定义一个钩子方法 isNotXMLData() 对数据转换方法进行控制。通过分析，该图表显示功能的基本结构如图 25-4 所示。

图 25-4 数据图表显示功能结构图

用户可以将公共方法和框架代码放在抽象父类中，其代码如下：

```java
//designpatterns.templatemethod.hookmethod.DataViewer.java
package designpatterns.templatemethod.hookmethod;

public abstract class DataViewer {
    //抽象方法：获取数据
    public abstract void getData();

    //具体方法：转换数据
    public void convertData() {
        System.out.println("将数据转换为 XML 格式.");
    }

    //抽象方法：显示数据
    public abstract void displayData();

    //钩子方法：判断是否为 XML 格式的数据
    public boolean isNotXMLData() {
        return true;
    }

    //模板方法
    public void process() {
        getData();
        //如果不是 XML 格式的数据则进行数据转换
        if (isNotXMLData()) {
            convertData();
        }
        displayData();
    }
}
```

在上面的代码中引入了一个钩子方法 isNotXMLData()，其返回类型为 boolean 类型，在模板方法中通过它对数据转换方法 convertData() 进行约束。该钩子方法的默认返回值为 true，在子类中可以根据实际情况覆盖该方法，其中用于显示 XML 格式数据的具体子类 XMLDataViewer 的代码如下：

```java
//designpatterns.templatemethod.hookmethod.XMLDataViewer.java
package designpatterns.templatemethod.hookmethod;

public class XMLDataViewer extends DataViewer {
    //实现父类方法：获取数据
    public void getData() {
        System.out.println("从 XML 文件中获取数据.");
    }

    //实现父类方法：显示数据，默认以柱状图方式显示，可结合桥接模式来改进
    public void displayData() {
        System.out.println("以柱状图显示数据.");
    }

    //覆盖父类的钩子方法
    public boolean isNotXMLData() {
        return false;
    }
}
```

在具体子类 XMLDataViewer 中覆盖了钩子方法 isNotXMLData()，返回 false，表示该数据已为 XML 格式，无须执行数据转换方法 convertData()。客户端代码如下：

```java
//designpatterns.templatemethod.hookmethod.Client.java
package designpatterns.templatemethod.hookmethod;

public class Client {
    public static void main(String args[]) {
        DataViewer dv;
        dv = new XMLDataViewer();
        dv.process();
    }
}
```

该程序的运行结果如下：

```
从 XML 文件中获取数据。
以柱状图显示数据。
```

25.5 模板方法模式优缺点与适用环境

模板方法模式是基于继承的代码复用技术，它体现了面向对象的诸多重要思想，是一种使用较为频繁的设计模式。模板方法模式广泛应用于框架设计（例如 Spring、JUnit 等）中，以确保通过父类来控制处理流程的逻辑顺序（例如框架的初始化、测试流程的设置等）。

25.5.1 模板方法模式优点

模板方法模式的优点主要如下：

（1）在父类中形式化地定义一个算法，而由它的子类来实现细节的处理，在子类实现详细的处理算法时并不会改变算法中步骤的执行次序。

（2）模板方法模式是一种代码复用技术，在类库设计中尤为重要，它提取了类库中的公共行为，将公共行为放在父类中，而通过其子类实现不同的行为，它鼓励用户恰当地使用继承来实现代码复用。

（3）模板方法模式可实现一种反向控制结构，通过子类覆盖父类的钩子方法来决定某一特定步骤是否需要执行。

（4）在模板方法模式中可以通过子类来覆盖父类的基本方法，不同的子类可以提供基本方法的不同实现，更换和增加新的子类很方便，符合单一职责原则和开闭原则。

25.5.2 模板方法模式缺点

模板方法模式的缺点主要如下：

在模板方法模式中需要为每一个基本方法的不同实现提供一个子类，如果父类中可变的基本方法太多，将会导致类的个数增加，系统更加庞大，设计也更加抽象，此时可结合桥接模式进行设计。

25.5.3 模板方法模式适用环境

在以下情况下可以考虑使用模板方法模式：

（1）对一些复杂的算法进行分割，将其算法中固定不变的部分设计为模板方法和父类具体方法，而一些可以改变的细节由其子类来实现。即一次性实现一个算法的不变部分，并将可变的行为留给子类来实现。

（2）各子类中公共的行为应被提取出来并集中到一个公共父类中以避免代码重复。

（3）需要通过子类来决定父类算法中的某个步骤是否执行，实现子类对父类的反向控制。

25.6 本章小结

在模板方法模式中定义一个操作中算法的框架，而将一些步骤延迟到子类中。模板方法模式使得子类可以不改变一个算法的结构即可重定义该算法的某些特定步骤。模板方法模式是一种基于继承的代码复用技术，它是一种类行为型模式。

模板方法模式包含抽象类和具体子类两个角色。其中，在抽象类中定义了一系列基本操作并实现了一个模板方法，模板方法用于定义一个算法的框架；具体子类是抽象类的子类，用于实现在父类中声明的抽象基本操作以完成子类特定算法的步骤，也可以覆盖在父类中已经实现的具体基本操作。

模板方法模式的优点主要是在父类中形式化地定义一个算法，而由它的子类来实现细节的处理，在子类实现详细的处理算法时并不会改变算法中步骤的执行次序；提取了类库中的公共行为，将公共行为放在父类中，而通过其子类来实现不同的行为；可实现一种反向控制结构，且具有良好的可扩展性，符合单一职责原则和开闭原则。其缺点主要在于需要为每一个基本方法的不同实现提供一个子类，如果父类中可变的基本方法太多，将会导致类的个数增加，系统更加庞大，设计也更加抽象。

模板方法模式适用于以下环境：一次性实现一个算法的不变部分，并将可变的行为留给子类来实现；各子类中公共的行为应被提取出来并集中到一个公共父类中以避免代码重复；需要通过子类来决定父类算法中的某个步骤是否执行，实现子类对父类的反向控制。

在模板方法模式中，模板方法是一个具体方法，它给出了一个顶层逻辑框架，而逻辑的组成步骤在抽象类中可以是具体方法，也可以是抽象方法。基本方法是实现算法的各个步骤的方法，是模板方法的组成部分，基本方法又可以分为抽象方法、具体方法和钩子方法。

25.7 习题

1. 某系统中的某子模块需要为其他模块提供访问不同数据库系统（Oracle，SQL Server，DB2 等）的功能，这些数据库系统提供的访问接口有一定的差异，但访问过程却是相同的。例如先连接数据库，再打开数据库，最后对数据进行查询，可使用（　　）设计模式抽象出相同的数据库访问过程。

A. 观察者　　　　B. 访问者　　　　C. 模板方法　　　　D. 策略

2. 以下关于模板方法模式的叙述错误的是（　　）。

A. 模板方法模式定义了一个操作中算法的骨架，而将一些步骤延迟到子类中

B. 模板方法模式是一种对象行为型模式

C. 模板方法使得子类可以不改变一个算法的结构即可重定义该算法的某些特定步骤

D. 模板方法不仅可以调用原始的操作，还可以调用定义于 AbstractClass 中的方法或其他对象中的方法

3. 在模板方法模式中，钩子方法如何实现子类控制父类的行为？

4. 在银行办理业务时一般都包含几个基本步骤，首先需要取号排队，然后办理具体业务，最后需要对银行工作人员进行评分。无论具体业务是取款、存款还是转账，其基本流程都一样。现使用模板方法模式模拟银行业务办理流程，要求绘制相应的类图并使用 Java 语言编程模拟。

5. 某软件公司要开发一套客户信息管理系统，其中客户信息查询是其核心功能之一，具体来说，查询客户信息包含以下 3 个步骤：

（1）对查询关键词进行检查与处理，例如判断查询关键词是否为空，去掉关键词前后的空格等。

（2）根据用户指定的条件进行查询，可以根据客户姓名、客户编号、客户单位名称等查询，而且在将来可能还需要引入新的查询方式。

（3）显示查询结果，系统提供了多种显示样式，例如完整模式、精简模式等，用户可以选择不同的显示样式。

现需要在一个业务类中提供一个统一的方法来调用以上 3 个步骤，由于第（2）步和第（3）步存在可变性，因此决定使用模板方法模式和桥接模式联用来设计该功能。试绘制相应的结构图并给出核心实现代码。

第26章

访问者模式

本章导学

访问者模式是一种较为复杂的行为型设计模式，它包含访问者和被访问元素两个主要组成部分，这些被访问的元素具有不同的类型，且不同的访问者可以对其施加不同的访问操作。访问者模式使得用户可以在不修改现有系统的情况下扩展系统的功能，为这些不同类型的元素增加新的操作。

本章将学习访问者模式的定义与结构，理解访问者模式中对象结构的作用以及学会如何编程实现访问者模式，并掌握元素类和访问者类的设计原理及实现过程。

本章知识点

- 访问者模式的定义
- 访问者模式的结构
- 访问者模式的实现
- 访问者模式的应用
- 访问者模式与组合模式联用
- 访问者模式的优缺点
- 访问者模式的适用环境

26.1 访问者模式概述

在医生开具处方单（药单）后，很多医院都存在以下处理流程：划价人员拿到处方单之后根据药品名称和数量计算总价，药房工作人员根据药品名称和数量准备药品，如图 26-1 所示。

在图 26-1 中可以将处方单看成一个药品信息的集合，里面包含了一种或多种不同类型的药品信息，不同类型的工作人员（例如划价人员和药房工作人员）在操作同一个药品信息集合时将提供不同的处理方式，而且可能还会增加新类型的工作人员来操作处方单。

在软件开发中有时候也需要处理像处方单这样的集合对象结构，在该对象结构中存储了多种不同类型的对象信息，而且对同一对象结构中的元素的操作方式并不唯一，可能需要提供多种不同的处理方式，还有可能增加新的处理方式。在设计模式中有一种模式可以满足上述要求，其模式动机就是以不同的方式操作复杂对象结构，该模式就是访问者模式。

访问者模式是一种较为复杂的行为型设计模式，它包含访问者和被访问元素两个主要组成部分，这些被访问的元素通常具有不同的类型，且不同的访问者可以对它们进行不同的访问操作。例如处方单中的各种药品信息就是被访问的元素，而划价人员和药房工作人员就是访问者。访问者模式使得用户可以在不修改现有系统的情况下扩展系统的功能，为这些不同类型的元素增加新的操作。

图 26-1 医院处方单处理示意图

在使用访问者模式时，被访问元素通常不是单独存在的，它们存储在一个集合中，这个集合被称为"对象结构"，访问者通过遍历对象结构实现对其中存储的元素的逐个操作。

访问者模式的定义如下：

> 访问者模式：表示一个作用于某对象结构中的各个元素的操作。访问者模式让用户可以在不改变各元素的类的前提下定义作用于这些元素的新操作。
>
> Visitor Pattern: Represent an operation to be performed on the elements of an object structure. Visitor lets you define a new operation without changing the classes of the elements on which it operates.

访问者模式是一种对象行为型模式，它为操作存储不同类型元素的对象结构提供了一种解决方案，用户可以对不同类型的元素施加不同的操作。

26.2 访问者模式结构与实现

26.2.1 访问者模式结构

访问者模式的结构较为复杂，其结构图如图 26-2 所示。

由图 26-2 可知，访问者模式包含以下 5 个角色。

（1）Visitor（抽象访问者）：抽象访问者为对象结构中的每一个具体元素类声明一个访问操作，从这个操作的名称或参数类型可以清楚地知道需要访问的具体元素的类型，具体访问者需要实现这些操作方法，定义对这些元素的访问操作。

（2）ConcreteVisitor（具体访问者）：具体访问者实现了每个由抽象访问者声明的操作，

每一个操作用于访问对象结构中一种类型的元素。

图 26-2 访问者模式结构图

（3）**Element（抽象元素）**：抽象元素一般是抽象类或者接口，它声明了一个 accept() 方法，用于接受访问者的访问操作，该方法通常以一个抽象访问者作为参数。

（4）**ConcreteElement（具体元素）**：具体元素实现了 accept() 方法，在 accept() 方法中调用访问者的访问方法以便完成对一个元素的操作。

（5）**ObjectStructure（对象结构）**：对象结构是一个元素的集合，它用于存放元素对象，并且提供了遍历其内部元素的方法。对象结构可以结合组合模式来实现，也可以是一个简单的集合对象。

26.2.2 访问者模式实现

在访问者模式中，对象结构存储了不同类型的元素对象，以供不同访问者访问。访问者模式包括两个层次结构：一个是访问者层次结构，提供了抽象访问者和具体访问者；另一个是元素层次结构，提供了抽象元素和具体元素。相同的访问者可以用不同的方式访问不同的元素，相同的元素可以接受不同访问者以不同的方式访问。在访问者模式中增加新的访问者无须修改原有系统，系统具有较好的可扩展性。

在访问者模式中，抽象访问者定义了访问元素对象的方法，通常为每一种类型的元素对象都提供一个访问方法，而具体访问者可以实现这些访问方法。这些访问方法的命名一般有两种方式：一种是直接在方法名中标明待访问元素对象的具体类型，例如 visitElementA(ElementA elementA)；另一种是统一命名为 visit()，通过参数类型的不同来定义一系列重载的 visit() 方法。当然，如果所有的访问者对某一类型的元素的访问操作都相同，则可以将操作代码移到抽象访问者类中，其典型代码如下：

```java
public abstract class Visitor {
    public abstract void visit(ConcreteElementA elementA);
    public abstract void visit(ConcreteElementB elementB);

    public void visit(ConcreteElementC elementC) {
        //元素 ConcreteElementC 操作代码
    }
}
```

在这里使用了重载 visit() 方法的方式来定义多个方法，用于操作不同类型的元素对象。在抽象访问者类 Visitor 的子类 ConcreteVisitor 中实现了抽象的访问方法，用于定义对不同类型元素对象的操作。具体访问者类的典型代码如下：

```java
public class ConcreteVisitor extends Visitor {
    public void visit(ConcreteElementA elementA) {
        //元素 ConcreteElementA 操作代码
    }

    public void visit(ConcreteElementB elementB) {
        //元素 ConcreteElementB 操作代码
    }
}
```

对于元素类而言，在其中一般都定义了一个 accept() 方法，用于接受访问者的访问。典型的抽象元素类的代码如下：

```java
public interface Element {
    public void accept(Visitor visitor);
}
```

需要注意的是，该方法传入了一个抽象访问者 Visitor 类型的参数，即针对抽象访问者进行编程，而不是具体访问者，在程序运行时再确定具体访问者的类型，并调用具体访问者对象的 visit() 方法实现对元素对象的操作。在抽象元素类 Element 的子类中实现了 accept() 方法，用于接受访问者的访问，在具体元素类中还可以定义不同类型的元素所特有的业务方法。其典型代码如下：

```java
public class ConcreteElementA implements Element {
    public void accept(Visitor visitor) {
        visitor.visit(this);
    }

    public void operationA() {
        //业务方法
    }
}
```

在具体元素类 ConcreteElementA 的 accept() 方法中，通过调用 Visitor 类的 visit() 方法实现对元素的访问，并以当前对象作为 visit() 方法的参数。其具体执行过程如下：

（1）调用具体元素类的 accept(Visitor visitor) 方法，并将 Visitor 子类对象作为其参数。

（2）在具体元素类 accept(Visitor visitor) 方法内部调用传入的 Visitor 对象的 visit()

方法，例如 visit(ConcreteElementA elementA)，将当前具体元素类对象(this)作为参数，例如 visitor.visit(this)。

（3）执行 Visitor 对象的 visit() 方法，在其中还可以调用具体元素对象的业务方法。

这种调用机制也称为"双重分派"，正因为使用了双重分派机制，使得增加新的访问者无须修改现有类库代码，只需将新的访问者对象作为参数传入具体元素对象的 accept() 方法，程序运行时将回调在新增 Visitor 类中定义的 visit() 方法，从而增加新的元素访问方式。

在访问者模式中对象结构是一个集合，用于存储元素对象并接受访问者的访问。其典型代码如下：

在对象结构中可以使用迭代器对存储在集合中的元素对象进行遍历，并逐个调用每一个对象的 accept() 方法，实现对元素对象的访问操作。

26.3 访问者模式应用实例

下面通过一个应用实例来进一步学习和理解访问者模式。

1. 实例说明

某公司 OA 系统中包含一个员工信息管理子系统，该公司员工包括正式员工和临时工，每周人力资源部和财务部等部门需要对员工数据进行汇总，汇总数据包括员工工作时间、员工工资等。该公司的基本制度如下：

（1）正式员工每周工作时间为 40 小时，不同级别、不同部门的员工每周基本工资不同；如果超过 40 小时，超出部分按照 100 元/小时作为加班费；如果少于 40 小时，所缺时间按照请假处理，请假所扣工资以 80 元/小时计算，直到基本工资扣除到零为止。除了记录实际工作时间外，人力资源部需记录加班时长或请假时长，作为员工平时表现的一项依据。

（2）临时工每周工作时间不固定，基本工资按小时计算，不同岗位的临时工小时工资不同。人力资源部只需记录实际工作时间。

人力资源部和财务部工作人员可以根据需要对员工数据进行汇总处理，人力资源部负责汇总每周员工工作时间，而财务部负责计算每周员工工资。

现使用访问者模式设计该系统，绘制类图并使用 Java 语言编码实现。

2. 实例类图

通过分析，本实例的结构图如图 26-3 所示。

图 26-3 员工数据汇总模块结构图

在图 26-3 中，FADepartment 表示财务部，HRDepartment 表示人力资源部，它们充当具体访问者角色，其抽象父类 Department 充当抽象访问者角色；EmployeeList 充当对象结构，用于存储员工列表；FulltimeEmployee 表示正式员工，ParttimeEmployee 表示临时工，它们充当具体元素角色，其父接口 Employee 充当抽象元素角色。

3. 实例代码

(1) Employee：员工类，充当抽象元素类。

```
//designpatterns.visitor.Employee.java
package designpatterns.visitor;

public interface Employee {
    public void accept(Department handler); //接受一个抽象访问者访问
}
```

(2) FulltimeEmployee：全职员工类，充当具体元素类。

```
//designpatterns.visitor.FulltimeEmployee.java
```

```java
package designpatterns.visitor;

public class FulltimeEmployee implements Employee {
    private String name;           //员工姓名
    private double weeklyWage;     //员工周薪
    private int workTime;          //工作时间

    public FulltimeEmployee(String name,double weeklyWage,int workTime) {
        this.name = name;
        this.weeklyWage = weeklyWage;
        this.workTime = workTime;
    }

    public void setName(String name) {
        this.name = name;
    }

    public void setWeeklyWage(double weeklyWage) {
        this.weeklyWage = weeklyWage;
    }

    public void setWorkTime(int workTime) {
        this.workTime = workTime;
    }

    public String getName() {
        return (this.name);
    }

    public double getWeeklyWage() {
        return (this.weeklyWage);
    }

    public int getWorkTime() {
        return (this.workTime);
    }

    public void accept(Department handler) {
        handler.visit(this);        //调用访问者的访问方法
    }
}
```

(3) ParttimeEmployee：兼职员工类，充当具体元素类。

```java
//designpatterns.visitor.ParttimeEmployee.java
package designpatterns.visitor;

public class ParttimeEmployee implements Employee {
    private String name;           //员工姓名
    private double hourWage;       //员工时薪
    private int workTime;          //工作时间

    public ParttimeEmployee(String name,double hourWage,int workTime) {
        this.name = name;
        this.hourWage = hourWage;
        this.workTime = workTime;
    }
```

```java
        public void setName(String name) {
            this.name = name;
        }

        public void setHourWage(double hourWage) {
            this.hourWage = hourWage;
        }

        public void setWorkTime(int workTime) {
            this.workTime = workTime;
        }

        public String getName() {
            return (this.name);
        }

        public double getHourWage() {
            return (this.hourWage);
        }

        public int getWorkTime() {
            return (this.workTime);
        }

        public void accept(Department handler) {
            handler.visit(this); //调用访问者的访问方法
        }
    }
```

(4) Department：部门类，充当抽象访问者类。

```java
//designpatterns.visitor.Department.java
package designpatterns.visitor;

public abstract class Department {
    //声明一组重载的访问方法，用于访问不同类型的具体元素
    public abstract void visit(FulltimeEmployee employee);
    public abstract void visit(ParttimeEmployee employee);
}
```

(5) FADepartment：财务部类，充当具体访问者类。

```java
//designpatterns.visitor.FADepartment.java
package designpatterns.visitor;

public class FADepartment extends Department {
    //实现财务部对全职员工的访问
    public void visit(FulltimeEmployee employee) {
        int workTime = employee.getWorkTime();
        double weekWage = employee.getWeeklyWage();
        if(workTime > 40) {
            weekWage = weekWage + (workTime - 40) * 100;
        }
        else if(workTime < 40) {
            weekWage = weekWage - (40 - workTime) * 80;
            if(weekWage < 0) {
                weekWage = 0;
            }
        }
```

```
        }
        System.out.println("正式员工" + employee.getName() + "实际工资为：" + weekWage +
"元.");
    }

    //实现财务部对兼职员工的访问
    public void visit(ParttimeEmployee employee) {
        int workTime = employee.getWorkTime();
        double hourWage = employee.getHourWage();
        System.out.println("临时工" + employee.getName() + "实际工资为：" + workTime *
hourWage + "元.");
    }
}
```

(6) HRDepartment：人力资源部类，充当具体访问者类。

```
//designpatterns.visitor.HRDepartment.java
package designpatterns.visitor;

public class HRDepartment extends Department {
    //实现人力资源部对全职员工的访问
    public void visit(FulltimeEmployee employee) {
        int workTime = employee.getWorkTime();
        System.out.println("正式员工" + employee.getName() + "实际工作时间为：" + workTime +
"小时.");
        if(workTime > 40) {
            System.out.println("正式员工" + employee.getName() + "加班时间为：" + (workTime -
40) + "小时.");
        }
        else if(workTime < 40) {
            System.out.println("正式员工" + employee.getName() + "请假时间为：" + (40 -
workTime) + "小时.");
        }
    }

    //实现人力资源部对兼职员工的访问
    public void visit(ParttimeEmployee employee) {
        int workTime = employee.getWorkTime();
        System.out.println("临时工" + employee.getName() + "实际工作时间为：" + workTime +
"小时.");
    }
}
```

(7) EmployeeList：员工列表类，充当对象结构。

```
//designpatterns.visitor.EmployeeList.java
package designpatterns.visitor;
import java.util.*;

public class EmployeeList {
    //定义一个集合用于存储员工对象
    private ArrayList<Employee> list = new ArrayList<Employee>();

    public void addEmployee(Employee employee) {
        list.add(employee);
    }

    //遍历访问员工集合中的每一个员工对象
```

```java
        public void accept(Department handler) {
            for(Object obj : list) {
                ((Employee)obj).accept(handler);
            }
        }
    }
}
```

(8) 配置文件 config.xml，在配置文件中存储了具体访问者类的类名。

```xml
<?xml version = "1.0"?>
<config>
    <className>designpatterns.visitor.FADepartment</className>
</config>
```

(9) XMLUtil：工具类。

```java
//designpatterns.visitor.XMLUtil.java
package designpatterns.visitor;

import javax.xml.parsers.*;
import org.w3c.dom.*;
import java.io.*;

public class XMLUtil {
    //该方法用于从 XML 配置文件中提取具体类的类名，并返回一个实例对象
    public static Object getBean() {
        try {
            //创建 DOM 文档对象
            DocumentBuilderFactory dFactory = DocumentBuilderFactory.newInstance();
            DocumentBuilder builder = dFactory.newDocumentBuilder();
            Document doc;
            doc = builder.parse(new File("src//designpatterns//visitor//config.xml"));

            //获取包含类名的文本结点
            NodeList nl = doc.getElementsByTagName("className");
            Node classNode = nl.item(0).getFirstChild();
            String cName = classNode.getNodeValue();

            //通过类名生成实例对象并将其返回
            Class c = Class.forName(cName);
            Object obj = c.newInstance();
            return obj;
        }
        catch(Exception e) {
            e.printStackTrace();
            return null;
        }
    }
}
```

(10) Client：客户端测试类。

```java
//designpatterns.visitor.Client.java
package designpatterns.visitor;

public class Client {
    public static void main(String args[]) {
        EmployeeList list = new EmployeeList();
```

```
Employee fte1,fte2,fte3,pte1,pte2;

fte1 = new FulltimeEmployee("张无忌",3200.00,45);
fte2 = new FulltimeEmployee("杨过",2000.00,40);
fte3 = new FulltimeEmployee("段誉",2400.00,38);
pte1 = new ParttimeEmployee("洪七公",80.00,20);
pte2 = new ParttimeEmployee("郭靖",60.00,18);

list.addEmployee(fte1);
list.addEmployee(fte2);
list.addEmployee(fte3);
list.addEmployee(pte1);
list.addEmployee(pte2);

Department dep;
dep = (Department)XMLUtil.getBean();
list.accept(dep);
```

4. 结果及分析

编译并运行程序，输出结果如下：

```
正式员工张无忌实际工资为：3700.0元。
正式员工杨过实际工资为：2000.0元。
正式员工段誉实际工资为：2240.0元。
临时工洪七公实际工资为：1600.0元。
临时工郭靖实际工资为：1080.0元。
```

如果需要更换具体访问者类，无须修改源代码，只需修改配置文件即可。例如将访问者类由财务部改为人力资源部，只需将存储在配置文件 config.xml 中的具体访问者类 FADepartment 改为 HRDepartment，代码如下：

```xml
<?xml version="1.0"?>
<config>
    <className>designpatterns.visitor.HRDepartment</className>
</config>
```

重新运行客户端程序，输出结果如下：

```
正式员工张无忌实际工作时间为：45小时。
正式员工张无忌加班时间为：5小时。
正式员工杨过实际工作时间为：40小时。
正式员工段誉实际工作时间为：38小时。
正式员工段誉请假时间为：2小时。
临时工洪七公实际工作时间为：20小时。
临时工郭靖实际工作时间为：18小时。
```

如果要在系统中增加一种新的访问者，无须修改源代码，只要增加一个新的具体访问者类即可，在该具体访问者中封装了新的操作元素对象的方法。从增加新的访问者的角度来看，访问者模式符合开闭原则。

如果要在系统中增加一种新的具体元素，例如增加一种新的员工类型为"退休人员"，由于原有系统并未提供相应的访问接口（在抽象访问者中没有声明任何访问"退休人员"的方法），因此必须对原有系统进行修改，在原有的抽象访问者类和具体访问者类中增加相应的访问方法。从增加新的元素的角度来看，访问者模式违背了开闭原则。

综上所述，访问者模式与抽象工厂模式类似，对开闭原则的支持具有倾斜性，可以很方便地添加新的访问者，但是添加新的元素较为麻烦。

26.4 访问者模式与组合模式联用

在访问者模式中包含一个用于存储元素对象集合的对象结构，通常可以使用迭代器来遍历对象结构，同时具体元素之间可以存在整体与部分关系，有些元素作为容器对象，有些元素作为成员对象，可以使用组合模式来组织元素。引入组合模式后的访问者模式结构图如图 26-4 所示。

图 26-4 访问者模式与组合模式联用示意图

需要注意的是，在图 26-4 所示的结构中，由于叶子元素的遍历操作已经在容器元素中完成，因此要防止单独将已增加到容器元素中的叶子元素再次加入对象结构中，在对象结构中只需保存容器元素和孤立的叶子元素。

26.5 访问者模式优缺点与适用环境

由于访问者模式的使用条件较为苛刻，本身结构也较为复杂，因此在实际应用中使用频率不是特别高。当系统中存在一个较为复杂的对象结构，且不同访问者对其所采取的操作也不相同时，可以考虑使用访问者模式进行设计。在 XML 文档解析、编译器的设计、复杂集合对象的处理等领域中访问者模式得到了一定程度的应用。

26.5.1 访问者模式优点

访问者模式的优点主要如下：

（1）在访问者模式中增加新的访问操作很方便。使用访问者模式，增加新的访问操作就意味着增加一个新的具体访问者类，实现简单，无须修改源代码，符合开闭原则。

（2）访问者模式将有关元素对象的访问行为集中到一个访问者对象中，而不是分散在一个个的元素类中。类的职责更加清晰，有利于对象结构中元素对象的复用，相同的对象结构可以供多个不同的访问者访问。

（3）访问者模式让用户能够在不修改现有元素类层次结构的情况下定义作用于该层次结构的操作。

26.5.2 访问者模式缺点

访问者模式的缺点主要如下：

（1）在访问者模式中增加新的元素类很困难。在访问者模式中，每增加一个新的元素类都意味着要在抽象访问者角色中增加一个新的抽象操作，并在每一个具体访问者类中增加相应的具体操作，这违背了开闭原则的要求。

（2）访问者模式破坏了对象的封装性。访问者模式要求访问者对象访问并调用每一个元素对象的操作，这意味着元素对象有时候必须暴露一些自己的内部操作和内部状态，否则无法供访问者访问。

26.5.3 访问者模式适用环境

在以下情况下可以考虑使用访问者模式：

（1）一个对象结构包含多个类型的对象，希望对这些对象实施一些依赖其具体类型的操作。在访问者中针对每一种具体的类型都提供了一个访问操作，不同类型的对象可以有不同的访问操作。

（2）需要对一个对象结构中的对象进行很多不同的并且不相关的操作，而需要避免让这些操作"污染"这些对象的类，也不希望在增加新操作时修改这些类。访问者模式使得用户可以将相关的访问操作集中起来定义在访问者类中，对象结构可以被多个不同的访问者类所使用，将对象本身与对象的访问操作分离。

（3）对象结构中对象对应的类很少改变，但经常需要在此对象结构上定义新的操作。

26.6 本章小结

访问者模式用于表示一个作用于某对象结构中的各个元素的操作。访问者模式让用户可以在不改变各元素的类的前提下定义作用于这些元素的新操作。访问者模式是一种对象行为型模式。

访问者模式包含抽象访问者、具体访问者、抽象元素、具体元素和对象结构5个角色。其中，抽象访问者为对象结构中的每一个具体元素类声明一个访问操作；具体访问者实现了每个由抽象访问者声明的操作；抽象元素声明了一个 accept() 方法，用于接受访问者的访问操作；具体元素实现了 accept() 方法，在 accept() 方法中调用访问者的访问方法以便完成对一个元素的操作；对象结构是一个元素的集合，它用于存放元素对象，并且提供了遍历其内部元素的方法。

访问者模式的优点主要是增加新的访问操作很方便；将有关元素对象的访问行为集中到一个访问者对象中，而不是分散在一个个的元素类中，类的职责更加清晰；让用户能够在不修改现有元素类层次结构的情况下定义作用于该层次结构的操作。其缺点主要是增加新的元素类很困难，而且还可能破坏系统的封装性。

访问者模式适用于以下环境：一个对象结构包含多个类型的对象，希望对这些对象实施一些依赖其具体类型的操作；需要对一个对象结构中的对象进行很多不同的并且不相关的操作，而需要避免让这些操作"污染"这些对象的类，也不希望在增加新操作时修改这些类；对象结构中对象对应的类很少改变，但经常需要在此对象结构上定义新的操作。

在访问者模式中包含一个用于存储元素对象集合的对象结构，通常可以使用迭代器来遍历对象结构，同时具体元素之间可以存在整体与部分关系，有些元素作为容器对象，有些元素作为成员对象，可以使用组合模式来组织元素。

26.7 习题

1. 关于访问者模式中的对象结构，以下描述错误的是（　　）。

A. 它实现了 accept() 方法，该操作以一个具体访问者作为参数

B. 可以提供一个高层的接口以允许访问者访问它的元素

C. 可以是一个组合模式或是一个集合

D. 能够枚举其中包含的元素

2. 以下关于访问者模式的叙述错误的是（　　）。

A. 访问者模式表示一个作用于某对象结构中的各元素的操作

B. 访问者模式使用户可以在不改变各元素的类的前提下定义作用于这些元素的新操作

C. 在访问者模式中 ObjectStructure 提供一个高层接口以允许访问者访问它的元素

D. 在访问者模式中增加新的元素很容易

3. 什么是双重分派机制？如何用代码实现？

4. 顾客在超市中将选择的商品（例如苹果、图书等）放在购物车中，然后到收银员处付款。在购物过程中顾客需要对这些商品进行访问，以便确认这些商品的质量，之后收银员计算价格时也需要访问购物车内顾客所选择的商品。此时，购物车作为一个对象结构用于存储各种类型的商品，而顾客和收银员作为访问这些商品的访问者，他们需要对商品进行检查和计价。不同类型的商品的访问形式也可能不同，如苹果需要过秤之后再计价，而图书不需要。使用访问者模式来模拟该购物过程，要求绘制对应的类图并使用 Java 语言模拟编程实现。

5. 某软件公司要为某高校开发一套奖励审批系统，该系统可以实现教师奖励和学生奖励的审批（Award Check），如果教师发表论文数超过 10 篇或者学生论文数超过两篇可以评选科研奖，如果教师教学反馈分大于或等于 90 分或者学生平均成绩大于或等于 90 分可以评选成绩优秀奖。试使用访问者模式设计并实现该系统，以判断候选人集合中的教师或学生是否符合某种获奖要求。

UML 类图

A.1 UML 概述

UML(Unified Modeling Language，统一建模语言）是当前面向对象软件系统建模的标准语言，它融合了众多软件建模技术的优点，通过一系列标准的图形符号来描述系统。在设计模式的学习和使用过程中也需要掌握一些 UML 相关技术，尤其是 UML 类图，通过类图可以更好地理解每一个设计模式的结构并对每一个模式实例进行分析。

UML 诞生于 20 世纪 90 年代，在 20 世纪 80 年代至 90 年代，面向对象分析和设计方法发展迅速，随着面向对象技术的广泛应用，其相关研究也十分活跃，涌现了大量的方法和技术，据不完全统计，最多的时候高达 50 多种，其中最具代表性的当属 Grady Booch 的 Booch 方法、Jim Rumbaugh 的 OMT（Object Modeling Technology，对象建模技术）和 Ivar Jacobson 的 OOSE（Object Oriented Software Engineering，面向对象软件工程）等，而 UML 正是在这 3 位大师的联手之下共同打造而成的，现在它已经成为面向对象软件分析与设计建模的事实标准。

UML 是一个通用的可视化建模语言，不同于编程语言，它通过一些标准的图形符号和文字对系统进行建模，用于对软件进行描述、可视化处理、构造和建立软件系统制品的文档。UML 适用于各种软件开发方法、软件生命周期的各个阶段、各种应用领域以及各种开发工具，UML 是一套总结了以往建模技术的经验并吸收了当今最优秀成果的标准建模方法。

UML 是一种主要由图形符号表达的建模语言，其结构主要包括以下四部分。

（1）视图（View）：UML 视图用于从不同的角度来表示待建模系统。视图是由许多图形组成的一个抽象集合，在建立一个系统模型时只有通过定义多个视图，每个视图显示该系统的一个特定方面，才能构造出该系统的完整蓝图，视图也将建模语言链接到开发所选择的方法和过程。UML 视图包括用户视图、结构视图、行为视图、实现视图和环境视图。

（2）图（Diagram）：UML 图是描述 UML 视图内容的图形。UML 2.0 提供了 13 种图，分别是用例图（Use Case Diagram）、类图（Class Diagram）、对象图（Object Diagram）、包图（Package Diagram）、组合结构图（Composite Structure Diagram）、状态图（State Diagram）、活动图（Activity Diagram）、顺序图（Sequence Diagram）、通信图（Communication Diagram）、定时图（Timing Diagram）、交互概览图（Interaction Overview Diagram）、组件图（Component Diagram）和部署图（Deployment Diagram），通过它们之间的相互组合可提供待建模系统的所有视图。

（3）模型元素（Model Element）：模型元素是指 UML 图中所使用的一些概念，它们对应于普通的面向对象概念，如类、对象、消息以及这些概念之间的关系，例如关联关系、依赖关系、泛化关系等。同一个模型元素可以在多个不同的 UML 图中使用，但是无论在哪个图中，同一个模型元素都必须保持相同的意义并具有相同符号。

（4）通用机制（General Mechanism）：UML 提供的通用机制为模型元素提供额外的注释、语义和其他信息，这些通用机制也提供了扩展机制，允许用户对 UML 进行扩展，如定义新的建模元素、扩展原有元素的语义、添加新的特殊信息来扩展模型元素的规则说明等，以便适用于一个特定的方法或过程、组织或用户。

A.2 类与类的 UML 表示

在 UML 2.0 的 13 种图形中，类图是使用最广泛的图形之一，它用于描述系统中所包含的类以及它们之间的相互关系，每一个设计模式的结构都可以使用类图来表示。类图帮助人们简化对系统的理解，是系统分析和设计阶段的重要产物，也是系统编码的重要模型依据。

1. 类

类（Class）封装了数据和行为，是面向对象的重要组成部分，它是具有相同属性、操作、关系的对象集合的总称。在系统中每个类都具有一定的职责，职责指的是类要完成什么样的功能，要承担什么样的义务。一个类可以有多种职责，设计得好的类通常有且仅有一种职责。在定义类的时候将类的职责分解成为类的属性和操作（即方法）。类的属性即类的数据职责，类的操作即类的行为职责。设计类是面向对象设计中最重要的组成部分，也是最复杂和最耗时的部分。

在软件系统运行时类将被实例化成对象（Object），对象对应于某个具体的事物，是类的实例（Instance）。

类图（Class Diagram）使用出现在系统中的不同类来描述系统的静态结构，它用来描述不同的类以及它们之间的关系。

2. 类的 UML 图示

在 UML 中类使用包含类名、属性和操作且带有分隔线的长方形来表示，如定义一个 Employee 类，它包含属性 name、age 和 email 以及操作 modifyInfo()，在 UML 类图中该类如图 A-1 所示。

图 A-1 类的 UML

图 A-1 对应的 Java 代码片段如下：

在 UML 类图中，类一般由 3 部分组成。

（1）第一部分是类名：每个类都必须有一个名字，类名是一个字符串。按照 Java 语言的命名规范，类名通常采用帕斯卡命名法（Pascal Case），即类名中每个单词的首字母都大写。

（2）第二部分是类的属性（Attributes）：属性是指类的性质，即类的成员变量。一个类可以有任意多个属性，也可以没有属性。

UML 规定属性的表示方式如下：

[可见性] 名称:类型 [＝默认值]

其中：

① "可见性"表示该属性对于类外的元素而言是否可见，包括公有（public）、私有（private）和受保护（protected）3 种，在 UML 类图中分别用符号"＋""－"和"＃"表示。在 Java 语言中还新增了默认的包内可见，包内可见在有的 UML 建模工具中用符号"＊"表示。为了保证数据的封装性，属性的可见性通常为 private，它们通过公有的 Getter 方法和 Setter 方法供外界使用。

② "名称"表示属性名，用一个字符串表示。按照 Java 语言的命名规范，属性的命名采用驼峰命名法（Camel Case），即属性名中的第一个单词全小写，之后每个单词的首字母大写。

③ "类型"表示属性的数据类型，可以是基本数据类型，也可以是用户自定义类型。

④ "默认值"是一个可选项，即属性的初始值。

（3）第三部分是类的操作（Operations）：操作是类的任意一个实例对象都可以使用的行为，是类的成员方法。

UML 规定操作的表示方式如下：

[可见性] 名称([参数列表]) [：返回类型]

其中：

① "可见性"的定义与属性的可见性的定义相同。

② "名称"即方法名或操作名，用一个字符串表示。按照 Java 语言的命名规范，方法的命名也采用驼峰命名法。

③ "参数列表"表示方法的参数，其语法与属性的定义相似，参数个数是任意的，多个参数之间用逗号"，"隔开。

④ "返回类型"是一个可选项，表示方法的返回值类型，依赖于具体的编程语言，可以是基本数据类型，也可以是用户自定义类型，还可以是空类型（void），如果是构造方法，则无返回类型。

A.3 类之间的关系

在软件系统中类并不是孤立存在的，类与类之间存在各种关系，对于不同类型的关系，UML 提供了不同的表示方式。

1. 关联关系

关联（Association）关系是类与类之间最常用的一种关系，它是一种结构化关系，用于表示一类对象与另一类对象之间有联系，如汽车和轮胎、师傅和徒弟、班级和学生等。在 UML 类图中用实线连接有关联关系的对象所对应的类，在使用 Java、$C\#$ 和 C++ 等编程语言实现关联关系时，通常将一个类的对象作为另一个类的成员变量。在使用类图表示关联关系时可以在关联线上标注角色名，一般使用一个表示两者之间关系的动词或者名词表示角色名(有时该名词为实例对象名),关系的两端代表两种不同的角色,因此在一个关联关系中可以包含两个角色名,角色名不是必需的,可以根据需要增加,其目的是使类之间的关系更加明确。

例如在一个登录界面类 LoginForm 中包含一个 JButton 类型的注册按钮 loginButton，它们之间可以表示为关联关系,代码实现时可以在 LoginForm 中定义一个名为 loginButton 的属性对象,其类型为 JButton,如图 A-2 所示。

图 A-2 关联关系实例

图 A-2 对应的 Java 代码片段如下：

```java
public class LoginForm {
    private JButton loginButton; //定义为成员变量
    ...
}

public class JButton {
    ...
}
```

在 UML 中,关联关系通常又包含以下几种形式：

1）双向关联

在默认情况下关联是双向的。例如顾客(Customer)购买商品(Product)并拥有商品,反之,卖出的商品总有某个顾客与之相关联。因此,Customer 类和 Product 类之间具有双向关联关系,如图 A-3 所示。

图 A-3 双向关联实例

图 A-3 对应的 Java 代码片段如下：

```java
public class Customer {
    private Product[] products;
    ...
}

public class Product {
    private Customer customer;
    ...
}
```

2）单向关联

类的关联关系也可以是单向的,单向关联用带箭头的实线表示。例如顾客(Customer)拥有地址(Address),则 Customer 类与 Address 类具有单向关联关系,如图 A-4 所示。

图 A-4 单向关联实例

图 A-4 对应的 Java 代码片段如下：

```
public class Customer {
    private Address address;
    …
}

public class Address {
    …
}
```

3）自关联

在系统中可能会存在一些类的属性对象类型为该类本身，这种特殊的关联关系称为自关联。例如一个结点类（Node）的成员又是结点 Node 类型的对象，如图 A-5 所示。

图 A-5 自关联实例

图 A-5 对应的 Java 代码片段如下：

```
public class Node {
    private Node subNode;
    …
}
```

4）多重性关联

多重性关联关系又称为重数性（Multiplicity）关联关系，表示两个关联对象在数量上的对应关系。在 UML 中，对象之间的多重性可以直接在关联直线上用一个数字或一个数字范围表示。

对象之间可以存在多种多重性关联关系，常见的多重性表示方式如表 A-1 所示。

表 A-1 多重性表示方式表

表示方式	多重性说明
1..1	表示另一个类的一个对象只与该类的一个对象有关系
0..*	表示另一个类的一个对象与该类的零个或多个对象有关系
1..*	表示另一个类的一个对象与该类的一个或多个对象有关系
0..1	表示另一个类的一个对象没有或只与该类的一个对象有关系
$m..n$	表示另一个类的一个对象与该类最少 m，最多 n 个对象有关系（$m \leqslant n$）

例如一个界面（Form）可以拥有零个或多个按钮（Button），但是一个按钮只能属于一个界面，因此一个 Form 类的对象可以与零个或多个 Button 类的对象相关联，但一个 Button 类的对象只能与一个 Form 类的对象关联，如图 A-6 所示。

图 A-6 多重性关联实例

图 A-6 对应的 Java 代码片段如下：

```
public class Form {
    private Button[] buttons; //定义一个集合对象
    …
}
```

```java
public class Button {
    ...
}
```

5）聚合关系

聚合（Aggregation）关系表示整体与部分的关系。在聚合关系中，成员对象是整体对象的一部分，但是成员对象可以脱离整体对象独立存在。在 UML 中，聚合关系用带空心菱形的直线表示。例如汽车发动机（Engine）是汽车（Car）的组成部分，但是汽车发动机可以独立存在，因此汽车和发动机是聚合关系，如图 A-7 所示。

图 A-7 聚合关系实例

在代码实现聚合关系时，成员对象通常作为构造方法、Setter 方法或业务方法的参数注入整体对象中，图 A-7 对应的 Java 代码片段如下：

```java
public class Car {
    private Engine engine;

    //构造注入
    public Car(Engine engine) {
        this.engine = engine;
    }

    //设值注入
    public void setEngine(Engine engine) {
        this.engine = engine;
    }
    ...
}

public class Engine {
    ...
}
```

6）组合关系

组合（Composition）关系也表示类之间整体和部分的关系，但是在组合关系中整体对象可以控制成员对象的生命周期，一旦整体对象不存在，成员对象也将不存在，成员对象与整体对象之间具有同生共死的关系。在 UML 中，组合关系用带实心菱形的直线表示。例如人的头（Head）与嘴巴（Mouth），嘴巴是头的组成部分之一，而且如果头没了，嘴巴也就没了，因此头和嘴巴是组合关系，如图 A-8 所示。

图 A-8 组合关系实例

在代码实现组合关系时，通常在整体类的构造方法中直接实例化成员类，图 A-8 对应的 Java 代码片段如下：

```java
public class Head {
    private Mouth mouth;

    public Head() {
        mouth = new Mouth(); //实例化成员类
    }
    ...
}

public class Mouth {
    ...
}
```

2. 依赖关系

依赖（Dependency）关系是一种使用关系，特定事物的改变有可能会影响到使用该事物的其他事物，在需要表示一个事物使用另一个事物时使用依赖关系。在大多数情况下，依赖关系体现在某个类的方法使用另一个类的对象作为参数。在 UML 中，依赖关系用带箭头的虚线表示，由依赖的一方指向被依赖的一方。例如驾驶员开车，在 Driver 类的 drive() 方法中将 Car 类型的对象 car 作为一个参数传递，以便在 drive() 方法中能够调用 car 的 move() 方法，驾驶员的 drive() 方法依赖车的 move() 方法，因此类 Driver 依赖类 Car，如图 A-9 所示：

图 A-9 依赖关系实例

在系统实现阶段，依赖关系通常通过 3 种方式来实现：第一种方式（也是最常用的一种方式）如图 A-9 所示，将一个类的对象作为另一个类中方法的参数；第二种方式是在一个类的方法中将另一个类的对象作为其局部变量；第三种方式是在一个类的方法中调用另一个类的静态方法。图 A-9 对应的 Java 代码片段如下：

```java
public class Driver {
    public void drive(Car car) {
        car.move();
    }
    ...
}

public class Car {
    public void move() {
        ...
    }
    ...
}
```

3. 泛化关系

泛化（Generalization）关系也就是继承关系，用于描述父类与子类之间的关系，父类又称作基类或超类，子类又称作派生类。在 UML 中，泛化关系用带空心三角形的直线来表示。在代码实现时，使用面向对象的继承机制来实现泛化关系，在 Java 语言中使用 extends

关键字来实现。例如 Student 类和 Teacher 类都是 Person 类的子类，Student 类和 Teacher 类继承了 Person 类的属性和方法，Person 类的属性包含姓名（name）和年龄（age），每一个 Student 和 Teacher 也都具有这两个属性，另外 Student 类增加了属性学号（studentNo），Teacher 类增加了属性教师编号（teacherNo），Person 类的方法包括行走 move() 和说话 say()，Student 类和 Teacher 类继承了这两个方法，而且 Student 类还新增了方法 study()，Teacher 类还新增了方法 teach()，如图 A-10 所示。

图 A-10 泛化关系实例

图 A-10 对应的 Java 代码片段如下：

```java
//父类
public class Person {
    protected String name;
    protected int age;

    public void move() {
        ...
    }

    public void say() {
        ...
    }
}

//子类
public class Student extends Person {
    private String studentNo;

    public void study() {
        ...
    }
}

//子类
public class Teacher extends Person {
    private String teacherNo;

    public void teach() {
        ...
    }
}
```

4. 接口与实现关系

在很多面向对象语言中都引入了接口的概念，例如 Java、C# 等，在接口中通常没有属性，而且所有的操作都是抽象的，只有操作的声明，没有操作的实现。在 UML 中用与类的表示法类似的方式表示接口，如图 A-11 所示。

接口之间也可以有与类之间关系类似的继承关系和依赖关系，但是接口和类之间还存在一种实现（Realization）关系，在这种关系中类实现了接口，类中的操作实现了接口中所声明的操作。在 UML 中，类与接口之间的实现关系用带空心三角形的虚线来表示。例如定义一个交通工具接口 Vehicle，包含一个抽象操作 move()，在类 Ship 和类 Car 中都实现了该 move() 操作，不过具体的实现细节将会不一样，如图 A-12 所示。

图 A-11 接口的 UML 图示

图 A-12 实现关系实例

实现关系在用代码实现时不同的面向对象语言也提供了不同的语法，在 Java 语言中使用 implements 关键字来实现。图 A-12 对应的 Java 代码片段如下：

```
public interface Vehicle {
    public void move();
}

public class Ship implements Vehicle {
    public void move() {
        ...
    }
}

public class Car implements Vehicle {
    public void move() {
        ...
    }
}
```

参考文献

[1] Martin F. 重构：改善既有代码的设计[M]. 熊节，林从羽，译. 2 版. 北京：人民邮电出版社，2019.

[2] Erich G, Richard H, Ralph J, et al. 设计模式：可复用面向对象软件的基础[M]. 李英军，马晓星，蔡敏，等译. 北京：机械工业出版社，2019.

[3] 阎宏. Java 与模式[M]. 北京：电子工业出版社，2002.

[4] Grady B, Ivar J, James R. UML 参考手册[M]. UML China，译. 2 版. 北京：机械工业出版社，2005.

[5] Grady B, James R, Ivar J. UML 用户指南[M]. 邵维忠，麻志毅，马浩海，等译. 2 版(修订版). 北京：人民邮电出版社，2013.

[6] 程杰. 大话设计模式(Java 溢彩加强版)[M]. 北京：清华大学出版社，2022.

[7] 陈臣，王斌. 研磨设计模式[M]. 北京：清华大学出版社，2010.

[8] 付政委. 重学 Java 设计模式[M]. 北京：电子工业出版社，2021.

[9] 秦小波. 设计模式之禅[M]. 2 版. 北京：机械工业出版社，2014.

[10] Steven J M, William C. W. Java 设计模式[M]. 龚波，赵彩琳，陈蓓，译. 北京：人民邮电出版社，2007.

[11] 刘伟. 设计模式实训教程[M]. 2 版. 北京：清华大学出版社，2018.

[12] 刘伟，夏莉，于俊洋，等. 设计模式[M]. 2 版. 北京：清华大学出版社，2018.

[13] 刘伟. 设计模式的艺术[M]. 北京：清华大学出版社，2020.

[14] 刘伟，夏莉，于俊洋. 设计模式实验及习题解析[M]. 北京：清华大学出版社，2019.

[15] Kamalmeet S, Adrian I, Lucian-P T. Java 设计模式及实践[M]. 张小坤，黄凯，贺涛，译. 北京：机械工业出版社，2019.

[16] Joshua K. 重构与模式(修订版)[M]. 杨光，刘基诚，译. 北京：清华大学出版社，2021.

[17] Dale S. 面向对象设计原理与模式(Java 版)[M]. 膝灵灵，仲婷，译. 北京：清华大学出版社，2009.